U0295480

普通高等教育"十一五"国家级规划教材

人力资源和社会保障部职业技能鉴定推荐教材

21世纪高等职业教育 规划教材 双证系列

植物组织培养

（第三版）

主　编　吴殿星　胡繁荣

副主编　陈桂华　王忠华

　　　　沈晓霞　潘芝梅

主　审　夏英武

上海交通大学出版社

内 容 简 介

本书根据我国经济发展和产业结构调整的需要,以强化技术应用能力为主线,着眼于培养学生的职业综合能力和创新精神,提高学生的科学实验、生产经营、技术推广和组织管理等技能。

本书阐述了植物组织培养的基本理论、基本知识、基本技能和高新实用技术,主要包括:植物组织培养概述及基本技术、植物组织器官培养、茎尖分生组织培养、单倍体培养、细胞培养、原生质体培养和细胞融合、种质资源保存、植物遗传转化、组织培养苗的工厂化生产、药用植物的组织培养与工厂化生产、果树的组织培养、蔬菜的组织培养、观赏植物的组织培养、技能训练等,既引用了国内外最新理论成果,又突出了实用新技术,尤其是将可直接用于组织培养苗生产的具体操作技术和工厂化生产的经营管理内容编入教材,以更贴近生产实践。全书深入浅出、图文并茂,突出理论知识的应用和实践能力的培养,具有针对性、实用性、先进性和可操作性。

本书可作为全国高等职业技术学院、成教学院、高等农林专科学校、农林中专学校高职班园艺、园林、农学、应用生物技术、植物保护等专业的教学和相关层次培训的教材,也可供从事植物组织培养的技术工作者、研究人员和经营管理者参考使用。

图书在版编目(CIP)数据

植物组织培养/吴殿星,胡繁荣主编. —3版. —上海:
上海交通大学出版社,2018(2021重印)
21世纪高等职业教育通用教材
ISBN 978-7-313-03812-8

Ⅰ. 植… Ⅱ. ①吴…②胡… Ⅲ. 植物—组织
培养—高等学校—教材 Ⅳ. Q943.1

中国版本图书馆 CIP 数据核字(2004)第 066601 号

植物组织培养
(第三版)

吴殿星　胡繁荣　主编

上海交通大学出版社出版发行
(上海市番禺路 951 号　邮政编码 200030)
电话:64071208
当纳利(上海)信息技术有限公司 印刷　全国新华书店经销
开本:787mm×1092mm 1/16　印张:14　字数:340 千字
2004 年 8 月第 1 版　2018 年 7 月第 3 版　2021 年 7 月第 9 次印刷
ISBN 978-7-313-03812-8　定价:42.00 元

前　言

　　21 世纪是生命科学的世纪。植物组织培养技术的研究与应用是生命科学的主要组成部分,其学科从建立之日起就在生命科学的研究中发挥了极其重要的作用,并随科技的发展和市场需求的变化又有了新的发展,尤其是在植物组织培养基础上形成的植物转基因技术、细胞融合技术、离体筛选技术以及组培苗工厂化实用技术等。为更进一步认识植物组织培养的规律,更好地发挥它的作用,我们在认真阅读书籍和汲取他人经验的基础上,将多年来从事该项研究工作的经验和教训加以整理,编写了这本教材。

　　植物组织培养既是一门技术,更是一门艺术。我们的理解:技术是一种比较固定、比较系统的方法与路线,艺术则更能体现人的价值与个性。在决定编写本书的开始,我们就商定将这一思想贯串于书中,因此在介绍原理与方法时不是做机械的陈述,而是把如何思考、分析某个问题给以提示,使大家在学习掌握技术的同时更加注重如何学会思维的方式。我们期望这种认识能得到大多数读者的认同。在阅读本书时,理解和掌握植物组织培养的理论与方法的同时,应积极发挥个人的主观能动性,创造性地运用这些知识,大胆探索、创新,在学习与应用中发展植物组织培养的理论与技术。

　　本教材由吴殿星(浙江大学)、胡繁荣(金华职业技术学院)任主编,潘芝梅(丽水职业技术学院)、陈桂华(浙江省金华市植物保护站)、王忠华(宁波万里学院)、沈晓霞(浙江省中药材研究所)任副主编,其中绪论、植物遗传转化由吴殿星执笔,植物组织培养的基本技术、蔬菜的组织培养、园林及观赏植物的组织培养由胡繁荣执笔,植物组织器官培养由梅忠(金华职业技术学院)执笔,茎尖分生组织培养由陈桂华执笔,单倍体细胞培养、细胞培养由赵华(金华职业技术学院)执笔,植物原生质体培养和细胞融合由王忠华执笔,种质离体保存由吕伟德(杭州职业技术学院)执笔,植物组织培养苗的工厂化生产由吕先真(浙江省磐安县农技站)执笔,药用植物的组织培养与工厂化生产由沈晓霞执笔,果树的组织培养由潘芝梅执笔。全书最后由吴殿星、胡繁荣统稿。

　　在本教材的编写过程中,全体参编人员付出了辛勤的劳动,参阅了大量的学术著作、科技书刊,凝聚了许多专家学者的科研成果,特别是承蒙浙江大学博士生导师夏英武教授的热情鼓励及对教材的认真细致审阅,在此我们一并表示衷心的感谢!

　　由于编者水平有限,编写时间仓促,其中存在诸多错误和不足之处,敬请各位老师、同学和广大朋友提出宝贵意见。

编者

2008 年 10 月于浙江杭州

目　　录

0 绪 论

0.1 植物组织培养的基本概念

广义的植物组织培养,不仅包括在无菌条件下利用人工培养基对植物组织的培养,而且包括对原生质体、悬浮细胞和植物器官的培养。

植物组织培养这一含义具体表现在以下几个方面:

① 组织培养的主要过程都是在无菌条件下进行的,外植体、培养基和培养容器都必须经过灭菌处理,各项操作都必须在无菌环境中进行。

② 组织培养在多数情况下是利用成分完全确定的人工培养基进行的,除了少数特殊情况(例如,进行营养缺陷型突变细胞的筛选),培养基中包含了植物生长所需的水分和一切大量元素、微量元素、有机物和植物激素。培养基的 pH 值和渗透压也是人为设定的。因此,在植物组织培养中的植物材料不需依靠自身的光合作用制造养分,而是处于异养状态。

③ 组织培养的起始材料可以是植物的器官、组织,也可以是单个的细胞,它们都是处于离体状态下。

④ 植物组织培养的目的是最终实现细胞的全能性。全能性不仅表现在二倍体细胞,也表现在单倍体细胞(如小孢子)和三倍体细胞(胚乳),即使是去掉了细胞壁的细胞(原生质体),在组织培养条件下也能再生完整植株。

⑤ 植物组织培养物通过连续继代培养可以不断增殖,形成克隆;通过改变培养基成分,特别是其中激素的种类和配比,还可调控培养物的状态和发育方向,达到不同的实验目的。因此,植物激素或植物生长调节物质在组织培养中起着至关重要的作用。

⑥ 植物组织培养是在封闭的容器中进行的,容器内气体和环境气体通过瓶塞或其他封口材料可以进行交换,但水分不易散失,通常情况下容器内的相对湿度几乎是 100%,因此组培苗叶片表面一般都缺乏角质层或蜡质层,而且气孔保卫细胞不具正常功能,气孔始终都是张开的。

⑦ 植物组织培养中的环境温度、光照强度和光照时间等都是人工设定的,找出这些物理因素的最适参数对于组织培养的成功也很重要。

在实践中,根据所培养的植物材料的不同,可以把植物组织培养分为五种类型,即愈伤组织培养、悬浮细胞培养、器官培养(胚、花药、子房、根和茎的培养等)、茎尖分生组织培养和原生质体培养,其中愈伤组织培养是最常见的一种培养形式。所谓愈伤组织,原指植物受伤之后在伤口表面形成的一团薄壁细胞;在组织培养中则指在人工培养基上从外植体诱导形成的一团无序生长的薄壁细胞。愈伤组织培养之所以最常见,是因为除茎尖分生组织和部分器官培养以外,其他几种培养形式最终也都要经历愈伤组织才能形成再生植株。此外,愈伤组织也常常是悬浮培养和原生质体培养的细胞来源。

众所周知,植物细胞和动物细胞不仅在结构上存在区别,在生理特性上也不完全一样。动物细胞的分化一般是不可逆的,而植物细胞只要具有一个完整的膜系统和一个有生命力的核,即使是已高度成熟和分化的细胞,也还保持着回复到分生状态的能力。在植物组织培养中,一个成熟细胞或分化细胞转变成为分生状态的过程,即诱导形成愈伤组织的过程叫做脱分化。

在植物组织培养中,从活体植物体上切取用于进行培养的那部分无菌细胞、组织或器官叫做外植体。外植体通常都是多细胞的,并且这些细胞包括不同的类型,因此由一个外植体诱导形成的愈伤组织也常常是异质性的,其中不同类型细胞形成完整植株的再分化能力或再生能力有所不同。一个成熟的植物细胞经历了脱分化之后,即形成愈伤组织之后,由愈伤组织能再形成完整的植株,这一过程叫做再分化。

那么,一个脱分化的植物细胞,为什么能够再生成完整的植株呢? 是因为植物细胞具有全能性。所谓细胞全能性,是指任何具有完整细胞核的植物细胞,都拥有形成一个完整植株所必需的全部遗传信息。早在 1902 年,Haberlandt 就预言,体细胞在适宜条件下具有发育成完整植株的潜在能力,只是由于受到当时技术和设备的限制,它的预言未能用实验证实。直到1958 年,Steward 和 Shantz 用胡萝卜根韧皮部细胞悬浮培养,从中诱导形成体细胞胚,并使其发育成完整小植株,第一次证实了 Haberlandt 提出的细胞全能性学说。因此,对于植物细胞来说,不仅受精卵,而且体细胞也具有全能性。对于动物细胞来说,随着克隆羊、克隆牛等的相继成功,也证实了动物体细胞具有全能性。

由脱分化的细胞再分化形成完整植株有两种途径:一种是器官发生方式,即在愈伤组织的不同部位分别独立形成不定根和不定芽。不定芽和不定根形成的时间也可能并不一致,虽然它们都是单极性结构,其中各有维管束与愈伤组织相连,但是不同的不定芽和不定根之间并没有共同的维管束相互联系;另一种是胚胎发生方式,即在愈伤组织表面或内部形成类似于合子胚的结构,称其为体细胞胚,或不定胚,或胚状体。体细胞胚胎发生所经历的发育阶段与合子胚相似,一般经球形胚、心形胚、鱼雷形胚和子叶胚 4 个发育阶段,成熟胚状体的结构也与合子胚相同。胚状体是双极性的,有共同的维管束贯穿两极,可脱离愈伤组织在无激素培养基上独立萌发。一般认为,愈伤组织中的不定芽起源于一个以上的细胞,而体细胞胚只源于一个细胞。因此,由体细胞胚发育形成的植株的各部分在遗传组成上应当是一致的,不存在嵌合体现象。当然,也有少数研究者发现,由体细胞胚胎发生途径再生的植株也存在着嵌合体现象。因此,认为在个别情况下体细胞胚也起源于多细胞。

通过胚状体途径产生再生植株有三个显著的优点。首先,在一个培养物上所能产生的胚状体数目往往比不定芽的数目多(如在一个离体培养的烟草花药上可以产生 200 个以上的胚状体,由 1 升悬浮培养的胡萝卜细胞可产生 10 万个胚状体);其次,胚状体形成的速度快;第三,胚状体结构完整,一旦形成,一般都可直接萌发形成小植株,因此成苗率较高。在很多植物中,胚状体的结构都是相当典型的,但在有些植物如小麦中,幼龄胚状体的盾片往往变大变绿,形成通常所描述的"叶状结构",并且常常出现早熟萌发的现象。

综上所述,植物组织培养的过程可以由图 0-1 简单地表示。

图 0-1　植物组织培养的过程示意图

0.2　植物组织培养的发展简史

植物组织培养的研究始于 1902 年德国植物学家 Haberlandt,至今已有 100 多年的历史。它的发展过程大致分为以下三个阶段。

0.2.1　探索阶段(20 世纪初至 30 年代中)

20 世纪初,在 Schleiden 和 Schwann 所发展起来的细胞学说的推动下,Haberlandt 提出了高等植物的器官和组织可以不断分割,直至分到单个细胞的观点,并设想离体细胞具有再生完整植株的潜力。为论证这一设想,他在加入了蔗糖的克诺卜(Knop)溶液中培养单个离体细胞,所选用的材料是小野芝麻和凤眼兰的栅栏组织和虎眼万年青属植物的表皮细胞等。遗憾的是,虽然在栅栏细胞中明显地看到了细胞的生长、细胞壁的加厚及淀粉的形成等,但没有一个细胞在培养中能够发生分裂。Haberlandt 实验失败的原因,现在看来主要在于两点:第一,他所选用的实验材料都是已经高度分化的细胞;第二,所用的培养基过于简单,特别是培养基中没有包含诱导成熟细胞分裂所必需的生长激素,这是因为生长激素在当时还没有发现。然而,作为植物组织培养的先驱者,Haberlandt 的贡献不仅在于首次进行了离体细胞培养的实验,而且在其 1902 年发表的《植物离体细胞培养实验》的报道中,还提出了胚囊液在组织培养中的作用和看护培养法等科学的预见。

自 Haberlandt 的实验之后,直到 1934 年 White 培养番茄离体根尖的成功,期间的 32 年时间里,植物组织培养技术总体上处于探索之中,进展不大,但在以下两个方面取得了有深远意义的结果。一方面是胚培养的实验。1904 年,Hannig 在无机盐和蔗糖溶液中培养了萝卜和辣根菜的胚,并使这些胚在离体条件下长到成熟。后来,Laibach(1925 和 1929)把由亚麻种间杂交形成的不能成活的种子中的胚剖出,在人工培养基上培养至成熟,从而证明了胚培养在植物远缘杂交中利用的可能性;另一方面是根培养的实验,1922 年,美国的 Robbins 和德国的 Kotte 分别报道根尖离体培养获得某些成功,这是有关根培养的最早的实验。

0.2.2　奠基阶段(20 世纪 30 年代中至 50 年代末)

到了 20 世纪 30 年代中期,植物组织培养领域出现了两个重要的发现:其一是认识了 B 族维生素对植物生长的重要意义;二是发现了生长素是一种天然的生长调节物质。这两个重要发现的实验主要是在 White 和 Gautheret 的实验室中进行的。1934 年,White 由番茄根建立了第一个活跃生长的无性系,使根的离体培养实验首次获得了真正的成功。起初,他在实验中使用的培养基包含无机盐、酵母浸出液和蔗糖。后来(1937),他利用 3 种 B 族维生素,即吡哆醇、硫胺素和烟酸,取代酵母浸出液获得成功。在这个以后被称为 White 培养基的合成培养基上,他把某些于1934年建立起来的根培养物一直保存到1968年他逝世前不久。与此同时,Gautheret在山毛柳和黑杨等形成层组织的培养中发现,虽然在含有葡萄糖和盐酸半胱氨酸的卡诺卜溶液中,这些组织也可以不断增殖几个月,但只有在培养基中加入了B族维生素和生长素吲哚乙酸(IAA)以后,山毛柳形成层组织的生长才能显著增加。这些实验不仅揭示了B族维生素和生长素的重要意义,也直接导致了1939年Gautheret连续培养胡萝卜根形成层获得首次成功。同年,White用烟草种间杂种的瘤组织,Nobecourt用胡萝卜,也建立了类似的连续生长的组织培养物。因此,Gautheret、White和Nobecourt一起被誉为植物组织培养的奠基人。现在所用的若干培养方法和培养基,原则上都是这三位学者在1939年所建立的方法和培养基演变的结果。诱导成熟和已分化的细胞发生分裂,则直到后来发现了细胞分裂素才成为可能。

20世纪40年代和50年代初期,活跃在植物组织培养领域的研究者以Skoog为代表,研究的主要内容是利用嘌呤类物质处理烟草髓愈伤组织以控制组织的生长和芽的形成。Skoog(1944)以及Skoog和崔澂等(1951)发现,腺嘌呤或腺苷不但可以促进愈伤组织的生长,而且还能解除IAA对芽形成的抑制作用,诱导芽的形成,从而确定了腺嘌呤与生长素的比例是控制芽和根形成的主要条件之一。这些实验结果导致了激动素的发现和以后利用激动素和生长素在组织培养中控制器官分化工作的开展。

20世纪40年代,组织培养技术的另一项发展是Overbeek等(1941)首次把椰子汁作为补加物引入到培养基中,使曼陀罗的心形期幼胚能够离体培养至成熟。到20世纪50年代初,由于Steward等在胡萝卜组织培养中也使用了该物质,从而使椰子汁在组织培养的各个领域中都得到了广泛应用。

20世纪50年代以后,植物组织培养的研究日趋繁荣,10年当中引人注目的进展有以下7项:

1952年,Morel和Martin首次证实,通过茎尖分生组织的离体培养,可以在已受病毒侵染的大丽花中获得无病毒植株。

1953～1954年,Muir进行单细胞培养获得初步成功。方法是把万寿菊(*Tagetes erecta*)和烟草的愈伤组织转移到液体培养基中,放在摇床上振荡,使组织破碎,形成由单细胞和细胞聚集体组成的细胞悬浮液,然后通过继代培养进行繁殖。Muir等还用机械方法从细胞悬浮液和容易散碎的愈伤组织中分离得到单细胞,把它们置于一张铺在愈伤组织上面的滤纸上培养,使细胞发生了分裂。这种"看护培养"技术揭示了实现Haberlandt培养单细胞这一设想的可能性。

1955年,Miller等从鲱鱼精子DNA中分离出一种首次为人所知的细胞分裂素,并把它定名为激动素(kinetin)。现在,具有和激动素类似活性的合成天然的化合物已有多种,它们总称为细胞分裂素(cytokinin)。应用这类物质,就有可能诱导已经成熟和高度分化的组织(如叶肉和干种子胚乳)的细胞进行分裂。

1957年,Skoog和Miller提出了有关植物激素控制器官形成的概念,指出在烟草髓组织培养中,根和茎的分化是生长素对细胞分裂素比率的函数,通过改变培养基中这两类生长调节物质的相对浓度可以控制器官的分化:这一比率高时促进生根,比率低时促进茎芽的分化,两者浓度相等时,组织则倾向于以一种无结构的方式生长。后来证明,激素可调控器官发生的概念对于多数物种都可适用,只是由于在不同组织中这些激素的内生水平不同,因而对于某一具体的形态发生过程来说，它们所要求的外源激素的水平也会有所不同。

1958年，Steward等以胡萝卜为材料，首次通过实验证实了Haberlandt关于细胞全能性的设想，成为植物组织培养研究历史中的一个里程碑。

同年，Wickson和Thimann指出，应用外源细胞分裂素可促成在顶芽存在的情况下处于休眠状态的腋芽的生长。这意味着，当把茎尖接种在含有细胞分裂素的培养基上以后，将可使侧芽解除休眠状态，而且从顶端优势下解脱出来的不仅仅只是那些既存于原来茎尖上的腋芽，还包括由原来的茎尖在培养中长成的侧枝上的腋芽，结果就会形成一个郁郁葱葱的结构，里面包含了数目很多的小枝条，其中每个小枝条又可取出重复上述过程，于是在相当短的时间内，就可以得到成千上万的小枝条。当把这些小枝条转移到另外一种培养基上诱导生根以后，即可移植于土壤中。后来，Murashige发展了这一方法，制定了一系列标准程序，把该方法广泛用于包括蕨类植物、花卉和果树的快速繁殖。

1958～1959年，Reinert和Steward分别报道，在胡萝卜愈伤组织培养中形成了体细胞胚。这是一种不同于通过芽和根的分化而形成植株的再生方式。现在知道有很多物种都能形成体细胞胚。在有些植物如胡萝卜和毛茛中，事实上从植物体的任何部分都可以得到体细胞胚。

综上所述，在这一发展阶段中通过对培养条件和培养基成分的广泛研究，特别是对B族维生素、生长素和细胞分裂素在组织培养中作用的研究，已经实现了对离体细胞生长和分化的控制，从而初步确立了组织培养的技术体系，并首次用实验证明了细胞全能性的设想，为以后的发展奠定了基础。

0.2.3 迅速发展阶段（20世纪60年代至现在）

20世纪60年代以后，植物细胞组织培养进入了迅速发展时期，研究工作更加深入和扎实，并开始走向大规模的应用阶段。

1960年，Cocking用真菌纤维素酶从番茄幼根分离得到大量活性原生质体，开创了植物原生质体培养和体细胞杂交研究工作。1960年，Kanta在植物试管受精研究中首次获得成功。1960年，Morel利用兰花的茎尖培养，实现了脱毒和快速繁殖两个目的，这一技术导致欧洲、美洲和东南亚许多国家兰花工业的兴起。

1962年，Murashige和Shoog发表了促进烟草组织快速生长的培养基组成的论文，这种培养基就是目前广泛使用的MS培养基。

1964年，Guha和Maheshwari成功地通过由曼陀罗花药培养获得单倍体植株，这一发现掀起了采用单倍体育种技术来加速常规杂交育种的热潮。1967年，Bourgin和Nitsch通过花药培养获得了烟草的单倍体植株。

1970年，Carlson通过离体培养筛选得到生化突变体。同年，Power等首次成功实现原生质体融合。1971年，Takebe等首次获得烟草原生质体再生植株，这一成功促进了体细胞杂交技术的发展，同时也为外源基因导入提供了理想的受体材料。1972年，Carlson等通过原生质体融合首次获得了两个烟草物种的体细胞杂种。1974年，Kao、Michayluk、Wallin等人建立了原生质体的高Ca^{2+}、高pH的PEG融合法，把植物体细胞杂交技术推向新阶段。1975年，Kao和Michayluk开发出专门用于植物原生质体培养的8P培养基。1978年，Melchers等将番茄与马铃薯进行体细胞杂交获得成功。

1978年，Murashige提出了"人工种子"的概念，之后的几年在世界各国掀起"人工种子"

开发热潮。

1981年，Larkin和Scowcroft提出了体细胞无性系变异的概念。

1982年，Zimmermann开发了原生质体电击融合法。20世纪80年代中期，水稻(Fujimura等，1985；Yamada等，1985)、大豆(Wei和Xu1988)、小麦(Harris等，1989；Ren等，1990；Wang等，1990)等主要农作物原生质体植株再生的相继成功，将植物原生质体研究推向高潮。实际上，20世纪70～80年代，原生质体植株再生与体细胞杂交研究一直是植物组织培养研究领域的主旋律。

20世纪80年代初，随着土壤农杆菌包括根癌农杆菌和发根农杆菌成功地应用于植物遗传转化，植物基因工程成为研究的热点和重点。1983年，Zambryski等采用根癌农杆菌介导转化烟草，在世界上获得首例转基因植物，使农杆菌介导法很快成为双子叶植物的主导遗传转化方法。Horsch等(1985)建立了农杆菌介导的叶盘法，这种方法操作简单，效果理想，开创了植物遗传转化的新途径。但是，这个时期所利用的农杆菌主要是感染双子叶植物，对单子叶植物的转化未能成功。为克服这一困难，美国的Sanford等(1987)发明了基因枪法用于单子叶植物的遗传转化，这一技术广泛应用于水稻、小麦、玉米等主要农作物的遗传转化。

进入20世纪90年代，农杆菌介导法在水稻、玉米等主要农作物上取得突破性进展。Gould等(1991)利用农杆菌转化玉米茎尖分生组织获得转基因植株。Chan等(1993)利用农杆菌介导法在水稻上也获得成功，他们使用的材料是水稻的未成熟胚。Hiei等(1994)和Ishida等(1996)用农杆菌介导法高效转化水稻和玉米获得成功。之后，在小麦(Cheng等，1997)、大麦叶(Tingay等，1997)等单子叶植物上也相继获得成功。

到目前为止，已相继有200余种植物获得转基因植株，其中约80％是由农杆菌介导法实现的。转基因抗虫棉花、抗虫玉米、油菜、抗除草剂大豆等一批植物新品种(系)已在生产上大面积推广种植。据James报道，2000年全世界作物总种植面积为$271×10^6 hm^2$，转基因作物种植面积达$44.2×10^6 hm^2$，占16％。

在整个植物组织培养发展的历史中，我国学者也作出了多方面的贡献。除前面提及崔澂的研究工作以外，李继侗等(1993)关于银杏胚胎培养、罗宗洛等(1935～1942)关于玉米等植物离体根尖培养，以及后来罗士韦关于幼胚和茎尖培养，李正理等关于离体胚培养中形态发生及离体茎尖培养，王伏雄等关于幼胚培养的工作等，都是组织培养领域内有价值的文献。20世纪70年代以来，我国组织培养研究出现了新的局面，发展速度较快，在某些方面取得了举世公认的重要成绩，尤其是在花药培养和原生质体培养方面，我国学者的工作受到了世界各国同行的重视和赞赏。

从上述植物组织培养的发展简史可以看到，像任何其他科学领域一样，植物组织培养开始也只是一种纯学术性的研究，用以回答有关植物生长和发育的某些理论问题。但其深入发展的结果，却显示出巨大的实际应用价值，某些技术已经在农业生产中直接或间接地产生了显著的社会经济效益，并将肯定会产生更大的社会经济效益。

0.3 植物组织培养在农业生产中的应用

0.3.1 在植物育种中的应用

植物组织培养已广泛应用于植物育种，在单倍体育种、胚培养、体细胞杂交、细胞突变体筛选、遗传转化等方面均取得了显著成就。

在单倍体育种方面,自从 Guha 和 Maheshwari(1964)获得世界上第一株花粉单倍体植株以来,目前世界上已有约 300 种植物成功地获得了花粉植株。通过花药(花粉)培养获得单倍体植株,然后经秋水仙素处理使其染色体加倍,可以迅速使后代基因型纯合,加速育种进程。通过花药培养,1974 年,我国科学家育成了世界上第一个作物新品种——烟草品种单育 1 号,之后又育成水稻中花 8 号、小麦京花 1 号等一批优良品种。

胚(胚胎)培养早在 20 世纪 40 年代就开始用于克服植物远缘杂交不亲和性。采用幼胚(或胚胎、胚珠等)离体培养使自然条件下早夭的幼胚发育成熟,获得杂种后代,目前已在 50 多科属中获得成功。

体细胞杂交可打破物种间生殖隔离,实现有益基因的交流,是改良植物品种并创造新类型的有效途径。通过体细胞杂交,目前已选育细胞质雄性不育烟草和水稻、马铃薯栽培种及其野生种的杂种、番茄栽培种及其野生种的杂种、甘薯栽培种及其野生种的杂种、马铃薯与番茄的杂种、甘蓝与白菜的杂种、柑橘类杂种等一批新品种(系)和育种新材料。

在组织培养过程中,培养物的细胞处于不断分裂的状态,易受培养条件和外界压力(如射线、化学物质等)的影响而发生变异。大量研究表明,细胞水平的诱变,其突变频率远远高于个体或器官水平的诱变,而且在较小的空间内一次可处理大量材料。若是通过体细胞胚胎发生途径再生植株,还可克服个体或器官水平诱变所存在的嵌合体现象,获得同质突变体。目前,运用体细胞无性系变异和离体诱变技术已获得一批抗病虫、抗除草剂、耐寒、耐盐、优质突变体。

用遗传转化即基因工程方法,解决传统育种方法所不能解决的问题,并与常规方法有机结合,建立高效育种技术是目前世界共同努力的方向。基因工程已成为改良植物抗病虫性、抗逆性及品质等方面新的重要手段。通过这种方法,目前已获得抗虫棉等一批农作物新品种,并已在生产上大面积推广应用。

0.3.2 在植物脱毒和离体快繁中的应用

植物脱毒和离体快速繁殖是目前植物细胞组织培养应用最多、最有效的一个方面。许多植物,特别是无性繁殖植物均受到多种病毒的侵染,造成严重的品种退化、产量降低、品质变劣。早在 1943 年 White 就发现植物生长点附近的病毒浓度很低甚至无病毒,利用茎尖分生组织培养可脱去病毒,获得脱毒植株。利用这种方法,目前已在马铃薯、甘薯、草莓、大蒜、苹果、香蕉等多种主要作物上大规模生产脱毒种苗。

植物离体繁殖的突出优点是快速、材料来源单一、遗传背景均一且不受季节和地区等条件的限制,重复性好。离体快速繁殖比常规方法快数万倍至百万倍。目前,世界上已建立了许多组培工厂,成为一个新兴产业。离体快速繁殖技术已在观赏植物、园艺植物、经济林木、无性繁殖作物等上广泛应用。

0.3.3 在次生代谢产物生产中的应用

利用植物细胞组织的大规模培养,可以高效生产各种天然代谢产物,如蛋白质、脂肪、糖类、药物、香料、生物碱、天然色素以及其他活性物质。因此,近年来这一领域已引起人们的广泛兴趣和高度重视,国际上已获得这方面专利 100 余项。例如,用细胞培养生产蛋白质,将给饲料和食品工业提供广阔的原料生产前景;用组织培养生产人工不能合成的药物或有效成分等的研究正在不断深入,有些已开始工厂化生产。

0.3.4　在植物种质资源保存和交换中的应用

植物种质资源一方面不断大量增加,另一方面一些珍贵、濒危植物资源又日趋枯竭,造成田间保存耗资巨大,又导致有益基因的不断丧失。利用植物组织培养进行离体低温或冷冻保存,可大大节约人力、物力和土地,还可挽救那些濒危物种。同时,离体保存的材料不受病虫害侵染和季节的限制,有利于种质资源的地区间及国际间的交换。目前,我国已在数处建立了植物种质资源离体保存设施。

0.3.5　在遗传、生理、生化、病理等研究中的应用

植物细胞组织培养的发展推动了植物遗传、生理生化和病理学的研究,已成为植物科学研究中的常规技术。利用花药培养获得纯合二倍体植株,是开展基因的性质和作用、染色体组同源性等遗传研究的理想材料。利用细胞培养中引起染色体的变化,得到植物的附加系、代换系、易位系等,将为染色体工程研究开辟新途径。

植物组织培养也为植物生理活动研究提供了一个强有力手段。植物组织培养发展过程中曾在矿质营养、有机营养、生长活性物质等方面开展了很多研究,有利于增进对植物营养问题的认识。在细胞生化合成研究中,细胞组织培养也极为有用,如查明了尼古丁在烟草中的部位等。在植物病理学研究中,可用单细胞或原生质体培养快速鉴定植物的抗病性、抗逆性等。

总之,植物组织培养是生物工程的基础和关键环节之一,它在农业生产中的实际应用越来越广泛,发挥的作用越来越重要。

复习思考题

1. 什么叫植物组织培养?
2. 什么叫脱分化、再分化?
3. 植物组织培养发展过程大致分为哪三个阶段?
4. 简述植物组织培养在农业生产中的作用。

1 植物组织培养的基本技术

植物组织培养是一项技术性较强的工作。为确保组织培养工作的顺利进行,达到无菌条件,就必须保证与植物组织培养研究或试管苗商业化生产任务、规模及当地条件等相适应的硬件条件和软件条件。硬件条件包括实验室与设施、环境、仪器、设备、器皿、器具等;软件条件就是指无菌操作和管理体系。硬件配置是否符合植物组织培养的要求,将直接影响到植物组织培养的成败。

1.1 植物组织培养实验室的建立

1.1.1 植物组织培养实验室的设计

建立植物组织培养实验室所需的投资较大,建成后的运转费用和维护费用也比较高,所以精心搞好实验室的设计极为重要。下面,将从实验室选址、布局、环境等方面进行讨论,所有设计的重点都必须放在防止培养过程中污染的措施上。

(1)实验室选址 实验室应选择大气条件良好、空气污染少、无水土污染的地方,水源要充足、清洁,能保证制出质量符合规定标准的纯水,而且供电充足、通信方便、交通运输便利。

(2)实验室总体布局 在新建植物组织培养实验室或利用已有的房屋、建筑物进行规划改造时,应将实验室总平面按建筑物的使用性质进行归类,分区布置。按实验室区、温室区、苗圃、行政、生活和辅助区等来划区。在总体布局上,严重空气污染源应处于主导风向的下风侧。实验室区的布局要合理,做到工作方便、减少污染、节省能源、使用安全、整齐美观。

(3)绿化的总体布局 实验室周围应绿化,尽量减少露土面积。宜种植草坪,种植树木以常青树为主,不宜种花,因为花开时有花粉飞扬,会造成污染。不能绿化的道路应铺成不起尘土的水泥硬化地面。道路两旁宜种植常青的行道树。

1.1.2 植物组织培养实验室的设计要求

① 保证绝对清洁。如果工作面上和空气中有尘埃和微生物孢子就会造成污染,将会使植物组织培养受到损失。一般损失程度会从百分之几到50%以上。轻者导致生产效率下降,重者将会对那些耗费了大量时间和资源而获得的珍贵研究材料造成无法挽回的损失,或造成经济损失以至企业倒闭。因此,保持植物组织培养实验室洁净是组织培养成败的最基本要求。为了减少污染,实验室设计时最好要设计走道。实验室的设备应当设有防尘装置,日后并能方便、容易、高效的清洁。从外面带进的空气应当让其通过一个高效微粒空气过滤器,或安装一种能产生正风压的装置。

② 培养室最好布置在房屋的南面,除南面设置大窗户外,东边或西边也应有大窗户,以便

尽量利用自然光。

③ 培养室应小,房门也应小,最好安装成滑门,便于保温,节省能源。

④ 接种室也应稍小,最好备有准备小间,以便更换衣帽等。接种室门也应装成滑门。为了安放超净工作台的方便,门应稍大些,装成双扇滑门。

⑤ 实验室应设置防止昆虫、鸟类、鼠类等动物进入的设施。

⑥ 实验室内的地面、墙壁和顶棚等,要采用最小的产生灰尘建筑材料。对于接种室、培养室等洁净度要求较高的房间所用的装修材料还须经得起消毒、清洁和冲洗。

⑦ 实验室内的墙壁和天花板、地面的交界处宜做成弧形,便于日常清洁。

⑧ 实验室内的光照度一般不低于300lx。

⑨ 实验室内安装的洗手池、下水道的位置要适宜,不得对培养带来污染。下水道开口位置应对实验室的洁净度影响最小,并有避免污染的措施。

⑩ 接种室、培养室、称量室和储藏室内应设置能确保与其洁净度相应的控制温度和湿度的设施。

⑪ 管道要尽量暗装,安排好暗敷管道的走向,便于日后的维修,并能确保在维修时不造成污染。

⑫ 电源、液化气、天然气或煤气等经专业部门设计、安装和验证合格之后,方可使用。

⑬ 实验室应有备用电源,以防停电或掉电时能确保继续操作。

⑭ 应设置事故报警系统,安排好避灾路线,设置紧急出口。

⑮ 办公室或计算机房应设置通信线路、视频光缆及网络接口。

1.1.3 植物组织培养实验室设计实例

植物组织培养实验室设计是一项专业性很强的工作,包括工艺、土建、设备、空调、电力等方面,是多种专业组合的整体工作。一个理想的设计,必须符合有关的技术法规和国家标准,必须符合植物组织培养实验室设计的基本要求,能有效地防止培养过程中的污染。无论是新建或改建植物组织培养实验室都应从实际出发,充分利用已有的技术设施,在可能条件下积极采用先进技术,既满足当前要求,也适当考虑今后发展需要。

下面推荐介绍三种较为理想的植物组织培养实验室设计实例,供参考选用。

(1) 节能培养室 图 1-1 是王玉英等设计的一种节能培养室,在组织培养室外三面设走

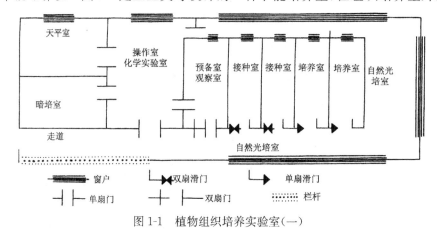

图 1-1　植物组织培养实验室(一)

道,装大窗户,作为自然光培室。培养物在春、秋季可放在朝南面的走道上,夏天搬到朝北面走道进行培养。据测定这种安装有大窗户的走道作培养室,室内光照度可达3000lx,相当于相距20cm 的 3 个日光灯的光源。

（2）小规模培养室　图 1-2 是一种适用于小规模的植物组织培养实验室的设计,进入房间须经走道。

（3）大规模培养室　图 1-3 是一种适用于大规模植物组织培养所用的实验室设计,并有一个小型温室。

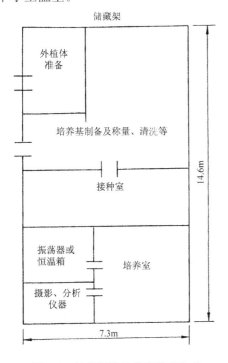

图 1-2　植物组织培养实验室（二）

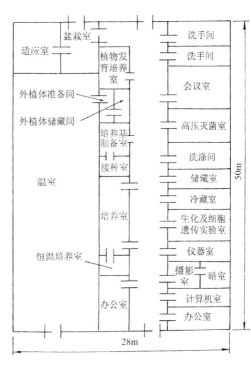

图 1-3　植物组织培养实验室（三）

1.1.4　植物组织培养实验室的组成

一个组织培养实验室的面积大小和装备程度取决于两个因素:一是所要进行的实验的性质;二是所能得到的经费的多少。然而,一个标准的组织培养实验室应当具备进行下列工作所必需的设施:

① 玻璃器皿、塑料器皿和其他实验器皿的清洗和储存;

② 培养基的制备、灭菌和储存;

③ 植物材料的无菌操作;

④ 将培养物保持在温度、光照,可能时还有湿度的可控条件下,对培养物进行观察。

为此至少需要有两个隔开的房间:一间用于玻璃器皿的清洗和储存以及培养基的制备(培养基室);第二间用于放置培养物(培养室)。培养室内应放一张桌子,桌子上放置双筒解剖镜和所需的光源,以便对培养物进行镜检。超净工作台可置于培养室中,也可置于一个普通研究实验室内僻静的一角,当然最好是置于一个专门设计的接种室内。此外,还需要有一个单独的天平室,这一般可与其他实验室共用。

1.1.4.1 综合实验室

植物组织培养和试管苗生产所用的各种器具的洗涤、干燥和保存,药品的称量、溶解、配制,培养基的分装、包扎和灭菌,植物材料的预处理,培养材料的观察分析等操作都在综合实验室中进行。从综合实验室应能方便地进出到培养室和接种室。综合实验室要摆放工作台和存放化学试剂的药品柜,以及放置常用玻璃器皿、试剂瓶等的医用器械橱或玻璃柜,并放有烘箱、冰箱、天平、蒸馏水器、高压灭菌锅以及酸度计、过滤装置、水浴锅等。工作台的样式和规格不必强求一律,可根据条件、任务、人数等灵活设计,但采用何种台面是至关重要的。目前,有的用白瓷砖或用玻璃下衬白纸,有的用厚胶皮,也有用金属板、塑料布等材料制作。这些材料各有优缺点。前两种不易被腐蚀,不干扰对颜色的观察,容易擦净,但质脆易碎,仪器也易被它碰碎;厚胶皮的优缺点恰与上述材料相反。

培养容器的洗涤和培养基的灭菌,最好在洗涤室和灭菌室进行,若无洗涤室和灭菌室也可在综合实验室中进行,但应在房间的一角,远离天平和冰箱,而且在墙壁上设置换气窗,以利通风排气,气窗的周围要用耐湿材料建造。如当地水质不良,还应添置一台玻璃蒸馏水器或金属蒸馏水器,以制取蒸馏水,尽可能安装使用天然气来制取蒸馏水或灭菌。

1.1.4.2 接种室

植物材料的接种、培养物的转移、试管苗的继代培养等,均需在无菌的接种室进行。保证良好的无菌条件,延长无菌状态持续的时间,是减轻污染的关键。

(1) 无菌操作室　要求能长时间保持无菌状态,以利无菌操作。因此,无菌操作室要求地面、天花板及四壁尽可能光洁无尘,并易于采取各种清洁消毒措施(门窗要求密闭,一般用滑动门窗。不安装风扇,保证无空气对流,通风换气需通过空气调节装置进行)。一般设内外两间,外间小些为准备室(供操作人员更换工作服、工作帽、拖鞋、洗手及安放预处理器皿和无菌培养的材料等,以防止带入病菌,保证无菌室能长时间和大量进行无菌操作)。内间稍大,供接种用。无菌操作室内应装有紫外灯,在操作前至少开灯 20min,同时室内应定期用甲醛和高锰酸钾蒸汽熏蒸(或用70%酒精和0.5%苯酚喷雾降尘和消毒)。现也有通过高频臭氧发生器(电子消毒器)来进行消毒的。

需备有接种箱、固定式载物台、移动式载物台、广口瓶、酒精灯、酒精棉、器械支架、手术剪、解剖刀、解剖针、镊子等(见图 1-4、图 1-5)。

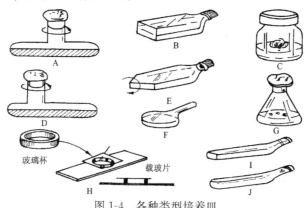

图 1-4　各种类型培养皿

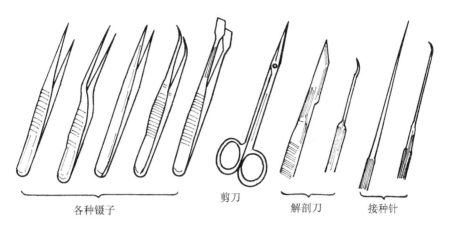

各种镊子　　　剪刀　　　解剖刀　　　接种针

图 1-5　植物组织培养用器械

近年来，多数实验室都采用超净工作台代替无菌操作室。超净工作台不仅操作方便，而且效果也较为理想。

（2）超净工作台　是植物组织培养最常用、最普及的无菌操作设备。超净工作台应安放在空气干燥、地面无尘埃、远离振动及噪声较大的地方，并注意门窗的密封，以免外界污染空气对室内的影响。使用过久，易引起堵塞，需要清洗或调换高效细菌过滤器。另外，超净工作台一般较宽（≥700mm），在房屋及门窗设计时应予考虑，以防造成搬运困难。

1.1.4.3　培养室

培养室是人工条件下培养接种物及试管苗的场所。其大小可根据需要放置的培养架的大小、数目及其他附属设备而定。其设计除一般要求外，应充分考虑利用空间、节省能源和充分采用自然光照等原则。

为了满足培养材料的生长、发育、繁殖所需的温度、光、湿度和通风等条件，培养室必须配备温度控制设备，提供不同光照强度的照明设备及光周期控制设备和湿度控制设备。培养室内最重要的是要保证一定的温度条件，一般保持在10～(32±1)℃。应配有自动控温的加热器或空调。光周期一般设置在 24h 内有6～12h 的光照时间及相应的暗培养期，以满足某些特定材料对光周期的不同需求。培养室内的湿度也要求恒定。通常相对湿度保持在70%～80%。

培养室内，常常需要配置若干个培养架，以放置培养容器。培养架可以是木质的、钢质的或其他材料制成的。培养架的高度根据培养室的高度而定，以充分利用空间。以研究为主的培养室，一般每个架设 6 层，总高 200cm，每 30cm 为一层，架宽以 60cm 较好；以生产扩繁为目的的培养室，培养架可高些，可借助梯子来摆放培养容器。培养架上一般每层要安装玻璃板，可使各层培养物都能接受到更多的散射光照。通常在每层培养架上安装 40W 的日光灯照。日光灯一般安放在培养物的上方或侧面，日光灯距上层搁板4～6cm，每层安放2～6 支灯管，每管相距 20cm，此时光照度为2 000～3 000lx，以满足大部分植物的光照需求。如采用自动定时器控制光照时间，可免去每日开启之劳。对那些不需光照外植体的培养，如愈伤组织的诱导和增殖，则需要考虑设置一个暗培养室。

培养室的相对湿度应保持在70%～80%。湿度过高，容易使培养基污染；湿度过低，则容易使培养基失水变干，影响培养效果。对于需要进行悬浮培养的材料，培养室还应设有摇床，可选择往复或旋转式的，必要时可设置温光可控式摇床。

培养室内应保持整洁，切忌堆放无关物品。有条件的可装置细菌过滤装置，这样可以控制污染。还可根据植物培养的种类放置摇床、转床等培养装置。进入培养室时应换上工作服、工作帽和拖鞋。要定期进行室内清洁和消毒工作。

1.1.4.4 洗涤室

洗涤室用于玻璃器皿、实验用具和培养材料的清洗。组织培养中对玻璃器皿的清洁程度要求较高，因此，单独设计一间洗涤室是非常必要的。在洗涤后将玻璃器皿竖着摆放在洗涤室内的储藏培养容器和玻璃器皿的区域。储藏区域应尽可能接近培养基制备间。洗涤室内应设置一个大的水槽和一个或几个浸泡池。如果大量生产试管苗时，应安装两个水槽。水槽水管可选用抗酸、抗碱的 PVC 或玻璃类的管材。在生产中需要用一些移动式或固定式的晾干架以加速晾干过程。

洗涤室需备有鼓风干燥箱、落水架、工作台、水池、水桶、水盆、试管刷等。

1.1.4.5 灭菌室

用于玻璃器皿、小用具及培养基的灭菌消毒；玻璃器皿和小用具的消毒采用干热灭菌法；固体培养基消毒采用高压灭菌法；而液体培养基消毒采用细菌过滤器。灭菌室内应有烘箱、高压锅、细菌过滤器、灭菌釜等灭菌设备，还应配备水源、电源或燃气装置。

1.1.4.6 鉴定室

用于细胞学和组织学观察，可根据需要和条件配备显微镜、解剖镜、恒温箱、切片机、烤片台、恒温水浴、滴瓶、染色缸、超速与高速离心机、核酸与蛋白质序列测定仪、分子成像仪、超速与高速离心机、氨基酸成分分析仪、高压液相色谱仪、毛细管电泳仪、电激仪、聚合酶合反应（PCR）仪和万能显微镜等仪器设备。

鉴定室应保持安静、清洁、明亮，保证精密仪器不振动、不受潮、不污染，无干扰，最大限度地减少由仪器引起的偶然误差。

1.1.4.7 计算机系统

以计算机技术作为重要手段之一的信息技术，将全面应用于植物组织培养及生物技术领域。大致可以归纳为：

① 信息系统。如数据库系统、多媒体技术、生物信息学与基因组学等；

② 决策系统。如规划系统、专家系统、模拟决策系统、模拟优化决策系统；

③ 监控系统；

④网络系统。

计算机系统的建立主要是指硬件、系统软件和应用软件的配置等。

计算机硬件是指计算机系统中的所有机、电、磁及光设备，如 CPU、存储器（内存储器和外存储器）、输入设备（键盘、鼠标器械、数字化仪、扫描仪、A/D 转换器、CCD 摄像头、视频采集卡等）、输出设备（显示器、打印机、绘图仪及 D/A 转换器等）、调制解调器（MODEM）等。

计算机软件是指计算机的程序和文档，包括系统软件和应用软件两大类。

系统软件是指与计算机硬件直接联系，提供用户使用的软件，担负着扩充计算机功能，合理调用计算机资源的任务,如操作系统(WINDOWS9X/2000/XP/NT 中文操作系统、UNIX、OS/2 等)和数据管理系统软件(FOXPRO,INFORMAX),美国农业植物基因工程组的数据库(ARS－GENOME)等都属于系统软件。

应用软件是指专门为解决某个应用领域具体问题而编制的软件,常用的应用软件如办公软件(WPS2000,OFFICE2000)、统计软件(SAS、SPSS、Statistical5.01)、DNA 处理软件(DNAClub)、图像处理软件(PHOTOSHOP、PHOTOIMPACT)、数据处理软件(GraphPad－PRISM 3)、杀病毒工具软件等。

1.1.4.8　储存室

把暂时不用的器皿、用具等存放在储存室内,也可以用作种质保存。

1.1.4.9　驯化移植室

用于试管小植株的锻炼苗和移植,需备有温室、弥雾装置、荫棚、移植床、钵、盆、塑料布、草炭、蛭石、粗沙等。

1.1.5　无菌操作设备

植物组织培养与微生物培养相比,培养时间长,短则 1 个月,长可达几年的时间。因此,在操作和培养过程中,最重要的是防止细菌等的感染,无菌设备至关重要。

1.1.5.1　超净工作台

超净工作台是在操作台上的空间、局部形成超净无菌状态的空气净化设备。按气流的组织形式,可分为垂直层流和水平层流两种工作台,可制作成单人工作台、双人工作台和多人工作台等形式。该设备制作时可根据工作的需要采取灵活多样的排风方式,针对某些工作过程中产生的有毒有害气体、尘埃,采用台面后部排风至室外或台面上全面排风至室外的处理方式,以保护工作人员作业区的安全卫生条件。该设备由操作区、风机室、空气过滤器、照明设施、配电系统等组成。工作时,借风机的作用,将经过预过滤的空气由风机压入静压箱,再经高效过滤器以垂直或水平层流状送出,在操作区达到高超净度(见图 1-6)。

图 1-6　超净工作台

15

1.1.5.2 接种器具杀菌器

接种器具杀菌器分卧式和立式两种类型,该杀菌器整机用不锈钢制成,采用了最新的内置发热元件和数显温控技术,特别适用于植物组织培养接种的小型刀、剪、镊、针进行重复操作的消毒杀菌,克服了传统酒精灯消毒杀菌的空气污染和火灾隐患,工作效率大大提高(见图1-7)。

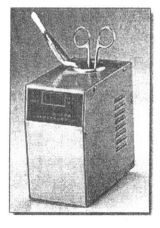

图1-7 接种器具杀菌器(左为立式,右为卧式)

1.1.6 用具

在植物组织培养过程中,使用的用具类型多样,如培养基配制用具、培养用具、接种用具等。在使用这些用具时,必须要了解它的基本用途并学会它们的基本用法。

1.1.6.1 培养基配制用具

(1)烧杯 用于盛放、溶解化学药剂等,常用的规格有 50mL、100mL、200mL、250mL、500mL、1000mL 等。

(2)容量瓶 用于配制标准溶液,常用的规格有 50mL、100mL、500mL、1 000mL 等。

(3)量筒 用于量取一定体积的液体,常用的规格有 25mL、50mL、100mL、500mL、1 000mL 等。

(4)刻度移液管 用于量取一定体积的液体,常用的规格有 1mL、5mL、10mL、20mL 等。

(5)吸管 用于吸取液体,调节培养基的 pH 值及溶液定容时使用。

(6)玻璃棒 用于溶解化学药剂时搅拌用。

1.1.6.2 培养用具

(1)试管 植物组织培养中常用的一种玻璃器皿,适合少量培养基及实验不同配方时使用。试管有平底和圆底两种,一般选用2.0cm×15cm 和 3.0cm×20cm 规格的试管较适宜。

(2)三角瓶 植物组织培养中最常用的培养容器,适合各种培养,如固体培养或液体培养,大规模或一般的少量培养。常用的规格有 50mL、100mL、150mL、200mL、500mL 等,其口径均为 25mm。三角瓶的好处是采光好,瓶口较小不易失水。

(3)广口培养瓶 常用作试管苗大量繁殖用的培养瓶,一般用200~500mL 规格。

（4）培养皿　在无菌材料分离、细胞培养中常用,常用的规格有直径 3cm、6cm、9cm、12cm 等。

（5）新型组培专用容器　目前,上海稼丰园艺用品有限公司已研制成功"天科牌"系列植物组织培养容器。这种新型容器采用进口高分子 PC(俗称太空玻璃)为主要材料,辅以增韧剂、防老剂、增塑剂等助剂进行合成,用目前国际最先进的中空成型及瓶口处理设备加工而成。该产品具有优良的机械物理性能,优异的冲击强度、无嗅、无味、无毒、耐寒耐热性良好,对酸碱类介质也较其他塑料稳定,尤其对油类介质稳定。在高压蒸汽灭菌条件下反复使用不破裂、不变形、成本低、寿命长、透光率高于玻璃容器,使用清洗方便,尤其符合机械化洗瓶要求。由于容器重量轻、不破碎、灭菌、接种、转移、轻松快捷,劳动强度大大降低,工作效率大幅度提高,经测算辅助用工可减少30％。由于容器壁厚度较玻璃瓶薄,无菌培养室的空间利用率可提高10％～15％。

现总共有三个系列能符合各类植物生长特性、生长湿度、植株大小要求的容器。对植物组织培养中不同植物透气要求的差异,则分别配制了封闭式瓶盖和透气式瓶盖。透气式瓶盖用半透明耐高温 PP 塑料制成,瓶盖顶端的透气芯采用防尘式设计,透气芯上有 4 个直径为 0.3mm 的小横孔,有效的阻止尘埃掉入透气芯污染透气片。透气片用棉纤维模压而成,规格为 $\Phi 10mm \times (0.5\sim 1.2)mm$,使用时只要将透气片放入透气芯内,把压紧帽旋紧即可,更换一次可重复使用3～5个培养周期。对于各类植物透气和湿度要求的差异,只要调整一下透气片的厚度即可。该装置与传统的封口膜包扎相比具有成本低廉、操作简单、更换方便、可靠性强、污染率低的优点。

（6）封口用品　培养容器的瓶口需要封口,以达到防止培养基失水干燥和杜绝污染之目的。容器封口所使用的材料尺寸应为被覆盖容器上口直径三四倍见方。

常用的封口材料有价格低廉的棉花塞、铝箔、耐高温透明塑料纸、专用盖、蜡膜等。其中,棉花塞是我国常用的封口物,使用时首先需用纱布包被,外边再包一层牛皮纸,用线绳或橡皮筋扎好,具有通气性好、价格低廉的优点,但制作比较费时。当外界湿度大时,易出现部分棉塞污染;外界湿度小时,具有培养基水分外逸较快及遮光等缺点。铝箔本身在定型后不易变形,无须使用线绳等固定,使用方便、效率高,但价格较高。耐高湿透明塑料薄膜透光性好,但也要对其进行绑扎固定。蜡膜常用于培养皿的封口,具有透光好、透气差的特点。另外,在市场上已有经高压灭菌的"菌膜",即聚丙烯膜,其可按瓶口大小裁切成块,包扎于瓶口即可。国外使用较多的是耐高温塑料制作连盒带盖的培养容器。

1.1.6.3　接种用具

（1）酒精灯　用于金属接种工具的灭菌。

（2）手持喷雾器　盛装70％酒精,用于接种器材、外植体和操作人员手部等的表面灭菌。

（3）镊子　尖头镊子适用于解剖和分离叶表皮时用。枪形镊子,由于其腰部弯曲,适用于转移外植体和培养物。钝头镊子适用于接种操作及继代培养时移取植物材料用。

（4）解剖针　用于分离植物材料。

（5）解剖刀　用于切割植物材料,有活动和固定两种。前者可以更换刀片,适用于分离培养物,后者则适用于较大外植体的分离。

（6）剪刀　用于剪取外植体材料。

（7）载玻片　切断、剥离植物材料用。

1.1.6.4　用具的洗涤

（1）玻璃器皿的洗涤　新购置的玻璃器皿或多或少都含有游离的碱性物质。使用前要先用 1% 稀 HCl 浸泡一夜，再用肥皂水洗净，清水冲洗后，再用蒸馏水冲洗 1 次，晾干后备用。用过的玻璃器皿，用清水冲洗，蒸馏水冲洗 1 次，干后备用即可。对于已被污染的玻璃器皿则必须在高压蒸汽灭菌后，倒去残渣，用毛刷刷去瓶壁上的培养液和菌斑后，再用清水冲洗干净，蒸馏水冲淋一遍，晾干备用，切忌不可直接用水冲洗，否则会造成培养环境的污染。清洗后的玻璃器皿，瓶壁应透明发亮，内外壁水膜均一，不挂水珠。

（2）金属用具的洗涤　新购置的金属用具表面上有一层油腻，需擦净油腻后再用热肥皂水洗净，清水冲洗后，擦干备用。用过的金属用具，用清水洗净，擦干备用即可。

1.1.6.5　用具的灭菌

培养皿、三角瓶、吸管等玻璃用具和解剖针、解剖刀、镊子等金属器具，均可用干热灭菌法。将清洗晾干后的用具用纸包好，放进电热烘干箱。当温度升至 100℃ 时，启动箱内鼓风机，使电热箱内的温度均匀。当温度升至 150℃ 时，定时控制 40min（或 120℃ 定时 120min），达到灭菌目的。由于干热灭菌能源消耗大，费时间，这一方法并不常用，常用高压蒸汽灭菌代替。

有些类型的塑料用具也可进行高温消毒，如聚丙烯、聚甲基戊烯等。用于无菌操作的用具除高压蒸汽灭菌外，在接种过程中还常常采用灼烧灭菌。准备接种前，将镊子、解剖刀等从浸入 95% 酒精中取出，置于酒精灯火焰上灼烧，借助酒精瞬间燃烧产生高热来达到杀菌的目的。操作中要反复浸泡、灼烧、放凉、使用，操作完毕后，用具应擦拭干净后再放置。

1.1.7　小型器具

植物组织培养过程中，除了使用上述各类的用具外，还需要使用一些小型器具和仪器。

1.1.7.1　分注器

用于分注培养基时用。

1.1.7.2　血细胞计数器

用于植物细胞计数。

1.1.7.3　移液枪

用于配制培养基时添加各种母液及吸取定量植物生长调节物质溶液。有固定式和可变式两种，常用的规格有 $25\mu L$、$100\mu L$、$200\mu L$、$500\mu L$；1mL、5mL、10mL 等。

1.1.7.4　过滤灭菌器

用于加热易分解、丧失活性的生化试剂的灭菌，常用的规格为直径小于或等于 $0.45\mu m$ 的滤膜。

1.1.7.5 微波炉、电炉等加热器具

用于加热溶解生化试剂和固体培养基配制时,溶解琼脂。

1.1.8 仪 器

植物组织培养过程中,除需要一些用具、小型器具外,基本的实验设备中还包括以下仪器:

1.1.8.1 酸度计

植物组织培养基的值的调整十分重要。因此,配制培养基时,需要用酸度计来测定和调整 pH 值。常用小型数字式酸度计,既可在配制培养基时使用,又可测定培养过程中 pH 值的变化。若不做研究,仅用于生产,也可用 pH 值为4.0～7.0的精密试纸来替代。测定培养基 pH 值时,应注意搅拌均匀后再测定。酸度计在使用前,要调节温度至当时的室温,再用 pH 标准液(pH 值4.0或 pH 值7.0)校正后,蒸馏水充分洗净,才能进行 pH 值的测定与调整。

1.1.8.2 天平

称量化学试剂用,常用的有以下几种:

(1)药物天平　用于称量大量元素、琼脂、蔗糖等,称量精密度为0.1g。

(2)扭力天平　用于称量大量元素、琼脂、蔗糖等,称量精密度为0.1g。

(3)分析天平　用于称量微量元素、植物激素及微量附加物,精度为0.0001g。放置天平地方要水平干燥,避免接触腐蚀性药品和水汽。

(4)电子天平　精度0.001,用于称量微量元素和植物激素及微量附加物。

1.1.8.3 磁力搅拌器

用于溶解化学试剂时搅拌均匀用。

1.1.8.4 高压蒸汽灭菌锅

用于培养基、蒸馏水和各种用具的灭菌消毒等是植物组织培养中最基本的设备之一。目前主要有大型卧式、中型立式、小型手提式和电脑控制型等几种类型。大型效率高,小型方便灵活,组织培养实验室中常使用小型手提式蒸汽灭菌锅。小型手提式蒸汽灭菌锅有内热式和外热式两种:外热式可用电炉、液化气炉加热;内热式的发热器在锅内,省时又省电。高压蒸汽灭菌时,一般在121℃控温15～40min,即可切断电源,缓慢降压至读数为 0 时,方可取出灭菌物。

1.1.8.5 干燥灭菌器

用于各种用具的灭菌。通常采用 160～180℃持续 90min 灭菌。

1.1.8.6 低速台式离心机

用于分离、洗涤培养细胞(团)及原生质体,一般转速为2000～4000r/min。

1.1.8.7 冰箱

用于储存培养基母液、生化试剂及低温处理材料,一般家用冰箱即可。

1.1.8.8 摇床

用于细胞悬浮培养。根据振荡方式分为水平往复式和回旋式两种,振荡速度因培养材料和培养目的不同而有差异,一般为 100r/min。

1.1.8.9 培养箱

用于少量植物材料的培养。根据培养材料、培养目的不同,可分为光照培养、暗培养两种类型,每种类型又有可调湿和不调湿两种规格。条件许可的话,还可采用全自动的调温、调湿、控光的人工气候箱进行植物组织培养和试管苗快繁。

1.1.8.10 双筒实体显微镜

用于剥离植物茎尖。

1.1.8.11 倒置显微镜

用于隔瓶观察、记录外植体及悬浮培养物(细胞团、原生质体等)的生长情况。

1.2 培养基

植物组织培养中最主要的部分,在离体培养条件下,不同植物组织对营养的要求不同,甚至同种植物不同部分的组织对营养的要求也不相同,只有满足了特殊的要求,它们的生长才能尽如人意。因此,没有任何一种培养基适合一切类型的植物组织和器官,在建立一项新的培养系统时,首先必须筛选一种能满足该组织特殊需要的培养基。培养基的种类很多(见表 1-1),不同的培养基有其自身的特点,通过分析了解它们的特点,可方便选择适宜的培养基,取得良好的实验效果。

表 1-1 常用基本培养基配方

培养基成分	几种常用培养基/mg・L^{-1}					
	MS	White	N6	Miller	Nitsch	MT
KNO_3	1 650	80	2 830	1 000	950	1 650
$Ca(NO_3)_2 \cdot 4H_2O$		300		347		
NH_4NO_3	1 900			1 000	720	1 900
$(NH_4)_2SO_4$			463			
$MgSO_4 \cdot 7H_2O$	370	720	185	35	185	370
KH_2PO_4	170		400	300	68	170
$NaH_2PO_4 \cdot 2H_2O$		16.5				
$CaCl_2 \cdot 2H_2O$	440		166		166	440
$MnSO_4 \cdot 4H_2O$	22.3	4.5	4.4	4.4	25	22.3

培养基成分	几种常用培养基/mg·L^{-1}					
	MS	White	N6	Miller	Nitsch	MT
$ZnSO_4 \cdot 7H_2O$	8.6	3.0	1.5	1.5	10	8.6
H_3BO_3	6.2	1.5	1.6			6.2
$NaMoO_4 \cdot 2H_2O$	0.25	0.0025				
$CuSO_4 \cdot 5H_2O$	0.025	0.001				0.025
$Na_2 \cdot EDTA$	37.3		37.3		37.75	37.3
Na-Fe-EDTA				32		
$FeSO_4 \cdot 7H_2O$	27.8		27.8		27.85	
$Fe_2(SO_4)_3$		2.5				
肌醇	100	100			5000	100
烟酸	0.5	0.3	0.5			5
甘氨酸	2	3	2			2
盐酸硫胺素	0.1	0.1	1.0			10
盐酸吡哆醇	0.5	0.1	0.5			10
KI	0.83	0.75	0.8	1.6	10	0.83
$CoCl_2 \cdot 6H_2O$	0.025				0.025	0.025
Na_2SO_4		200				
KCl				65		
TiO_2		65		0.8		
MoO_3					0.25	
蔗糖	30000	20000	50000	30000	20000	30000

1.2.1 培养基成分

培养基的成分是通过分析植物体的成分而制定的。一般培养基中常见的成分主要有以下几种：

1.2.1.1 水

培养基中的大部分成分是水，可提供植物所需的碳、氢、氧，配制培养基时一般用离子交换水、重蒸馏水、蒸馏水。

1.2.1.2 无机营养成分

无机营养成分是指植物在生长发育时所需要的各种化学元素。根据植物对无机营养的吸收量，可将它们分为大量元素和微量元素，前者在植物的生长发育中占的比例较大，后者虽然植物需要量较少，但却具有重要的生理作用。

（1）无机大量元素　指培养基中含量超过100mg/L的无机元素，包括N、P、K、Ca、Mg、S等。

① 氮（N）。是细胞中核酸的组成部分，也是生物体许多酶的成分，氮被植物吸收后转化为氨基酸再转化为蛋白质，然后被植物利用，氮还是叶绿素、维生素和植物激素的组成成分。氮主要以铵态氮、硝态氮两种形式被使用，实际中常常将两者混合使用，以调节培养基中的离子平衡，利于细胞的生长发育。一般认为，铵态氮的含量超过8mmol/L时容易伤害培养物，但

这种情况也依植物种类、培养部位、培养类型而定。

② 磷(P)。参与植物生命活动中核酸和蛋白质合成、光合作用、呼吸作用以及能量的储存、转化与释放等重要的生理生化过程,增强植物的抗逆能力,促进早熟。组织培养过程中培养物需大量的磷。磷常以盐的形式供给。

③ 钾(K)。是许多酶的活化剂。组织培养中钾能促进器官和不定胚的分化,促进叶绿体 ATP 的合成,增强植物的光合作用和产物的运输,能调节植物细胞水势,调控气孔运动,提高植物的抗逆性能。钾常以盐的形式供给。

④ 钙、镁、硫(Ca、Mg、S)。也是植物的必需元素,参与细胞壁的构成,影响光合作用,促进代谢等生理活动。钙、镁和硫的浓度以1～3mmol/L 较宜,常以 MgSO₄ 和钙盐的形式供给。

(2) 无机微量元素　指在培养基中含量低于 100mg/L 的元素,主要有铁、硼、锰、锌、铜、钼、钴、氯。植物生长对微量元素需要量很少,一般为10^{-7}～10^{-5} mol/L,稍多则会出现外植体蛋白质变性、酶系失活、代谢障碍等毒害现象。微量元素中,铁对叶绿素的合成和延长生长起重要作用,通常以硫酸亚铁与 Na₂-EDTA 螯合物的形式存在培养基中,避免 Fe^{2+} 氧化产生氢氧化铁沉淀;硼能促进生殖器官的正常发育,参与蛋白质合成或糖类运输,可调节和稳定细胞壁结构,促进细胞伸长和细胞分裂;锰参与植物的光合作用、呼吸代谢过程,影响根系生长,对维生素 C 的形成以及加强茎的机械组织有良好作用;锌是各种酶的构成要素,增强光合作用效率,参与生长素的代谢,促进生殖器官发育和提高抗逆性;铜能促进花器官的发育;钼是氮素代谢的重要元素,参与繁殖器官的建成。

1.2.1.3　有机营养成分

有机营养成分是指植物生长发育时所必需的有机碳、氢、氮等物质,主要有糖、维生素、肌醇、氨基酸等。

(1) 糖　既可作为碳源,又可为培养的外植体提供生长发育所需的碳架和能源,同时还具有维持培养基渗透压的作用。一般添加蔗糖、葡萄糖和果糖,其中蔗糖最常用。此外,棉籽糖在胡萝卜离体培养中,效果仅次于蔗糖和葡萄糖,优于果糖。山梨糖是蔷薇科植物培养中常用的糖源。淀粉对于含糖量较高的植物组织培养有较好的效果。植物组织培养中常用1%～5%的蔗糖,但在幼胚、茎尖分生组织、花药和原生质体培养时,需要10%左右的蔗糖甚至更高。

(2) 维生素　在植物细胞里主要以各种辅酶的形式参与多项代谢活动,对生长分化有很好的促进作用。使用量通常为0.1～1.0mg/L。常用的维生素有盐酸硫胺素(维生素 B₁)、盐酸吡哆醇(维生素 B₆)、烟酸(维生素 B₃)、生物素(维生素 H)、叶酸、抗坏血酸(维生素 C)等。上述物质中,维生素 B₁ 可全面促进植物的生长,维生素 C 具抗氧化功能,防止褐变,维生素 B₆ 促进根的生长。维生素具有热易变性,易在高温下降解,可采取过滤灭菌。

(3) 肌醇(环己六醇)　能帮助活性物质发挥作用,使培养组织快速生长,促进胚状体及不定芽的形成,肌醇用量一般为50～100mg/L。

(4) 氨基酸和有机添加物　氨基酸作为一种重要的有机氮源,除构成蛋白质、酶、核酶等生物大分子的基本组成外,还具有缓冲作用和调节培养物体内平衡的功能,对外植体芽、根、胚状体的生长、分化有良好的促进作用。常用的氨基酸有丙氨酸、甘氨酸、谷氨酰胺、丝氨酸、酪氨酸、天冬酰胺以及多种氨基酸的混合物,如水解酪蛋白(CH)、水解乳蛋白(LH)等。其中甘氨酸能促进离体根的生长,丝氨酸和谷氨酰胺有利于花药胚状体或不定芽的分化。半胱氨酸可作为抗氧化剂,防止培养材料褐化,延缓酚氧化。有些植物组织培养中还加入一些天然的有机物,如椰乳(椰子、CM)、酵母提取物、番茄汁、香蕉泥、马铃薯泥等,其有效成分为氨基酸、酶、植物激素等,这些天然有机物对植物组织培养并非必需的,但可起一定的促进作用。由于这些天然有机物成分复杂且难以确定,在培养基的配制中仍倾向于选用已知成分的合成有机物。

(5)植物生长调节物质　是培养基中不可缺少的关键物质,用量虽少,但对外植体愈伤组织的诱导和根、芽等器官分化起着重要的调节作用。常用的植物生长调节物质有以下几种:

① 生长素类。主要功能是促进细胞伸长生长和细胞分裂,诱导愈伤组织形成,促进生根。配合一定量的细胞分裂素,可诱导不定芽的分化、侧芽的萌发与生长。常见的生长素类有吲哚乙酸(IAA)、萘乙酸(NAA)、吲哚丁酸(IBA)、2,4 二氯苯氧乙酸(2,4-D)等。它们作用的强弱依次为 2,4-D>NAA>IBA>IAA。生长素的使用量通常为0.1～10mg/L。

② 细胞分裂素类。主要功能是促进细胞分裂、抑制衰老、当组织内细胞分裂素/生长素的比值高时,可诱导芽的分化。常见细胞分裂素有激动素(KT)、异戊烯基腺嘌呤(2iP)、6-苄基腺嘌呤(6-BA)、玉米素(Zt)、噻重氮苯基脲(TDZ)。它们作用的强弱依次为 TDZ>Zt>2ip>BAP>KT。细胞分裂素的使用量通常为0.1～10mg/L。

③ 其他类。除上述生长素类、细胞分裂素类物质外,赤霉素(GA_3)、脱落酸(ABA)和多效唑(PP333)等生长调节物质也常用于植物组织培养。

1.2.1.4　琼脂

琼脂是从海藻中提取出来的一种高分子碳水化合物,其主要作用是使培养基在常温下固化形成固体培养基。琼脂的固化能力除与原料、厂家的加工方式有关外,还与高压灭菌的温度、时间、pH 值等有关。长时间高温会使其凝固能力下降,过酸和过碱加上高温也会使琼脂发生水解,丧失固化能力,存放时间过久,也会逐渐失去凝固能力。琼脂的用量一般在0.6%～1.0%,选择颜色浅、透明度好、洁净、杂质少的琼脂为宜。使用高纯度的琼脂可避免其中的杂质对细胞生长分化的影响。

1.2.1.5　pH 值

培养基的 pH 值在高压灭菌前一般调至5.0～6.0,当 pH 值高于 6.0 时,培养基会变硬,低于5.0时,琼脂凝固效果不好。经过高压灭菌后,培养基的 pH 值会稍有下降,在5.8～6.0,适用于大多数植物细胞的分裂、生长、分化。pH 值一般用 1mol/L 盐酸调低,用 1mol/L 氢氧化钠调高。

1.2.1.6　活性炭

活性炭(AC)可吸附植物的有害泌出物,但其对物质吸附的选择性很低,同时也能吸附某些植物的必需化合物。有关活性炭在组织培养中作用的报道常相互矛盾。有的报道称,培养基中加入活性炭能刺激兰花、胡萝卜、常春藤和番茄培养物的生长分化。但有的报道则称,活性炭能抑制烟草、大豆和山茶花的生长。活性炭对生长的抑制可归因于其吸附了植物激素,对生长的刺激则可能是其吸附了具抑制作用的化合物,抑或是由于使培养基变暗。活性炭的用量一般为0.5%～3%。在高压灭菌之前加入活性炭会降低培养基的 pH 值,使琼脂不易凝固,该点在培养基配制时应予注意。

1.2.1.7　硝酸银

离体培养中的植物组织会产生和散发乙烯,乙烯在培养容器中的积累会影响培养物的生长分化,严重时甚至会导致培养物的衰老和落叶。硝酸银($AgNO_3$)中的Ag^+通过竞争性地结合于细胞膜上的乙烯受体蛋白,从而抑制乙烯活性的作用。因此,在培养基中加入适量的$AgNO_3$,无论是在小麦和玉米单子叶植物中,还是在向日葵、拟南芥以及许多芸苔属植物双子叶植物中,都能起到促进愈伤组织器官发生或体细胞胚胎发生的作用,并能使某些原来再生困难的物种分化再生植株。据报道,有些培养物在含生长素与细胞分裂素不同组合培养基上不能形成茎芽,但当加入$AgNO_3$以后,则出现了茎芽分化。此外,$AgNO_3$对于克服试管苗玻璃化及早衰和落叶等也有显著效果。不过,有些研究者指出,$AgNO_3$并非总能阻止乙烯的积累。由于低浓度的$AgNO_3$能引起细胞坏死,而这种坏死细胞所产生乙烯的数量,可能大于同一组织中非坏死细胞由于$AgNO_3$对乙烯生物合成的抑制作用而减少的数量。据张鹏等(1997)报道,$AgNO_3$的使用浓度一般为1～10mg/L。使用前过滤灭菌,并须待培养基温度降至60℃以下时再加入培养基。即便$AgNO_3$浓度适宜,也须注意不要把培养物长期保存在含$AgNO_3$的培养基上,否则会导致再生植株畸形。

1.2.1.8　抗生素

添加抗生素的主要目的是,防止由外植体内生菌造成的污染。不过,在使用抗生素时应注意以下四个问题:

① 不同抗生素能有效抑制的菌种不完全相同,因此必须针对性地对抗生素的种类加以选择;

② 在有些情况下,单独使用无论哪一种抗生素对控制污染皆无效,必须几种抗生素结合使用才能取得较好的效果;

③ 当所用抗生素的浓度高到足以消除内生菌时,有些植物的生长发育也会同时受到抑制;

④ 在停用抗生素后,污染率往往显著上升,这可能是原来受抑的菌类又滋生造成的。因此,在高等植物离体培养中,特别是在商业性快繁中,应当尽量避免使用抗生素。

常用的抗生素有青霉素、链霉素、土霉素、四环素、氯霉素、利福平、卡那霉素和庆大霉素等,用量为5～20mg/L。大部分抗生素要求过滤灭菌。

1.2.2　培养基的选择

1.2.2.1　选择合适的培养基

选择合适的培养基是植物组织培养成功的基础。选择合适的培养基主要从以下两个方面考虑:一是基本培养基;二是各种激素的浓度及相对比例。在选择一种新的植物材料进行组织培养时,为了能尽快建立起再生体系,最好选择表1-1所列培养基中的一种作为基本培养基。MS培养基适合于大多数双子叶植物,B5和N6培养基适合于许多单子叶植物,特别是N6培养基对禾本科植物小麦、水稻等很有效,White培养基适于根的培养。首先试用这些培养基进行初步实验,可以少走弯路,大大减少时间、人力和物力的消耗。当通过一系列初试之后,可再根据实际情况对其中的某些成分做小范围调整。在进行调整时,以下情况可供参考:一是当用一种化合物作为氮源时,硝酸盐的作用比铵盐好,但单独使用硝酸盐会使培养基的 pH 值向碱性方向漂移,若同时加入硝酸盐和少量铵盐,会使这种漂移得到克服;二是当某些元素供应不足时,培养的植物会出现一些症状,可根据症状加以调整,如氮不足时,培养的组织常表现出花色苷的颜色(红、紫红色),愈伤组织内部很难看到导管分子的分化;当氮、钾或磷不足时,细胞会明显过度生长,形成一些十分蓬松,甚至是透明状的愈伤组织;铁、硫缺少时组织会失绿,细胞分裂停滞,愈伤组织出现褐色衰老症状;缺硼时细胞分裂趋势缓慢,过度伸长;缺少锰或铝时细胞生长受到影响。培养基外源激素的作用也会使培养物出现上述一些类似的情况,所以应仔细分析,不可轻易下结论。

1.2.2.2 激素浓度和相对比例的确定

组织培养中对培养物影响最大的是外源激素。在基本培养基确定之后,实验中要大量进行的工作是用不同种类的激素进行浓度和各种激素间相互比例的配合试验。在实验中,首先应参考已有的报道,看是否有用相同植物、相同组织或相近者做过成功或失败的试验,如果有则可直接作为参考;如果没有,则在建立激素配比中,将每一种拟使用的激素选择3～5个水平,再按随机组合的方式建立起如下的实验办案。

这样就设计出了 16 种激素配比的实验方案,即 16 种不同的培养基。用这 16 种培养基进行初试之后,你会找到 1 种或几种是比较好的。再在这些比较好的组合的基础上进行小范围的调整,设计出一组新的配方。如在表1-2 中,认为 6 号培养基较有希望,就可以在此基础上做出如表1-3 的一组新的设计。

表 1-2   两种激素 4 种浓度的组合实验

生长素浓度/mgL^{-1}	细胞分裂素浓度/mgL^{-1}			
	0.5	1.5	3	4.5
0	1	2	3	4
0.5	5	6	7	8
1.0	9	10	11	12
2.0	13	14	15	16

表 1-3   第二次激素配比实验

生长素浓度/mgL^{-1}	细胞分裂素浓度/mgL^{-1}			
	1.0	1.25	1.50	1.75
0.25	1	2	3	4
0.5	5	6	7	8
0.75	9	10	11	12

一般来说,经过这次实验就可能选出一种适合于你的实验材料的培养基,或许不是最好的,但结果是可靠的。在此基础上可进行培养基中其他成分的变动实验,如可变动蔗糖浓度、琼脂用量、培养基的 pH 值或添加某些氨基酸等。但必须掌握一个原则,就是要有理有据,特别是对一些宝贵的植物培养材料,更要慎之又慎。

如果上述试验失败,那就要做一些更细致、更麻烦的实验,花费更多时间、人力和物力,而且最好在专业人员的指导下进行,切莫根据想像来随意设计培养基,这样成功的概率极小,使宝贵的植物材料丢失或失去时机。

1.2.3 培养基的制备

配制培养基有两种方法可以选择,一是购买培养基中所有化学药品,按照需要自己配制;二是购买混合好的培养基基本成分粉剂,如 MS、B5 等。

1.2.3.1 准备工作

配制培养基所用的器具主要包括不同型号的烧杯、容量瓶、移液管、滴管、玻棒、三角瓶、试管以及培养基分装器等。配制培养基前,要洗净备齐所用器具。

配制培养基一般用蒸馏水或无离子水,精细的实验须用重蒸馏水。化学药品应采用等级较高的化学纯 CP(三级)和分析纯 AR(二级),以免杂质对培养物造成不利的影响。药品的称量及定容要准确,不同化学药品的称量需使用不同的药匙,避免药品的交叉污染与混杂。

1.2.3.2 母液的配制和保存

经常需配制培养基时,为了减少工作量,现在配制培养基一个广泛采用的比较方便的方法是先配制一系列的母液(见表 1-4):大量元素(浓缩 20 倍)、微量元素(浓缩 200 倍)、铁盐(浓缩 200 倍)、除蔗糖之外的有机物质(浓缩 200 倍)。

在制备这四种母液时,应使每种成分分别溶解,然后再把它们彼此混合。各种生长调节物质的母液应当分别配制,如果它们是不溶于水的,则应先把它们溶解在很少量的适当溶剂中,然后再加蒸馏水到最终容积。取决于所要求的生长调节物质的水平,其母液的浓度可以是 1mmol/L,也可以是 10mmol/L。所有的母液都应储存于适当的塑料瓶中或玻璃瓶中,置冰箱中保存。铁盐储备液必须储存于琥珀色玻璃瓶中。在储备椰子汁时,要先把由果实中采集到的汁液加热煮沸以除去其中的蛋白质,过滤,然后置塑料瓶中储存于 $-20℃$ 的低温冰箱。在使用这些母液之前必须轻轻摇动瓶子,如果发现其中有沉淀悬浮物或微生物污染,必须立即丢弃。

表 1-4　MS 培养基的储备液

成　　分	数量/mg · L^{-1}
储备液 I	
NH_4NO_3	33 000
KNO_3	38 000
$CaCl_2 \cdot 2H_2O$	8 800
$MgSO_4 \cdot 7H_2O$	7 400
KH_2PO_4	3 400
储备液 II	
KI	166
H_3BO_3	1 240
$MnSO_4 \cdot 4H_2O$	4 460
$ZnSO_4 \cdot 7H_2O$	1 720
$Na_2 \cdot MoO_4 \cdot 2H_2O$	50
$CuSO_4 \cdot 5H_2O$	5

成　　　分	数　　量/mg・L^{-1}
CoCl$_2$・6H$_2$O	5
储备液Ⅲ[②]	
FeSO$_4$・7H$_2$O	5 560
Na$_2$・EDTA・2H$_2$O	7 460
储备液Ⅳ	
肌醇	20 000
烟酸	100
盐酸吡哆醇	100
盐酸硫胺素	100
甘氨酸	400

① 制备 1L 培养基,取 50mL 储备液Ⅰ,5mL 储备液Ⅱ,5mL 储备液Ⅲ和 5mL 储备液Ⅳ。

② 将 FeSO$_4$・7H$_2$O 和 Na$_2$・EDTA・2H$_2$O 分别置于 450mL 蒸馏水,加热并不断搅拌使之溶解,然后将两种溶液混合,调
　pH 值至5.5,加蒸馏水至最终容积 1L,置于细口瓶中,用力振荡1~2min,避光保存。

1.2.3.3　培养基的制备

　　配制培养基时要预先做好准备,首先是将母液按顺序排好,再是准备好所需的各种培养基的配制程序(见图 1-8)。

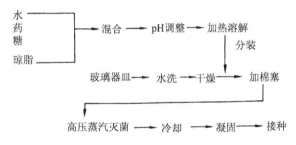

图 1-8　培养基的配制程序

　　① 称出规定数量的琼脂和蔗糖,加水直到培养基最终容积的 3/4,在恒温水浴中加热使之溶解。在配制液体培养基时则无须加热,因为蔗糖甚至在微温的水中也能溶解。

　　② 分别加入一定量的各种母液,包括生长调节物质和其他的特殊补加物。如果由于特殊原因有必要在高压灭菌之后再加入维生素和生长素,那么在调节了 pH 值之后,可使这些物质的溶液通过孔径为022~045μm 的微孔滤器消毒。

　　③ 加蒸馏水直至培养基的最终容积。

　　④ 充分混合之后,用 0.1mol/L NaOH 或 0.lmol/L HCl 调节培养基的 pH 值。pH 值通常用精密 pH 试纸或酸度计进行测定。若用酸度计测定,则应在调节 pH 值后再加入琼脂,因为琼脂主要作用是固化培养基,加入琼脂后再调 pH 值,会使酸度计灵敏度降低,测量不准确。pH 试纸测定时,可先加琼脂后再调 pH 值。

　　⑤ 已经配好的培养基,在琼脂没有凝固的情况下(约在 40℃时凝固),应尽快将其分装到试管、三角瓶等培养容器中。分装的方法有虹吸式分注法、直接注入法等,分装时要掌握好培养基的量,一般以占试管、三角瓶等培养容器的1/4~1/3为宜。分装时要注意不要将培养基沾

到壁口,以免引起污染。

如果在步骤(2)~(5)期间培养基开始凝固,应将装培养基的三角瓶置水浴中加热,只有当培养基为均匀的液态时才能分装。

⑥ 分装后的培养基应尽快将容器口封住,以免培养基水分蒸发。常用的封口材料有棉花塞、铝箔、硫酸纸、耐高温塑料薄膜等,可根据自己的实际情况选择封口材料。最新研制的PTFE培养瓶无菌封口膜,有极高的弹性、杰出的疏水性和独特的防水透气性,可使污染率降低到零。PTFE细菌滤膜的微孔主体网状结构是采用低分子量PTFE树脂膨化拉伸而成,开孔率达85%以上,孔径0.3μm,可耐达300℃高温。底膜采用PP未拉伸薄膜,厚度0.06mm。透光率达85%以上。用高频焊接技术将PTFE膜牢牢地焊接在PP膜上,从而达到封口防菌之目的。

⑦ 分装后的培养基封口后应尽快高压蒸汽灭菌。灭菌不及时,会造成杂菌大量繁殖,使培养基失去效用。灭菌前,应检查灭菌锅底部的水是否充足,灭菌加热过程中应使灭菌锅内的空气放尽,以保证灭菌彻底。排气的方法有两种:开始就打开放气阀,等大量热空气排出后再关闭,也可采用先关闭放气阀,当压力升到49kPa(0.5kgf/cm²)时打开放气阀排出空气后,再关闭放气阀升温。灭菌时,应使压力表读数为98~107.8kPa(1.0~1.1kgf/cm²),在121℃时保持15~20min即可。灭菌时间不宜过长,否则蔗糖等有机物质会在高温下分解,使培养基变质,甚至难以凝固;也不宜时间过短,否则灭菌不彻底,引起培养基污染。灭菌后,应切断电源,使灭菌锅内的压力缓慢下降,接近"0"时,才可打开放气阀,排出剩余蒸汽后打开锅盖取出培养基。若切断电源后,急于取出培养基而打开放气阀,造成降压过快,使容器内外压差过大,液体溢出,造成污染浪费,甚至危及人身安全。

某些生长调节物质,如吲哚乙酸和某些维生素、抗生素、酶类物质遇热不稳定,不能高压蒸汽灭菌,需过滤灭菌。在无菌条件下,将这些溶液通过孔径为0.25~0.45μm的生物滤膜后可达到灭菌目的,并在无菌条件下将其加入到高压灭菌后温度下降到约40℃的培养基即可。

把已装入培养基的培养容器装在铁丝篮子里,外面包上一层铝箔以防止棉塞在高压灭菌时吸湿,在121℃105kPa(1.06kgf/cm²)下灭菌15min。

如果所用的是已灭过菌的不耐高温塑料培养容器,培养基可装在250mL或500mL的三角瓶中,以铝箔或牛皮纸封住瓶口,进行高压灭菌。灭菌后使培养基冷却到大约60℃,然后在无菌条件下将其分装到塑料容器中。

⑧ 经高压灭菌的培养基取出后,根据需要可直立或倾斜放置。注意在培养基未凝固时不要移动容器,待凝固后再转移。灭菌后的培养基不要立刻使用,预培养3d后,若无污染方可使用,否则会由于灭菌不彻底或封口材料破损等原因,培养基马上使用后造成培养材料的损失。

待使用的培养基应放在洁净、无灰尘、遮光的环境中进行储存。储存期间避免环境温度大幅度地变化,以免夹杂着细菌、真菌的灰尘在接种时随气流进入容器造成培养基的污染。随储存时间的延长,培养基的成分会发生相应的变化,容器内水分逸出,见光易分解的物质,如IAA、椰乳等会随环境中的光线强弱发生光解等影响培养效果。一般情况下,配制好的培养基应在两周内用完,含有生长调节物质的培养基最好能在4℃低温保存,效果更理想。

Street(1977)说过,"在实验中由培养基制备上的错误所造成的问题比由任何其他技术过失所造成的要多"。为尽量减少人为的误差,必须严格按上述各个步骤操作。应当把培养基中的各种成分都写在纸上,加进去一种以后即划掉一个。所有装着培养基的试管、玻璃罐、玻璃瓶和培养皿等均应清楚地做上标记,这样即使经过高压灭菌和长期储藏之后也不难识别。

1.3 外植体

植物组织培养的成败除与培养基的组分有关外,另一个重要因素就是外植体本身,即由活体植物上切取,用于离体培养的那部分组织或器官。为使外植体适于在离体培养条件下生长,有必要对外植体加以选择和处理。

1.3.1 外植体的种类

迄今为止,经组织培养成功的植物所选用的外植体几乎包括植物体的各个部位,如根、茎(鳞茎、茎段)、叶(子叶、叶片)、花瓣、花药、胚珠、幼胚、块茎、茎尖、维管组织、髓部等。理论上,植物细胞具有全能性,若条件适宜任何组织、器官作为外植体均能再生成完整植株。实际中,植物种类不同、同一植物不同器官、同一器官不同生理状态,对外界诱导反应的能力及分化再生能力是不同的。因此,选择适宜的外植体需从植物基因型、外植体来源、外植体大小、取材季节及外植体的生理状态和发育年龄等方面加以考虑。现分别简述如下:

1.3.1.1 植物基因型

植物基因型不同,组织培养的难易程度不同,草本植物比木本植物更易组织培养,双子叶植物比单子叶植物更易组织培养。木本植物中,猕猴桃较易再生植株,而干果类、松树、柏树等就比较困难。植物基因型不同,组织培养的再生途径也不同。例如,十字花科及伞型科中的胡萝卜、芥菜、芫荽等易于诱导胚状体,而茄科中的烟草、番茄、曼陀罗易于诱导愈伤组织。因此,选择适宜的外植体,首先要明确材料选择的目的,选取优良的或特殊的具有一定代表性的基因型,这样可提高成功率,增加其实用价值。

1.3.1.2 外植体来源

从田间或温室中生长健壮的无病虫害植株上选取发育正常的器官或组织作为外植体,离体培养易于成功。因为,这部分器官或组织代谢旺盛,再生能力强。同一植物不同部位之间的再生能力差别较大,如同一种百合鳞茎的外层鳞片比内层鳞片再生能力强,下段比中段、上段再生能力强。因此,最好先对所要培养的植物各部位的诱导及分化能力进行比较,从中筛选合适的、最易再生的部位作为最佳外植体。对于大多数植物来说,茎尖是较好的外植体,由于茎形态已基本建成,生长速度快,遗传性稳定,也是获得无病毒苗的重要途径,如月季、兰花、大丽花、非洲菊脱病毒苗的生产均选用茎尖作外植体。但茎尖的来源往往受到限制,为此可以采用茎段、叶片等作为培养材料,如菊花、各种观赏秋海棠、黄花夹竹桃等。另外,还可根据需要选择鳞茎、球茎、根茎类(如麝香百合、郁金香等)、花茎或花梗(如蝴蝶兰)、花瓣、花蕾(如君子兰)、根尖(如雀巢兰属)、胚(垂笑君子兰)、无菌实生苗(吊兰)等部位作为外植体进行离体培养。

1.3.1.3 外植体大小

外植体的大小,应根据培养目的而定。如果是胚胎培养或脱毒,则外植体宜小;如果是快速繁殖,外植体宜大。但外植体过大,杀菌不彻底,易于污染,过小离体培养难于成活。一般外植体大小在0.5～1.0cm为宜。具体的情形如下：叶片、花瓣等约为5mm，茎段长约0.5mm，茎尖分生组织带一两个叶原基0.2～0.3mm等。

1.3.1.4 取材季节

外植体最好在植物生长的最适时期取材，即在其生长开始的季节采样，若在生长末期或已进入休眠期取样，则外植体会对诱导反应迟钝或无反应。例如，苹果芽在春季取材成活率为60%，夏季取材下降到10%，冬季取材在10%以下；百合鳞片外植体，春、秋季取材易形成小鳞茎，夏、冬季取材培养则难以形成小鳞茎。

1.3.1.5 外植体的生理状态和发育年龄

外植体的生理状态和发育年龄直接影响离体培养过程中的形态发生。一般认为，沿植物的主轴，越向上的部分所形成的器官其生长的时间越短，生理年龄也越老，越接近发育上的成熟，越易形成花器官；反之越向基部，其生理年龄越小。例如，在烟草的培养中，植株下部组织产生营养芽的比例高，而上部组织产生花器官的比例高。一般情况下，幼年组织比老年组织具有较高的形态发生能力。

1.3.2 外植体的消毒

1.3.2.1 污染的原因及对策

组织培养过程中污染是经常发生的，其原因很多，如工作环境、仪器、培养基及器皿灭菌不彻底、外植体带菌、操作时不遵守操作规程等。造成污染的病原主要分为细菌和真菌两大类。

真菌性污染主要指霉菌引起的污染。一般接种后3～5d即可发现。真菌性污染，一般多由接种室内的空气不清洁、超净工作台的过滤效果不理想、操作不慎等原因引起。此类污染可通过完善操作、控制培养环境、严格操作程序克服。

细菌性污染的主要症状是培养材料附近出现黏液状和发酵泡沫状物体，或在材料附近的培养基中出现混浊和云雾状痕迹。一般在接种后1～2d即可发现。细菌性污染除外植体带菌或培养基灭菌不彻底外，主要是操作人员的不慎造成。除要求操作人员严格按照无菌操作程序外，外植体带菌引起的污染与外植体的种类、取材季节、部位、预处理方法及消毒方法等密切相关。因此，取材以春夏生长旺季、当年生的嫩梢为佳，应尽量选择晴天中午进行，或取离体枝梢在洁净空气条件下抽芽，然后从新生组织中取材接种。外植体的彻底消毒是控制污染的前提，应根据不同材料选择合适的消毒剂和消毒方法，有些特殊材料还需预处理，以达到最佳消毒效果。对于材料内部带菌的组织，有时还需在培养基中加入适量抗生素。总之，通过努力，污染完全能控制在可接受的范围。

1.3.2.2 常用消毒剂

外植体在接种之前，须经严格地灭菌。由于灭菌剂的种类不同，杀菌力不同，因此选择消毒剂，既要考虑具有良好的消毒杀菌作用，同时又易被蒸馏水冲洗掉或能自行分解的物质，且不会损伤或只轻微损伤组织材料而不影响生长。在使用不同的药剂时，需要考虑使用浓度和处理时间。

现将常用的消毒剂列于表 1-5 中。

表 1-5　常用消毒剂

消毒剂	使用质量分数/％	去除难易	消毒时间/min	消毒效果	有否毒害植物
次氯酸钙	9～10	易	5～30	很好	低毒
次氯酸钠	2	易	5～30	很好	无
过氧化氢	10～12	最易	5～15	好	无
硝酸银	1	较难	5～30	好	低毒
氯化汞	0.1～1	较难	2～10	最好	剧毒
酒精	70～75	易	0.2～2	好	有
抗生素	4～50	中	30～60	较好	低毒

其中70％～75％酒精具有较强的杀菌力、穿透力和湿润作用,可排除材料上的空气,利于其他消毒剂的渗入,因此常与其他消毒剂配合使用。由于酒精穿透力强,应严格掌握好处理时间,时间太长会引起处理材料的损伤。

选择适宜的消毒剂处理时,为使其消毒效果更彻底,有时还需与黏着剂或润湿剂配合使用,使消毒剂能更好地渗入外植体内部,达到理想的消毒效果。

1.3.2.3　外植体消毒

如前所述,污染的发生与培养植物的基因型、外植体来源、分离季节、组织大小及操作人员的技术水平等有关。取材组织越大越易污染,夏季取材比冬季取材带菌多,不同年份的污染情况也有所差异。组织培养中要获得无菌材料,在综合上述情况的基础上,还要选择适宜的消毒剂。由于不同植物及同一植物不同部位,有其不同的特点,它们对不同种类及其浓度的消毒剂敏感反应也不同,所以开始要预备实验,以达到最佳的消毒效果。外植体消毒的步骤如图 1-9所示。

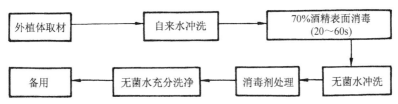

图 1-9　外植体消毒步骤

一般情况下,如果外植体较大而且硬,可直接用消毒剂处理,如果实、叶片、茎段、种子等的消毒;如果是幼嫩的茎尖,一般先取较大的茎尖,表面消毒后,再在无菌条件下借助解剖显微镜取出需要的茎尖大小培养;如果是未成熟胚、胚珠、胚乳、花药等,一般先把子房或胚珠、花蕾表面消毒,再在无菌条件下剥出需要的外植体;如果是细胞,应按培养目的,选择合适的起始材料进行相应的外植体消毒。

1.3.3　外植体的培养

1.3.3.1　外植体接种

将消过毒的外植体在超净工作台上分离,切割成所需的材料大小并将其转移到培养基上的过程,即是外植体接种。

(1) 接种室的消毒 为保证接种工作是在无菌条件下进行,应做到每次接种前应清洁接种室,可用70%酒精喷雾使空气中的细菌和真菌孢子随灰尘的沉降而沉降;接种前,超净工作台面用70%酒精擦洗后,再用紫外灯照射20min;接种使用的解剖刀、镊子、培养皿、三角瓶等要事先经高压灭菌处理。操作中,使用过的镊子、解剖刀要经常在酒精灯上灼烧灭菌。

(2) 无菌操作要求 操作人员使用的工作服、帽子、口罩等要经常保持干净,并定期进行消毒,同时,在接种时应戴上口罩,双手双臂也要用70%酒精表面灭菌。接种时,动作要轻,以防气流中夹带细菌进入培养容器造成污染。

(3) 材料的分离、切取和接种 分段外植体接种的具体步骤如下:在无菌条件下切取消过毒的外植体,较大的材料可肉眼直接观察切离,较小的外植体需要在双筒实体显微镜下操作,切取材料通常在无菌培养皿或载玻片上进行;将试管或三角瓶瓶口靠近酒精灯火焰,瓶口倾斜,将瓶口外部在火焰上烧数秒钟,然后轻轻取出封口物;将瓶口在火焰上旋转灼烧后,用灼烧后冷却的镊子将外植体均匀分布在培养容器内的培养基上,将封口物在火焰口旋转灼烧数秒钟后封住瓶口;接种完毕后,封口膜上注明接种植物名称、接种日期、处理方法等,以免混淆。

1.3.3.2 外植体褐变

组织培养过程中外植体褐变是影响组织培养成功的重要因素。褐变包括酶促褐变和非酶促褐变,目前认为,植物组织培养中褐变以酶促为主。多酚氧化酶(PPO)是植物体内普遍存在的一类末端氧化酶,它催化酚类化合物形成醌和水,醌再经非酶促聚合形成深色物质,对外植体材料产生毒害作用,影响其生长分化,严重时导致死亡。影响褐变的因素复杂,与植物的种类、基因型、外植体部位和生理状态等相关。

(1) 植物种类及基因型 不同种植物、同种植物不同类型、不同品种在组织培养中褐变发生的频率、严重程度存在很大差异。木本植物、单宁或色素含量高的植物容易发生褐变,因为酚类的糖苷化合物是木质素、单宁和色素的合成前体,酚类化合物含量高,木质素、单宁或色素形成就多,同时高含量的酚类化合物也易导致褐变的发生。因此,木本植物一般比草本植物容易发生褐变。在木本植物中,核桃的单宁含量很高组织培养难度很大,往往会因为褐变而死亡。因此,应尽量采用褐变程度轻的材料进行培养,以达到培养的目的。

(2) 外植体部位及生理状态 外植体的部位及生理状态不同,接种后褐变的程度也不同。在荔枝无菌苗组织的诱导实验中,茎最易诱导形成愈伤组织,培养两周后形成浅黄色愈伤组织;大部分叶不能产生愈伤组织,诱导形成的愈伤组织中度褐变;绝大部分根不能产生愈伤组织,诱导形成的愈伤组织全部褐变。苹果顶芽作外植体褐变程度轻,比侧芽易成活。石竹和菊花也是顶端茎尖比侧生茎尖更易成活。由上可知,幼龄材料一般比成龄的褐变轻,因前者比后者酚类化合物含量低。

由于植物体内酚类物质的含量和多酚氧化酶的活性呈现季节性变化,多酚氧化酶活性和酚类含量春季较弱,酶活性随生长季节的到来逐渐增强,酚类化合物在生长季节都较高。因此,取材的时期的不同,褐变程度不同。核桃的夏季材料比其他季节的材料更容易氧化褐变,因而一般都选在早春或秋季取材。

(3) 外植体受伤害程度 外植体组织受伤害程度可影响褐变。为减轻褐变,在切取外植体时,尽可能减少其伤害面积,伤口剪切尽可能平整。除机械伤害外,接种时各种化学消毒剂对外植体的伤害也会引起褐变。酒精消毒效果很好,但对外植体伤害很重。升汞对外植体伤害比较轻。一般外植体消毒时间越长,消毒效果越好,褐变程度也越严重,因而消毒时间应控制在一定范围内才能保证较高的外植体存活率。

(4)培养基成分及培养条件　在初代培养时,培养基中无机盐浓度过高可引起酚类物质的大量产生,导致外植体褐变,降低盐浓度则可减少酚类外溢,减轻褐变。无机盐中有些离子,如 Mn^{2+} 和 Cu^{2+} 是参与酚类合成与氧化酶类的组成成分或辅助因子,盐浓度过高会增加这些酶的活性,酶又进一步促进酚类的合成与氧化。为抑制褐变,使用低盐培养基可收到较好的效果。激素使用不当,也会使组织培养材料褐变。BAP(6-苄氨基嘌呤)或 KT 不仅能促进酚类化合物的合成,还能刺激多酚氧化酶的活性,而 2,4-D 和 IAA 等生长素类可延缓多酚合成,减轻褐变发生,这在甘蔗、荔枝、柿树等组织培养中表现明显。

低 pH 值可降低多酚氧化酶活性和底物利用率从而抑制褐变。pH 值升高则明显加重褐变。此外,培养条件不适宜,光照过强或高温条件均可提高多酚氧化酶活性,从而加速被培养组织的褐变。高浓度 CO_2 也可促进褐变,其原因是环境中的 CO_2 向细胞内扩散,使细胞内 CO_3^{2-} 增多,CO_3^{2-} 与细胞膜上的 Ca^{2+} 结合,使有效的 Ca^{2+} 减少,导致内膜系统自解,酚类物质与多酚氧化酶接触产生褐变。

(5)培养时间过长　接种后,培养时间过长和未及时转移也会引起材料的褐变,甚至导致全部死亡,这在培养过程中是常见的。

1.3.3.3　褐变的防止

(1)选择适宜的外植体　选择适宜的外植体是克服褐变的重要手段。不同时期和年龄的外植体在培养中褐变的程度不同,成年植株比实生幼苗褐变程度严重,夏季材料比冬季、早春和秋季的褐变程度重。取材时,还应注意植物基因型和外植体部位,选择褐变程度轻的品种和部位作外植体。

(2)预处理外植体　对较易褐变的外植体预处理可减轻酚类物质的毒害作用。具体处理方法是:外植体经流水冲洗后,放置在 5℃ 左右的冰箱内低温处理12～14h,消毒后先接种在只含蔗糖的琼脂培养基中培养3～7d,使组织中的酚类物质先部分渗入培养基中,取出外植体用 0.1% 漂白粉溶液浸泡 10min,尔后再接种到合适的培养基上。

(3)筛选合适的培养基和培养条件　选择合适的无机盐成分、蔗糖浓度、激素水平、pH值、培养基状态及其类型等十分重要。初期培养可在黑暗或弱光下,因为光照会提高 PPO 的活性,促进多酚类物质的氧化。另外,还要注意培养温度不能过高,保持较低温度(15～20℃)可降低褐变。

(4)添加褐变抑制剂和吸附剂　褐变抑制剂主要包括抗氧化剂和 PPO 的抑制剂。前者包括抗坏血酸、半胱氨酸、柠檬酸、聚乙烯吡咯烷酮(PVP)等,后者包括 SO_2、亚硫酸盐、NaCl等。在培养基中加入褐变抑制剂,可减轻酚类物质的毒害。其中 PVP 是酚类物质的专一性吸附剂,常用作酚类物质和细胞器的保护剂,用于防止褐变。在倒挂金钟茎尖培养中加入 0.01%PVP抑制能褐变,而将0.7%PVP、0.28mol/L 抗坏血酸和5%双氧水一起加入到0.58 mol/L 蔗糖溶液中振荡 45min,则明显抑制褐变。此外,0.1%～0.5% 活性炭对吸附酚类氧化物的效果也很明显(崔堂兵等,2001)。

(5)连续转移　在外植体接种后1～2d 立即转移到新鲜培养基中,可减轻酚类物质对培养物的毒害作用,连续转移5～6次可基本解决外植体的褐变问题。在山月桂树的茎尖培养中,接种后12～24h转入液体培养基中,以后每天转移1次,连续1周,褐变便可得到完全的控制。此方法比较经济,简单易行,应是首选克服褐变的方法。

1.4 培养条件

外植体接种后,须置于适宜的条件下进行培养。培养条件包括温度、光照、通气和湿度等。

1.4.1 温度

不同植物繁殖的最适温度不同,大多数在20～30℃,通常控制在(25 ± 2)℃恒温条件下培养。温度过低($\leqslant15$℃)或过高(>35℃)都会抑制细胞、组织的增殖和分化,不利于培养物生长。当然,也有一些例外的情况。利用细胞培养、低温保存植物资源时,可在-196℃条件下限制其生长,延长存储时间。在烟草花药培养中,在5℃下预处理48h后进行培养,能促进体细胞胚的形成。在确定某种培养物的适宜温度时,要考虑原植物的生态环境才能获得最佳效应。例如,生长在高海拔和较低温度环境的松树,若在较高温度条件下培养试管苗生长十分缓慢。

1.4.2 光照

光照对植物细胞、组织、器官的生长和分化具有很大的影响。光效应主要表现在光照强度、光照时间和光质等方面。一般培养室要求光照12～16h/d,光照度1000～5000lx。不同的培养物对光照有不同的要求。一些植物(如荷兰芹)的组织培养中其器官形成不需要光;而另一些植物,如黑穗醋栗,光条件下可显著提高其幼苗的增殖。百合原球茎在暗条件下长出小球茎,在光照条件下,长出叶片。对短日照敏感的葡萄品种,其茎段的组织培养只有在短日照条件下才能形成根;反之,对日照长度不敏感的品种则在任何光周期下都能生根。

一般来说,黑暗条件下有利于细胞、愈伤组织的增殖,但器官的分化往往需要一定的光照。不同的光波对器官分化关系密切。例如,在杨树愈伤组织的生长中,红光有促进作用,蓝光则有抑制作用。与白光和黑暗条件相比,蓝光明显促进绿豆下胚轴愈伤组织的形成。在烟草愈伤组织的分化培养中,起作用的光谱主要是蓝光区,红光和远红光有促进芽苗分化的作用。在试管苗生长的后期,加强光照强度,可使小苗生长健壮,提高移苗成活率。

1.4.3 通气

在组织培养中,培养容器内的气体成分会影响培养物的生长分化。继代烘烤瓶口的时间过长、培养基中生长素浓度过高等均可诱导乙烯合成。高浓度的乙烯能抑制生长和分化,趋向于使培养的细胞无组织结构地增殖,对正常的形态发生是不利的。乙烯能使棉花胚珠在含有赤霉素的培养基上长出过多的愈伤组织,而减少纤维的形成。

外植体的呼吸需要氧气,氧在调节器官的发生中起重要作用。当培养基中溶解氧的数量低于临界水平时,促进体细胞胚胎发生;而溶解氧数量高于临界水平时,则有利于根的形成。这可能是低溶解氧可使细胞内ATP水平提高,从而促进细胞发育的原因。

除此之外,培养物本身也产生二氧化碳、乙醇、乙醛等,数量过高会影响培养物的生长发育。一般培养容器常使用棉塞、铝箔、专用盖等封口物封口。容器内外空气是流通的,不必专门充氧,但在液体静置培养时,不要加过量的液体培养基,否则会因氧气供给不足导致培养物死亡。

1.4.4　湿度

组织培养中的湿度影响主要指培养容器内的湿度及培养室的湿度。前者湿度常可保证100%,后者的湿度变化随季节有很大变动,冬天室内湿度低;夏天室内湿度高。湿度过高、过低都不利于培养物生长,过低会造成培养基失水干枯而影响培养物的生长分化,过高会造成杂菌滋长导致大量污染。组织培养室内一般要求保持70%～80%的相对湿度,以保证培养物正常生长和分化。湿度不够可经常拖地或利用增湿机,湿度过高可利用去湿机或通风除湿。

1.5　继代培养

1.5.1　继代培养

培养物经一段时间培养后,为防止细胞团的老化或培养基养分用完而造成营养不良及代谢物累积毒害等的影响,应及时将其转移至新鲜培养基,进行继代培养,以使培养物顺利地增殖、生长及分化,长成完整的植株。由于培养物的增殖方式不同,继代培养分为固体培养和液体培养两种方式。前者应用广泛,可用于在组织培养过程的各个阶段,如愈伤组织的增殖、器官的分化及完整植株的再生,后者主要用于再生的诱导前期,如愈伤组织的增殖和分化。

继代培养时间的长短因植物材料、培养方法和实验目的不同而不同。一般液体培养的继代时间短,1周左右继代1次;固体培养继代时间长,2～4周继代1次。继代培养使用的培养基及培养条件要因培养阶段不同加以选择。如在甘薯茎尖组织培养中,愈伤组织的增殖培养在添加2,4-D 2.0mg/L的MS液体培养基中振荡培养,培养条件为光照13h/d,光强500lx,温度(27±1)℃;而体细胞胚诱导阶段则培养于添加ABA 1.0mg/L的MS固体培养基,温度(27±1)℃,光照13h/d,光照度3 000lx。在继代培养过程中,一些外植体在培养初期具有的胚胎、器官发生潜力,经长期继代培养后,这种形态发生的能力多会有所下降,甚至完全丧失。此外,继代培养所造成的试管苗玻璃化现象也普遍存在,这种生理病症对于试管苗的质量和品质存在较大的影响。

1.5.2　体细胞无性系变异

体细胞无性系变异是植物组织培养过程中普遍现象。它能否实际应用,取决于变异性状是否优良及性状能否遗传。体细胞无性系变异的原因多种。从细胞水平上发现,体细胞培养的植株染色体数目和结构发生改变,引起基因重排,产生多倍体和非整倍体。染色体缺失、倒位、易位、断裂等均是在细胞水平上导致无性系变异的重要因素。从分子水平上推测,其原因可能是由于遗传物质的分子结构发生了变化,引起跳跃基因的出现、基因重排、基因扩增或减少、DNA排列顺序变化等。

在体细胞无性系变异的研究中,科学家发现了后生遗传变异,这是在细胞的发育分化过程中,基因的表达调控发生了变化,而不涉及基因结构的变化。这些变化在诱变条件不复存在以后,还能通过细胞分裂在一定时间内继续存在。这种现象不同于生理变化,生理变化是对刺激的反应而出现的,刺激一旦停止变化也就消失。鉴别遗传变异和后生遗传变异的唯一标准,就是看变异性状能否通过有性过程传递给后代,凡是能通过配子而传递的性状,就是遗传变异性状。

体细胞无性系变异在植物品种改良上取得了巨大的成功,如从马铃薯的体细胞无性系中选育了抗早疫病新品种,从水稻中选育了抗白叶枯病新品种等。

1.5.3　玻璃化

在植物组织培养时,经常会出现"玻璃苗",即生长异常叶和嫩梢呈透明或半透明的水浸状、整株矮小肿胀、失绿、叶片皱缩成纵向卷伸、脆弱易碎的试管苗。玻璃苗是植物组织培养过程中一种生理失调或生理病变,很难继代培养和扩繁,移栽后也很难成活。玻璃苗已成为茎尖脱毒工厂化育苗和资源保存的障碍,是组织培养的一大难题。

有关玻璃化的根本原因尚无定论,但与培养基成分、弱光照、高温高湿、透气性差及继代次数增多等关联。不同的植物种类、外植体的不同部位,试管苗的玻璃化程度有所差异。为解决这一问题,采取以下几项措施可在一定程度上减轻试管苗玻璃化现象:

① 利用固体培养基,增加琼脂浓度,降低培养基的衬质势,造成细胞吸水阻遏。提高琼脂纯度,也可降低玻璃化。

② 适当提高培养基中蔗糖含量或加入渗透剂,降低培养基中的渗透势,减少培养基中植物材料可获得的水分,造成水分胁迫。

③ 适当降低培养基中细胞分裂素和赤霉素的浓度。

④ 增加自然光照。实验发现,由于自然光中的紫外线能促进试管苗成熟、加快木质化,玻璃苗放于自然光下几天后,茎、叶变红,玻璃化逐渐消失。

⑤ 控制温度,适当低温处理,避免培养温度过高,在昼夜变温交替的情况下比恒温效果好。

⑥ 改善培养容器的通风换气条件,采用棉塞或通气好的封口膜封口。

⑦ 适当增加培养基中 Ca、Mg、Mn、K、P、Fe、Cu、Zn 等元素含量,降低 N 和 Cl 元素比例,特别是降低铵态氮浓度,提高硝态氮含量。

⑧ 降低培养容器内部环境的相对湿度。

复习思考题

1. 一般的植物组织培养室是如何构建的?
2. 培养基如何配制?
3. 如何防止外植体褐变和减轻试管苗玻璃化现象?

2　植物组织器官培养

2.1　器官形成

2.1.1　概念

植物组织器官培养是指以植物细胞全能性理论为指导，在组织及器官水平上开展的研究。此处的组织培养有广义和狭义之分，广义的是指包括各种类型的外植体的培养，狭义的仅指分生组织、薄壁组织及愈伤组织等的培养。

2.1.2　愈伤组织诱导

植物细胞、组织及器官培养的总目标是获得新生的个体——植株，即在人工控制的条件下，把从植物体上切割分离的一个细胞、一种组织或一个器官置于适宜的营养和环境条件下，使之继续生长分化，并发育成完整的再生植株。在整个培养周期中，植物材料要发生一系列复杂的变化，包括外部形态特征上的变化及内在的生理代谢特性的变化等。在培养材料的变化过程中，愈伤组织的出现是一个十分重要的现象。

2.1.2.1　愈伤组织形成特点

在自然界，植物体受机械损伤后可以诱导细胞开始分裂，从而在伤口处产生愈伤组织。尽管在植物组织培养中仍然沿用了愈伤组织这个称谓，但愈伤组织的出现与否不一定与机械损伤有关。事实上，愈伤组织是一团没有分化的可以持续旺盛分裂的细胞团，是组织培养过程中常见的一种组织形态。据研究报道，有成熟结构分化的组织或器官，如根、茎、叶、花、果实、胚等在特定条件下均可诱导形成大量的愈伤组织，植物种类几乎涉及常见的单子叶植物和双子叶植物。因此，可以说几乎所有植物都有诱导产生愈伤组织的潜在能力。一般而言，愈伤组织的形成大致要经历启动期、分裂期和分化期三个阶段。

（1）启动期　又叫诱导期，是成熟组织在各种因素的诱导下细胞内蛋白质和核酸的合成代谢迅速加强的过程。外源的生长物质对诱导细胞开始分裂效果最好，常用的有 2,4-D、NAA、IAA 及细胞分裂素类。受激素作用后分裂前细胞主要呈现以下 4 种变化：一是呼吸作用加强，消耗 O_2 量明显增加，如菊芋（Evans1967）；二是多聚核糖体不断增加，到有丝分裂前 RNA 含量可增加300%；三是蛋白质合成加快，分裂前细胞内蛋白质的总量增加200%；四是各种与分裂有关的酶活性大大加强。

（2）分裂期　细胞经过诱导期的准备后，细胞数目不断地增殖。其主要特征是：细胞数目增加很快，结构疏松，缺少有组织特征的结构，一般呈透明状或浅颜色。

（3）分化期　停止分裂的细胞发生生理代谢方面的变化,出现了形态和生理功能上的分化,直至出现分生组织的瘤状结构和维管组织。此时,细胞体积不再减小,呈现的颜色多种多样:旺盛生长的愈伤组织呈奶黄色或白色,具光泽,有的呈浅绿色或绿色,而老化的愈伤组织则呈黄色甚至褐色,活力大为减退。

2.1.2.2　愈伤组织的生长与分化

当一直处于新鲜培养基上时,愈伤组织可以长期保持旺盛生长,形成无序结构的愈伤组织块。这些组织块的鲜重是以指数形式增加的,对烟草愈伤组织(Caplian,1974)的生长调查显示,培养9周后,愈伤组织块的鲜重可由培养初期的5.8mg猛增至105.0mg,相当于培养初期的18.1倍。

旺盛生长的愈伤组织其质地存在显著差异,可分为松脆型和坚硬型两类,且两者可以互相转化。当培养基中的生长素类浓度高时,可使愈伤组织块变松脆;相反,降低或除去生长素,愈伤组织则可以转变为坚实的小块。同一种类的植物也可随外植体的部位及生长条件的差异而不同,即便是同一块愈伤组织也会因各种因素的作用存在颜色和结构上的差异。

愈伤组织在转入分化培养基时会出现体细胞胚胎发生及营养器官的分化,出现哪种情况取决于植物种类、外植体类型及生理状态,同时还受环境因子的影响。有时也有难以分化的情况。

2.1.2.3　影响愈伤组织培养的主要因素

（1）外植体　虽然所有植物均有被诱导产生愈伤组织的潜能,但不同物种诱导形成愈伤组织的难易程度差别很大。一般而言,裸子植物、藻类植物及进化水平较低级的苔藓植物较难诱导,被子植物则容易诱导,其中的双子叶植物对培养较敏感,而单子叶植物反应较迟钝,诱导的难度较大。幼嫩的、草本的材料易诱导形成愈伤组织及其后的形态分化;生理老化的及木本材料不易诱导。

（2）基本培养基　众多的培养基基本上都可以诱导形成愈伤组织,但不同的植物种类、基因型和外植体愈伤组织的诱导难易程度不同,对培养基的反应也有差异。一般矿质盐浓度较高的基本培养基如MS、B_5及其改良培养基均可用于诱导愈伤组织。例如,西黄松子叶愈伤组织诱导和增殖在高盐浓度的LS培养基上鲜重增加最多,对北美短叶松下胚轴和子叶的愈伤组织诱导观察发现,随盐浓度的降低愈伤组织的生长量也随之降低。

培养基的形态影响培养效果,一般进行固体或液体培养时,以液体培养表现较好,愈伤组织易于增殖和分化。原因很简单,液体培养通常振荡培养,气体交换和养分吸收均优于固体培养,同时在液态的条件下愈伤组织很容易分离成细胞和细胞团进行悬浮培养,产生较大的吸收面积。

（3）激素组合　在培养基中最重要的影响因素莫过于激素组合了,通常高浓度的生长素和低浓度的激动素有利于愈伤组织的诱导和增殖。这其中,2,4-D是诱导愈伤组织最有效的物质。在33种禾本科牧草中,用2,4-D均可诱导出愈伤组织的形成,外植体的类型包括顶端分生组织、幼胚、颖果和嫩花序等。在甘蔗的愈伤组织诱导中,2,4-D的存在也是必要条件之一。

2.1.3　器官分化与植株形成

（1）细胞分化与组织分化　一个外植体经过离体培养形成完整植株,首先要经过愈伤组织诱导阶段。此时细胞在培养基中激素的作用下,开始旺盛分裂形成愈伤组织,细胞外观上虽无明显变化,但细胞内一些大分子代谢动态已发生明显改变,如细胞质增加、淀粉等储藏物质消失,为进入细胞分裂期的 DNA 复制奠定基础。随着愈伤组织的生长,细胞水平新的分化重新开始,形成了一些新的细胞类群,主要有薄壁细胞、分生细胞、管胞细胞、色素细胞等。随着发育的推进,出现了组织水平的分化,最常见的是维管组织的分化,同时在松散的愈伤组织内出现大量类分生组织及瘤状结构。

(2)器官水平的分化 植物离体培养中的器官分化有两种情况:一种是直接从外植体细胞上形成器官原基后发育成器官;另一种是先形成愈伤组织后分化成不同的器官原基。组织培养中最常见的器官是根和芽。芽原基为外起源,即多数起源于培养物的浅表层细胞,如亚麻和烟草;根原基为内起源,多发生于组织的较深层。根、芽器官间一般无维管束联系。离体培养的实践发现,培养材料发生器官的能力大小差别很大,有的很容易,有的至目前仍未获得再生植株。通过器官发生再生植株的方式有三种:第一种最普遍的方式是先分化芽,再分化根;第二种是先分化根,再分化芽,这种方式中芽的分化难度比较大;第三种是在愈伤组织块的不同部位上分化出根或芽,再通过维管组织的联系形成完整植株。

2.1.4 外植体的器官发生途径

植物组织培养中,不论何种培养目的,多数要经历从外植体到小植株形成的过程。如前所述,外植体在完成脱分化过程后,以何种方式进入器官发生途径,对于离体培养快速繁殖是一个重要问题。由于植物种类不同,采用的外植体类型不同及培养条件的差异,器官再生的途径就不同。通常有以下三种器官发生途径。

2.1.4.1 腋芽萌发

植物的芽体从解剖上看着生有多个侧芽的雏梢,离体培养时外植体若是茎尖,就会诱发侧芽萌发生长,形成芽丛。这种途径的繁殖系数首先决定于侧芽原基的数目,再就是培养基诱导侧芽萌发的能力及继代培养的次数。在继代增殖培养中,产生的芽丛被分割成单个芽苗或小芽丛,转至新鲜培养基上继续增殖,理论上讲这种过程可以无限制地进行下去。例如,草莓采取这种方式,半个月内可增加 10 倍,1 年内 1 棵草莓母株可产生数以百万计的试管苗,但实际上,增殖率受培养条件和人力、物力的限制,远远达不到理论值。

外植体的侧芽萌发途径材料的变异率较小,在优良品种快速繁殖中起着重要作用。但因材料的种类及继代时间的长短,材料的变异率会提高而增殖率会有所下降,因此要根据材料本身的特性合理地掌握激素配比,严格控制激素浓度,以最大限度地提高繁殖系数而降低变异率,保证良种的优良特性不发生改变。

2.1.4.2 不定芽发生

在培养的外植体上在芽原基及分生组织处形成大量不定芽,直接萌发成苗。根据不定芽发生的来源,一般可分为直接不定芽发生和间接不定芽发生。直接不定芽发生是指不经愈伤组织阶段,直接从外植体上产生不定芽;间接不定芽发生则是外植体先脱分化形成愈伤组织,再分化形成芽器官。此途径芽发生的数量要大于腋芽增殖途径。例如,秋海棠属通常情况下只沿切口端形成芽,但培养在含 BA 的培养基上时,插条的全部表面均可形成芽。

2.1.4.3 体细胞胚胎发生

体细胞胚或花粉胚是指在植物组织培养中起源于1个非合子细胞,经过胚胎发生和胚胎发育过程形成的胚状结构,通称为胚状体。

体细胞胚发生的途径分为直接途径和间接途径。直接途径就是从外植体某个部位直接诱导分化出体细胞胚,如山茶种子的子叶在培养中可直接从子叶基部的表皮细胞上产生体细胞胚。间接途径是培养的材料在培养条件下,首先形成产生愈伤组织,其后在愈伤组织表面分化形成体细胞胚。

2.1.5 影响器官分化的因素

2.1.5.1 培养基成分

在培养基成分中,主要有激素组合、矿质元素及其他有机成分等。

(1)激素作用模式——生长素/KT Skoog和崔澂(1948)在烟草茎段和髓的组织培养中发现,在培养基中加入适当比例的腺嘌呤和生长素可以控制植物组织生根和长芽,以后Miller等又发现激动素的促芽效应要比腺嘌呤大近万倍,于是以激动素取代了腺嘌呤。他们的实验结果显示,激动素导致芽的分化和发育,生长素类抑制芽的形成;相对高浓度的IAA有利于细胞增殖和根的分化,相对高浓度的腺嘌呤或激动素促进芽的分化,由此确立了生长素/KT比例控制器官分化的激素模式。

在随后大量的组织培养实践中,发现生长素和激动素的需要因培养对象的不同而异,各种植物内源激素水平的差异增加了问题的复杂性。例如,田旋花属及牵牛属的单细胞无性系无须任何激素条件就可分化芽,加入低浓度的激动素和生长素时芽的分化频率最高,表现了KT和生长素的协同增效作用。由此可知,外源激素的需求与否因培养材料而异,决定于内源激素水平。

不同的激素种类也影响器官发生。例如,石刁柏原生质体培养时获得的愈伤组织,以BA和IAA或NAA配合作用时,发生茎芽,但改变为Zt与2,4-D的组合时就不发生。

赤霉素(GA_3)抑制烟草、紫雪花、秋海棠及水稻的器官分化。正在分化的烟草愈伤组织在黑暗中用GA_3处理30~60min就可以使芽分化减少,处理48h会完全抑制芽的分化。乙烯对芽的分化也有一定作用,作用方向与植物种类和处理时间有关。例如,水稻愈伤组织在乙烯和CO_2共同作用下可促进芽的分化。乙烯还可促进苣荬菜根切段上芽的形成。在某些情况下,决定器官发生的不是生长素/KT的比值而是其绝对浓度。因此,植物组织培养中的激素调控是个相当复杂的问题。

(2)矿质元素及其他有机成分 各种矿质元素可以促进器官发生,如提高无机磷的含量可显著促进各种茄科植物的器官分化,控制还原氮的用量有利于根的形成。降低培养基中矿质元素的含量可提高大多数植物的生根能力(Torres,1989)。Simmonds(1983)发现,在附加1%蔗糖的1/4MS大量元素的培养基上可提高苹果的生根能力。

糖是培养基成分中用量最大的有机类物质,其作用除了维持培养基的渗透压外,还是培养基重要的碳源和能源,个别情况下糖的平衡可以逆转激素作用的比例。不同植物需要的糖浓度不同,通常多数植物所需的质量分数为2%~6%,禾本科作物要求较高,约10%以上。

组织培养中使用的天然化合物很多,都有一定的效果。例如,10%的椰子汁或10%的李子汁均可100%地促进曼陀罗花药培养中胚状体的发生(新关宏夫,1978)。

2.1.5.2 环境条件

(1)光照 包括光照强度、光质和光周期,对器官分化有重要影响。一般培养物适合的光照度1000~1500lx,光周期12~16h,近紫外和蓝紫光促进芽的发生,而红光显著促进长根。据报道,红光和远红光交替照射对杜鹃花器官发生有良好效果(Read,1982)。Rugini(1988)发现对橄榄和扁桃的无根苗基部进行遮光处理,可以提高生根率。

(2)温度 25℃左右的培养温度适于器官发生,但接近植物原产地的生长温度对培养物更有利。例如,热带植物在27~30℃的条件下效果最好,百合科、菊科、十字花科及鸢尾科等喜冷凉的植物,适宜的温度在18~22℃。

关于昼夜温差对培养物的影响,小麦、水稻花药培养实验资料提示,在诱导形成愈伤组织时昼夜恒温较好,在器官分化阶段,昼夜一定的温差有利于培育健壮的植株。

关于低温预处理对培养材料的影响已有不少报道,其机制虽然尚无定论,但效果却是可以肯定的。例如,柑橘花药培养前采用3℃的低温预处理5~10d可大大提高胚状体的分化率(陈振光,1986)。研究发现,低温预处理可以延缓花粉的退化,使花粉偏离了正常的配子体发育途径而转向孢子体发育(许智宏,1986),可以延缓花药壁中层和绒毡层的降解作用,促使药壁向花粉输送发育所需的各种营养物质(方国伟等,1985)。

(3)湿度 培养室适宜的湿度为70%~80%。Zane(1979)曾观察到在试管中增加湿度,生根会变好,李树的生根率可达95%。湿度过低会间接引起培养基失水,增加渗透压而影响培养效果。

2.1.5.3 培养材料

组织培养的实践已经证实,培养材料的来源、基因型及其所处的生理状态对培养结果影响很大。

(1)基因型 苹果花药培养中,以元帅系品种诱导胚状体的频率较高。青椒的不同品种中,杂合性强的品种(杂交种)诱导胚状体的频率高达10%以上。

(2)生理状态 "橘苹"苹果的茎尖培养研究表明,幼年的实生苗比成年树的培养反应要好,实生苗茎尖在培养后第四周开始增殖,成年树第八周才开始,且增殖率也低于实生苗(Abbot,1976)。

(3)器官分化类型 在枸杞外植体的器官分化中,芽原基的分化较难而根的分化较易。与此相反,石刁柏外植体上诱芽容易,1个芽经半年的培养可增殖1600倍,而根的分化却很困难(周维燕,1990)。

2.1.6 试管苗的驯化

植物组织培养中获得的小植株,长期生长在试管或三角瓶内,体表几乎没有什么保护组织,生长势弱,适应性差,要露地移栽成活,完成由"异养"到"自养"的转变,需要一个逐渐适应的驯化过程,这个过程也叫炼苗。这是组织培养技术应用于生产实践所面临的一个重大问题,要解决好此问题,须从以下几个方面做起:

2.1.6.1 培育壮苗

这是移栽成活的内因,要求小苗的木质化程度高,自身营养物质积累多,生长势转强。因此,在移栽之前应加强光照,进行所谓的炼苗,要打开瓶塞,逐步适应外界环境。这个过程约需1周。

2.1.6.2 选择合适的移栽介质

栽植小苗的土壤应是人工调配的混合营养土,不同地区原料来源不同,如林下的腐叶土、泥炭土等均可用,但要求腐殖质含量高,具较多的可溶性氮,土壤溶液应偏酸性,并应进行土壤消毒。

2.1.6.3 注意移植方式

移植时小心把苗从瓶中取出,洗净附于根部的培养基,以免招惹杂菌的污染,注意不要伤根,以免伤口腐烂。对不同地区的材料还要选择合适的季节,多数学者认为,生长季的前期即春夏时节的成活率高。

2.1.6.4 加强栽后的环境调控

主要是加强小苗温、湿度的管理,要保持较高的空气湿度,栽后1～2周空气湿度应维持在80％～90％,以免菌体失水。维持较高的相对湿度可采取多种方式,如使用迷雾、喷雾装置,或采用塑料大棚,但应注意土壤的湿度不能过高,否则透气性差要烂根。土壤温度应与培养室的温度一致,通过控制温度的途径来调节湿度。栽后要适当遮阴,避免午间的强光照射,以利于小苗逐渐适应外界环境条件。

2.2 根的培养

植物根和根系生长快、代谢能力强、变异小,加之离体培养时不受微生物的干扰,使得其在研究根的营养吸收、生长和代谢的变化规律、器官分化、形态建成规律等方面具有重大的理论与实践意义。另外,在用组织培养法生产有用物质的研究中发现,一些有用药物的生产往往同特定的器官分化有关,如有些化合物只能在根中合成,必须用离体根培养的方法,才能生产该化合物。再者根细胞培养物还可以进行诱变处理,从而筛选出突变体,应用于植物育种。因此,离体根培养的理论研究与实践开展也是植物器官离体培养的重要内容。

2.2.1 离体根的培养方法

2.2.1.1 离体根培养的外植体的选取和消毒

为获取适合离体培养的根外植体,首先要建立根无性繁殖系。根无性繁殖系的建立有两种方法:一是对所选取的植物种子进行表面消毒,在无菌条件下萌发,待根伸长后从根尖一端切取长1.0cm的根尖作为外植体;二是所选的应是正常生长的正常植物根,由于其生长在土壤中,首先要用自来水洗涤,然后用软毛刷刷洗,用刀切去损伤及污染严重的部位,用吸水纸吸干后,再用

95%酒精漂洗。然后放在0.1%～0.2%升汞中浸5～10min或放在2%次氯酸钠溶液中浸10～15min,再后用无菌水冲洗3次,冲洗后用无菌纸吸干,并在无菌条件下切下根尖进行培养。

将上述任一方法获取的根尖接种于培养基中,几天后发育出侧根,并待侧根生长1周后,即可取侧根的根尖进行扩大培养,它们会迅速生长并长出侧根,又可切下侧根进行培养,如此反复,就可得到从单个根尖而来的离体根无性系。

2.2.1.2 培养方法

离体培养一般应采用100ml三角瓶,内装40～50ml培养液,将根尖放在温度25～27℃培养液中,在暗培养的条件下进行培养。如果要对离体根进行较长时间的培养,就要采用大型器皿,如可用盛500～1000ml培养液的发酵瓶进行培养。根据需要可在瓶中添加新鲜培养液继续培养或将根进行分割转移后继代培养。为了避免培养过程中培养基成分变化对生长的影响,可采用流动培养的方法。

除此之外,也有使用固体培养法进行离体培养的。在研究豆科植物共生固氮机制时,Raggio等(1965)设计了一种离体根的结瘤实验装置。这种装置由两个部分组成:上部是一个试管,管中盛装含有无机盐的营养液,并接种根瘤菌;下部是一个玻璃盖,盖子中间有一个单向开口的管状凹槽,槽中盛放含有机化合物的琼脂固体培养基。在实验时,将根的基部插入固体培养基中,然后将盖子盖在试管上,使根尖的大部分浸没在水溶液中,小部分露于空气中,并在根尖部分接上根瘤菌,然后置于暗环境中恒温培养。这样,就可防止根瘤菌在有机营养中大量繁殖,影响离体根的正常生长。

在这之后Torrey(1963)设计了一个改良装置,将一个盛有有机成分的琼脂试管放在铺有一层内含无机盐成分的琼脂培养皿上。Bunting和Horrocks(1964)修改了Raggio等的装置,变为在粗砂中提供无机盐。利用这一技术来研究菜豆、大豆等离体根根瘤菌的固氮情况。结果表明,这些根瘤菌含有血红蛋白,并能固定大气中的氮。

2.2.1.3 离体根培养所用的培养基

离体根培养所用的培养基多为无机盐浓度较低的White培养基,其他常用的培养基如MS、B_5等也可采用,但必须将其浓度稀释到2/3或1/2,以降低培养基中的无机盐浓度。用于苜蓿离体根和番茄离体根培养的培养液配方如表2-1和表2-2所示。

表 2-1 苜蓿离体根的培养液

成　　分	浓度/mg·L^{-1}	成　　分	浓度/mg·L^{-1}
$Ca(NO_3)_2 \cdot 4H_2O$	143.90	KI	0.38
Na_2SO_4	100.00	$CuSO_4 \cdot 5H_2O$	0.002
KCl	40.00	MoO_3	0.01
$NaH_2PO_4 \cdot 2H_2O$	10.60	甘氨酸	4.00
$MgSO_4 \cdot 7H_2O$	368.50	烟酸	0.75
$MnSO_4 \cdot 4H_2O$	3.35	维生素 B_1	0.10
$FeC_6H_5O_7 \cdot 3H_2O$	2.25	维生素 B_5	0.10
$ZnSO_4 \cdot 7H_2O$	1.34	蔗糖	15 000.00
H_3BO_3	0.75	pH	5.2

表 2-2　番茄离体根培养液

成　　分	浓度/mg·L^{-1}	成　　分	浓度/mg·L^{-1}
$Ca(NO_3)_2 \cdot 4H_2O$	200.00	KI	0.80
Na_2SO_4	200.00	$CuSO_4 \cdot 5H_2O$	0.004
KCl	65.00	MoO_3	0.02
KNO_3	82.00	甘氨酸	3.00
$NaH_2PO_4 \cdot 2H_2O$	18.60	烟酸	0.50
$MgSO_4 \cdot 7H_2O$	740.00	维生素 B_1	0.10
$MnSO_4 \cdot 4H_2O$	4.50	维生素 B_6	0.10
$FeC_6H_5O_7 \cdot 3H_2O$	4.00	蔗糖	20 000.00
$ZnSO_4 \cdot 7H_2O$	2.70	pH	5.5
H_3BO_3	1.50		

2.2.2　提高离体根生长速度的措施

离体根脱离植物个体,在人工控制的环境与营养条件下生长,在试管内受到基因型、培养条件、激素等众多因素的影响,因此必须综合分析,通过实验以确定离体根生长的最佳途径与方法。

2.2.2.1　选择和确定适合离体根培养的植物材料

选择和确定合适的外植体,这是进行培养的基础,而根是受到植物种类限制的,因此必须分析不同植物类型的根离体生长状况,寻找确定满足培养目的的植物离体根。不同植物的根在离体培养时反应不一,有些植物的根能快速生长并产生大量健壮的侧根,可进行继代培养而无限生长,如番茄、烟草、马铃薯、小麦等离体根;有些植物的根能较长时间培养,但是也不是无限的,时间长了就会不生长,如萝卜、向日葵、豌豆、荞麦等离体根;有些植物的根很难生长,如一些木本植物的离体根。这说明,不同的植物类型,需要提供相应的培养条件,而且即使在同一生长条件下,也会表现出生长特性上的差异。因此,在生产实践中必须选取最易实现离体根发生的植物种类,使用离体根组织培养的方法开展植物繁殖的工作,同时在组织培养中通过观察分析比较最终确定最适合的植物类型,以利于降低生产成本。

2.2.2.2　分析离体根生长的营养要求,确定合适的培养配方

离体根的生长要求培养基中应具备全部的必要元素,即植物生长所需要的大量元素和微量元素,不同的种类以及不同状态的离体根生长时对营养的需要是不同的,选用适宜的配方,是实现与加快离体根培养并取得成功的根本所在。

氮是离体根生长的重要元素,实验证实,离体根能够利用单一氮源的硝酸氮或铵态氮。在豌豆离体根的培养研究中,分别以硝酸盐、尿素、尿囊素和 allantoate 为氮源进行培养,培养两周后根的生长出现差异。用硝酸盐和 allantoate 为氮源时,根的重量最重、长度最长;对主根延长最好的是无机氮源,而次生根的数量和长度在以 allantoate 和尿素为氮源时最好。

除氮外,碳元素是构成植物骨架、植物体重要的能量物质,因此离体根营养液中碳元素不可缺少。主要是利用蔗糖作为离体根生长的碳源,葡萄糖和果糖也可以,但蔗糖的效果总体上比葡萄糖要好。

微量元素主要包括铁、硫、锰、碘、硼和碘等元素,它们在离体根的培养中所需的量很少,但其影响却是很大的,缺少微量元素就会在培养过程中出现各种缺素症。研究表明,缺铁会阻碍细胞内 RNA 的合成,因而降低 RNA 的含量,导致细胞中蛋白质合成的破坏,细胞停止分裂,无法实现增殖。另一方面,铁又是血红蛋白以及许多酶系(过氧化物酶、过氧化氢酶等)的组成成分,缺铁时,酶的活性受阻,可以破坏根系的正常活动。所以通常使用 EDTA-Fe 螯合物,使铁成为有机态被吸收利用,避免铁以无机态存在而发生沉淀,导致利用率下降的弊端。缺硫会使离体根生长停滞,培养基中的硫通常来自硫酸盐。锰也是离体根培养所必需的,所需浓度一般为 3mg/L,过高时有毒害作用;缺锰时,RNA 的含量降低,会出现缺铁时的类似症状。缺硼会降低根尖细胞的分裂速度,阻碍细胞生长,在番茄离体根培养时未加硼的培养基中根生长到 10mm 后便停止生长,颜色变褐,在含有 0.25mg/L 硼的培养基中,8d 就能生长到近 100mm,而且长出许多侧根。碘离子有利于番茄离体根的生长,其最适浓度为 0.5mg/L。缺碘会导致生长停滞,如缺碘时间过长,转入到合适的培养基中也难以恢复生长。

维生素 B_1 是番茄离体培养所不可缺少的,所需浓度一般在 0.1~1.0mg/L。在适当的浓度内,它的促进生长作用与浓度成正比。例如,从培养基中去掉维生素 B_1,根的生长立即停止,若缺少维生素 B_1 的时间过长,生长潜力将发生不可逆转的丧失。

2.2.2.3 植物生长物质的选择

植物生长物质对不同植物离体根的生长所起的作用是不同的,主要有以下几种情况:

(1)生长素 抑制离体根的生长(如樱桃、番茄和红花槭等),促进离体根的生长(如欧洲赤松、白羽扇豆、矮豌豆、玉米和小麦等),离体根的生长依赖于生长素的作用(如黑麦和小麦的一些变种)。

(2)赤霉素 能明显影响侧根的发生与生长,加速根分生组织的老化。

(3)激动素 能增加根分生组织的活性,有抗老化的作用。

植物生长物质在培养过程中发挥的作用是一个多方面的综合过程,如激动素的作用,在低浓度蔗糖(1.5%)条件下,对番茄离体根的生长有抑制作用,但是在高浓度蔗糖(3%)条件下激动素能够促进根的生长。因此如何选择正确的植物生长物质,并与培养中的其他条件相配合,是植物离体根培养中的一大技术难关,选好植物生长物质则培养起来轻松且顺利。

2.2.2.4 培养条件的优化

离体根培养中培养条件的确定也是培养成功的关键之一,主要表现在适宜的 pH 值、温度和适当的光照时间、光照周期等条件的选择上。

例如,在番茄的离体根培养中,用单一硝态氮作为氮源时,培养液的 pH 值 5.2 为最宜,在用单一铵态氮源时,pH 值 7.2 为最宜。用天门冬酰胺或谷氨酰胺作为单一氮源,番茄根的生长速度在 pH 值 5.2 的培养液中比在 pH 值 6.8 的培养液中增加数倍。使用非螯合态的铁,当 pH 值升高(pH 值 5.8~6.2)时,铁发生沉淀,造成培养液中缺铁。离体根培养的温度一般以 25~27℃为佳。一般情况下,离体根均须进行暗培养,但也有光照能够促进一些植物根系生长的报道。

2.3 叶的培养

离体叶培养是指包括叶原基、叶柄、叶鞘、叶片、子叶等叶组织作为外植体的无菌培养。由于叶片是植物进行光合作用的器官,又是某些植物的繁殖器官,因此离体叶培养在植物器官培养中占有重要地位。

2.3.1 叶原基培养

叶原基培养是研究叶形态建成的重要手段,具体方法如下:采用休眠期的顶芽,剥去一部分鳞片后,在5%次氯酸溶液中浸泡20min,进行表面消毒,切取柱状叶原基进行培养。培养基采用Knop's无机盐(部分修改)或Kundson(1951)配方,添加Nitsch配方中的微量元素(再加 $CoCl_2$ 25mg/L)和2%蔗糖、8%琼脂。pH值调至5.5。部分实验中添加维生素、NAA、水解酪蛋白等。温度为24℃,人工光照24h。

2.3.2 叶片组织的脱分化和再分化培养

2.3.2.1 叶组织培养的一般方法

(1)叶组织分离与消毒 大多数植物的叶原基、幼嫩叶片,双子叶植物的子叶,单子叶植物心叶的叶尖组织等,都可以用于叶组织的脱分化和再分化培养。

用植物幼嫩叶片进行培养时,首先选取植株顶端未充分展开的幼嫩叶片,经流水冲洗后,用蘸有少量75%乙醇的纱布擦拭叶片两面后,放入0.1%升汞溶液中消毒5~8min,再用无菌水冲洗3~4次。消毒时间根据供试材料的情况而定,特别幼嫩的叶片消毒时间宜短。消毒后的叶片转入到铺有滤纸的无菌培养皿内,用解剖刀切成5mm×5mm左右的小块,然后上表皮朝上接在固体培养基上培养。

(2)培养基 叶组织培养常用的培养基有MS、B_5、White、N_6 等培养基。培养基中的糖源一般都使用蔗糖,浓度为3%左右。培养基中附加椰子汁等有机添加物,有利于叶片组织在培养基中的形态发生。激素是影响烟草叶组织脱分化和再分化的主要因素,Heide等发现较高浓度的激动素能促进秋海棠叶组织芽的形成,而IAA能够抑制叶组织芽的形成。对大多数双子叶植物的叶组织培养来说,细胞分裂素,特别是KT和6-BA有利于芽的形成;而生长素,特别是NAA则抑制芽的形成而有利于根的发生。2,4-D是一种强生长剂,有利于愈伤组织的形成。

(3)培养 叶片组织接种后于25~28℃条件下培养,每天光照12~14h,光照度为1500~2000lx。不定芽分化和生长期应增加光照度到3000~10000lx。

2.3.2.2 提高叶组织培养速度要考虑的重要因素

(1)基因型 不同的植物种类在叶组织培养特性上有一定的差异,同一个物种的不同品种间叶组织培养特性也不尽相同。

(2)细胞分裂素 Heide等(1987)发现,高浓度的KT能促进秋海棠离体叶片芽的形成。KT和6-BA在1~4mg/L浓度范围内均能诱导离体烟草叶片组织产生大量的不定芽,并且随着浓度增加，不定芽数目有增大的趋势。两种细胞分裂素对芽的分化影响，6-BA的作用好于KT的作用，但6-BA对不定芽的进一步发育，即茎叶的形成有抑制作用。

（3）细胞分裂素与生长素的组合　许智宪等（1986）在烟草叶片培养中，比较了不同浓度的6-BA和NAA对培养的叶组织增殖和器官形成的影响，在附加6-BA2mg/L和6-BA2mg/L与NAA 0.02mg/L及6-BA2mg/L与NAA 0.1mg/L的三种组合中，均能形成大量的芽，以含有NAA者茎叶生长较好。在这三种培养基中很少有根的形成。当NAA2mg/L与低浓度的6-BA配合时，则有明显的促进根和愈伤组织的形成。

陈耀锋等（1987）用不同激素配比对烟草叶组织脱分化和再分化的影响研究表明，在适宜浓度范围内，虽然细胞分裂素能诱导大量的芽苗分化，但若与适当的生长素配合使用可以获得更好的结果。陈耀锋等（1987）同时研究了2mg/L 6-BA、KT与不同浓度的NAA、IAA配合对烟草离体叶片组织脱分化和再分化的影响。结果表明，在保持KT浓度为2mg/L不变的情况下，NAA在所试验的范围（0.1～4mg/L）内随KT/NAA配比的递增，芽苗和愈伤组织的梯度变化非常明显。当KT/NAA配比为20时，形成大量的苗；随KT/NAA配比的降低，芽苗分化率下降，愈伤组织生长量逐渐增大。当KT/NAA配比为1和0.5时，促进了根的发生。2mg/L 6-BA与不同浓度的IAA的（0.1～4mg/L）配合使用对烟草离体叶组织芽苗的形成均有积极的作用。6-BA/NAA比值在0.5～2.0，均利于芽苗的分化，无根的发生，随着培养基中IAA浓度的升高，脱分化产生的愈伤组织量有所增加。

（4）供试植株的发育时间和叶龄　陈耀锋等的研究（1987）表明，烟草成株期叶组织脱分化和再分化需要的时间较长，而且叶片膨大体积较大，多在刀口处形成大量的愈伤组织和分生细胞团，芽苗大多发生在这些细胞分生团和结构致密的愈伤组织上，不像幼叶那样直接从不同部位成苗。个体发育早期的幼嫩叶片较成熟期幼嫩叶片分化能力高。

离体叶片本身的位置对叶片组织的分化影响很大。陈耀锋等（1987）研究同一株烟草不同叶位叶片对器官分化的影响，结果表明，发育完全的叶片，叶组织器官分化能力较发育幼龄叶片组织再分化能力低得多。

（5）叶脉　在离体叶片再生中，叶脉的作用也是明显的。不少植物的叶外植体，常从叶柄和叶脉的切口处（如杨树、中华猕猴桃等）形成愈伤组织和分化成苗。陈维纶等（1979）研究表明，山新杨的叶柄分化能力很强，有时从一个叶柄基部可以形成20～30个芽。

（6）极性　极性也是影响某些植物叶组织培养的一个重要因素。若将烟草一些品种离体叶片背叶面朝上放置时，就不生长、死亡或只形成愈伤组织，而没有器官的分化。

（7）损伤　为了诱导愈伤组织而对离体叶片进行的损伤操作，对于愈伤组织的形成具有一定的影响。大量的叶片组织培养证明，大多数植物愈伤组织首先在切口处形成，或切口处直接产生芽苗的分化。对于损伤反应的机制不少人提出过看法。Haberlandt认为，受伤的植物细胞所释放出的物质对诱导细胞分裂具有重要的影响。他设想，伤害细胞释放出一种"损伤激素"，损伤激素与外植钵里的另一种激素相互作用，促进伤口处细胞分裂而使伤口愈合。当伤口愈合后，伤口处的细胞分裂停止，可以认为是由于上述两类激素中某一种供应终止而引起的。

Ytoman（1968）的研究认为，损伤处的细胞自溶产物可以刺激细胞分裂，但不加入2,4-D时只有少数细胞分裂，并且不能形成愈伤组织，只有在加入2,4-D时才能形成愈伤组织。这些关于损伤反应机制的一些看法，有待于进一步研究，但可以设想，损伤作为一种刺激，一方面对造成伤口处部分细胞破损、细胞内某些物质流出产生影响；另一方面，损伤造成了组织系统的分割，使整个外植体更趋于开放系统状态。伤口附近未破损的细胞，也不可避免地发生一定的应力形变和细胞内生化代谢的改变。而这种变化，毋庸置疑，对细胞分化具有很大影响。但是，损伤引起的细胞分裂活动并非是诱导愈伤组织和器官发生应力形变和细胞内生化代谢的唯一源泉。一些植物(如某些菊花、秋海棠)还可以从没有损伤的离体叶组织表面大量发生应力形变和细胞内生化代谢。

2.4 胚培养

2.4.1 胚培养的意义

胚培养是最早研究的内容之一。通过研究人们认识到胚培养在科学研究和生产实际中的重要应用价值，归结起来主要有以下几方面：

2.4.1.1 用于胚的挽救

远缘杂交是植物育种工作的重要途径之一，但远缘杂交难以成功的一个主要原因就是杂交后的合子胚发育不良，常常表现中途败育。若在败育之前进行胚挽救，则可以获得杂种植株。这在农作物的稻属种间杂种(Iyer 和 Govilla，1964)及麦属种间杂种(李浚明，1984、1991)以及许多园艺植物上得以实现。在早熟品种的选育中，某些早熟品种的杂种后代种子生活力低下，自然条件下难以萌发成苗。通过人工胚培养，则可以使之成苗，用于育种。因此，幼胚人工离体培养技术的发展，对于遗传学研究和育种利用有极重要的意义。

2.4.1.2 打破种子休眠

种子休眠现象是大多数园艺植物表现的一个主要特征。由于休眠造成了种子难以发芽从而影响育苗。通过幼胚培养打破种子休眠则可以提高休眠种子萌发率、缩短育种周期。

2.4.1.3 克服珠心胚的干扰

柑橘、芒果、仙人掌等园艺植物为多胚性植物，除正常有性胚外，还可以从珠心组织发生多个不定胚。这些不定胚常侵入胚囊，使胎子胚发育受阻，影响杂交育种效率。利用幼胚离体培养技术，可以排除珠心胚的干扰，获得杂种胚，大大提高杂交育种的效率。

2.4.1.4 诱导胚状体及胚性愈伤组织

利用植物的幼胚或其他胚胎组织，在人工离体培养条件下可以产生大量次生胚状体，从而用于快速繁殖，这在难以育苗的山楂等植物上已经获得成功(王际轩，1986)。利用胚胎培养可产生大量胚性愈伤组织，为植物细胞培养及器官发生提供很好的实验系统，特别是胚胎发生技术，是研究人工种子的重要基础。

2.4.1.5 种子生活力的快速测定

种子生活力测定是种业检验的一项重要工作。由于木本植物的种子后熟期长，破除休眠需要层积,因此应用一般的种子萌发实验耗时较长。研究发现,经层积和未层积处理的种胚离体培养的萌发速率一致,因而可以用于种子生活力的测定(Rahavan,1977)。

2.4.2 离体胚培养的发育方式

2.4.2.1 合子胚发育途径

高等植物的合子胚发育过程大体是由合子形成球形胚、心形胚、鱼雷形胚、子叶形胚,之后形成结构完整的种子,合适条件下即可萌发成苗。正常的离体胚在适宜条件下生长成幼苗。

2.4.2.2 脱分化形成愈伤组织

幼小的胚在离体培养时,多数情况下可以脱分化形成愈伤组织。造成这种现象的主要原因是培养基的成分不适宜,特别是在附加的生长调节剂浓度较高时更为常见。用此种愈伤组织的材料可以进行器官分化的研究,将它转移到分化培养基上,会产生器官分化,可分化出胚状体或不定芽,这就是所谓的胚性愈伤组织培养系统,用它可获得原生质体培养所需的良好材料。

2.4.2.3 早熟萌发

幼胚离体培养的一种特有情况,即不是促进胚正常发育成熟形成幼苗,而是以幼小胚的形态早熟萌发形成畸形苗。这种畸形苗虽然根茎叶俱全,但是由于子叶中几乎没有营养积累而变得极端瘦弱,最终因为不能正常发育而死亡。胚培养过程中,适当调整培养基配方可以防止幼胚的早熟萌发或对已萌发的瘦弱苗进行抢救,以获得有用的变异系。

2.4.3 胚培养方法

2.4.3.1 成熟胚的培养

(1)外植体消毒与接种 成熟胚培养的外植体,大多为果实或种子,在进行简单的表面消毒后即可在无菌条件下切开果实,取出种子,把胚剥离出来,直接置于培养基上培养。

(2)培养基 成熟胚由于具有较多的营养积累,形态上已有胚根和胚芽的分化,故对培养基条件的要求不高,仅需提供一些简单营养便可萌发成苗。由于外植体的差异,需要特殊的营养条件的,可参见原胚培养内容。

(3)培养的外部条件 种胚的生长发育和光温因子有一定关系。多数植物胚的生长以12h/d光照为宜,温度在25~30℃生长良好。某些材料需较高的温度,如热带兰花杂交种胚的培养温度,以30℃最好。具有休眠习性的植物种子,如苹果、桃等,在接种后应当在4℃下预处理一段时间,然后转入常温下培养,才能正常萌发生长。有材料显示,虽然光对曼陀罗幼胚的生长不起作用,但却可以抑制未成熟胚的早熟萌发。

2.4.3.2 原胚的培养

原胚是指未成熟的幼胚。由于原胚从生理至形态上远未成熟,其胚胎发育要求有更为完全的人工合成培养基,而且剥离技术要求很高,故其离体培养难度很大。一般胚龄越大,成功

率越高;相反胚龄越小,成功率越低。在原胚培养中必须注意以下技术环节:

(1) 基本培养基　培养未分化的幼胚,要求完全异样的条件,需要比较复杂的培养基成分,合适的基本培养基是首要条件之一。大量研究认为,无机氮以硝酸盐、亚硝酸盐或铵盐的形式供给。某些情况下,降低硝酸盐浓度、提高 K^+ 与 Ca^{2+} 浓度,对生长有促进作用。目前,适宜于幼胚培养的基本培养基有 Tukey(1934)、Randiph 和 Cox(1943)、Rijven(1952)、Nitsch(1954)、Rangaswany(1961)、Norstog(1963)、White(1963)、Monnier(1978)。与 MS 培养基的无机成分相比较,在 Monnier(1978)培养基中 K^+ 与 Ca^{2+} 的浓度较高,而 NH_4^+ 的浓度较低。

在幼胚培养中,蔗糖是效果最好的碳源之一,同时又起调节渗透压的作用,这一点对幼胚尤其重要。因为在自然条件下,原胚被具有高渗透压的胚乳液所包围,离体培养后,若将幼胚移植于低渗透压的培养基中,常可造成幼胚生长停顿,出现早熟萌发现象,导致幼苗畸形、死亡。因此,胚龄越小要求的渗透压(糖浓度)越高。有关高糖浓度控制幼胚早熟萌发的效果早已被证实。

随胚龄的不同,培养基中渗透压应有所不同。适于原胚培养的蔗糖质量分数一般为8%～12%。随培养时间的增加、胚龄的增长,要求介质中渗透压逐渐降低,成熟胚在含有2%蔗糖的培养基中就能长得很好。例如,在曼陀罗离体胚培养中,前心形胚期需要的蔗糖质量分数为8%,后心形胚期降至4%,鱼雷形胚期则只需0.5%～1%(Pavis,1953);在向日葵离体胚培养中,胚长1～1.1mm 时,需糖质量分数为17.5%,长至2～5.5mm 时,需糖质量分数为12.5%～16.0%,当胚长为 10mm 时,只需6.0%(郭仲琛,1965)。

(2) 生长调节剂及其他附加物　植物离体胚培养中,生长调节物质应用有一定的特异性,添加不当,可能改变胚胎的发育方向或对胚的生长表现出抑制作用。在大麦未成熟胚培养中,观察到培养基中加入 ABA 时,在有 NH_4^+ 存在情况下,可以抑制由 GA_3 和 KT 所造成的早熟萌发,同时可以促使幼胚发育正常。在只含2%蔗糖的无机盐、维生素培养基上培养荠菜的球形胚时,必须补加 IAA、激动素和硫酸腺嘌呤(Raghovan 和 Torkey,1964)。为控制胚胎的生长、促进胚的正常发育,要求生长素与细胞分裂素合理配合使用。

为提高原胚培养的效率,常在培养基中添加复杂的天然植物提取物。1934 年,李继侗等首先发现了银杏胚乳提取物对银杏幼胚生长的促进作用。其后,椰乳被应用于心形胚阶段的曼陀罗幼胚培养(Van Qverleek,1942),番茄汁被发现可以促进大麦未成熟胚的生长,且可有效地抑制其早熟萌发(Kent 和 Brink,1947)。另外,一些复杂含氮化合物的降解物如酪朊水解物和酵母提取物,也具有促进幼胚生长的作用。

2.5　胚乳培养

胚乳是被子植物受精后的产物之一,是由两个中央极核与一个精核结合而成的三倍体组织。在大多数植物中,随着胚的发育,胚乳常常被消耗殆尽。

2.5.1　胚乳培养的意义

根据植物细胞全能性学说,三倍体的胚乳细胞经器官发生途径可形成三倍体植株,这样的植株可以形成无子果实,对于园艺植物这是一个很好的育种途径。从理论研究角度,胚乳植株的染色体2/3来自母本,1/3来自父本,作为研究遗传规律的材料亦很有价值。事实上,胚乳植株在形成三倍体植株的同时,可以产生大量不同倍性的混倍体和非整倍体,可为育种提供丰富的不同倍性材料,具有重要的意义。

由于胚乳材料的特殊性,人们很早就进行了有关研究。最早在玉米(Lampe,1933)上,以后在黄瓜、黑麦草、蓖麻、桑寄生科等植物上成功诱导了愈伤组织。最早由胚乳组织培养获得器官发生的植物是柏形外果(檀香科)获得芽的分化(Johri,1965),通过离体胚乳培养首次获三倍体植株的是罗氏核实木(大戟科)(Johri,1978)。到目前为止,胚乳培养已获得多种园艺植物的再生植株,如柑橘、枇杷、猕猴桃、枣、苹果、梨、桃及马铃薯等,为园艺作物倍性育种提供了崭新的原始材料。

2.5.2 胚乳培养的方法

2.5.2.1 胚乳培养材料的选择

植物双受精完成后,胚乳组织的形成发展过程首先是形成游离的胚乳核(游离核型期),其次发育产生细胞壁(细胞型期)。胚乳培养的关键环节是选择合适发育时期的胚乳。许多胚乳培养的实践证实,游离核型期材料难以培养,而细胞型期的材料则易于成功。不同植物胚乳培养的合适时期,必须通过实验予以确定。为提高工作效率,通常在胚乳培养中观察胚乳发育期与幼果外观形态特征的相关性。根据外观特征来推断子房内部胚乳的发育时期,便于及时选材接种。例如,枇杷幼果外表的黄色绒毛开始脱落,果实表现由黄白色转为绿色,即是适宜接种的细胞型期。

各种植物授粉、受精后胚乳发育进入细胞型期的时间差异较大,但在每一物种上却相对稳定,这就可以用于指导胚乳培养。已报道的几种植物从盛花期后胚乳组织进入细胞型期的时间大致为:玉米8~12d,梨 20d,小麦 8d,黄瓜7~16d,大麦 8d,黑麦草、苹果8~10d。

2.5.2.2 胚乳愈伤组织诱导及器官分化

胚乳培养中,大多数被子植物是在胚乳细胞先诱导形成愈伤组织,然后再分化器官,诱导芽丛或胚状体。常见基本培养基为 White、B$_5$、MT、MS 等,附加激素组合因物种不同差异较大。几种园艺植物胚乳培养时诱导愈伤组织的激素组合如下。

苹果:BA0.25mg/L+NAA0.5mg/L 或 KT1.0mg/L+2,4-D0.5mg/L

柑橘:BA0.5~5mg/L+2,4-D2.0mg/L+CH100mg/L

枣:BA0.5mg/L+2,4D1mg/L 或 KT0.5mg/L+2,4-D1mg/L

枇杷:BA2.0mg/L+2,4-D0.5mg/L

猕猴桃:Zt3.0mg/L+2,4-D0.5~1.0mg/L+CH500mg/L

诱导形成的愈伤组织形态上也有一定差异,大多数初生时为白色致密型,也有个别例外的,如枸杞为白色或黄色松散型、猕猴桃则为绿色致密型。对诱导形成的愈伤组织进行器官分化有两条途径:一是器官发生途径,即在愈伤组织上产生芽丛,而后诱导根形成小植株;二是胚胎发生途径,即在愈伤组织上直接形成胚状体,之后发育成小苗。在愈伤组织的器官分化过程中,激素的种类至关重要,如枸杞胚乳愈伤组织在 BA 或 BA+NAA 的培养基上,芽丛分化率高达77%~85%,而在 Zt 或 Zt+NAA 培养基上则无分化;在猕猴桃胚乳愈伤组织分化过程中,激素组合还可以决定器官发生方式,在 Zt 3.0mg/L＋CH 500mg/L 培养基上可以分化出芽丛,而在 Zt 3.0mg/L＋2,4-D 1.0mg/L 培养基上培养后转移至 Zt 1.0mg/L＋CH 500 mg/L 组合上便可分化出胚状体(桂耀林,1982)。

目前,通过器官发生途径获得胚乳再生植株有苹果、梨、猕猴桃、枇杷、马铃薯、石刁柏、黄芩、枸杞、罗氏核实木、杜仲、大麦、水稻、玉米、小黑麦杂种等;通过胚状体发生途径再生的胚乳植株有柚、檀、橙、猕猴桃、桃、枣、核桃等。

2.5.2.3 胚乳培养的倍性差异

胚乳培养中,愈伤组织细胞的倍性比较复杂,有二倍体、三倍体等多种倍性以及非整倍体。真正的三倍体细胞所占的比例很小,苹果仅占2%～3%。诱导分化的胚乳植株中染色体数也不稳定,如枸杞、梨、玉米等材料中同一植株往往是不同倍性的嵌合体。通过胚乳培养获得三倍体植株或是不同倍性变异的材料,对育种工作者尤其是对于开展无性繁殖的园艺植物育种者,具有理论研究与实际应用方面的双重价值。

2.6　离体授粉

2.6.1　离体授粉的概念

植物的离体授粉也叫离体受精或试管受精,就是在人工控制条件下使离体的胚珠或子房完成授粉、受精形成种子的过程。植物的离体授粉技术一般包括三方面工作:胚珠试管受精、离体子房授粉和雌蕊离体授粉。应用该技术在克服植物受精不育障碍,诸如花粉在柱头上不萌发、萌发后花粉管不能进入胚囊,或者虽能受精,但杂种胚不能发育成熟等问题上具有比较重要的作用。

2.6.2　离体授粉的方法

2.6.2.1　胚珠试管受精

胚珠试管受精,就是离体培养未受精的胚珠,并在其上进行人工授粉,最后获得试管种子。具体的操作方法是:

(1) 取胚珠　对要进行培养的子房表面消毒,在无菌条件下将子房壁剥掉,除去花托,取出带胚座的裸露胚珠,接种于配制好的培养基上。

(2) 人工授粉(受精)　授粉方法有两种:一是在接种好的胚珠表面直接授以无菌的花粉;二是预培养花粉,即把花粉撒播于培养基上,然后将带有胚座的裸露胚珠接种于花粉培养基上授粉。

根据钙、硼离子对花粉萌发和花粉管生长的促进作用,研究人员对芸苔属和烟草属植物的胚珠受精采用了以下改进方法:

① 将离体胚珠置于含0.01%$CaCl_2$、0.01%H_3BO_3、6%蔗糖和4%琼脂的培养基中浸一下,再把无菌的花粉授于胚珠上,接种的培养基为 Nitsch,蔗糖含量为5%;

② 将花粉播于配好的培养基(含0.01%$CaCl_2$、0.01%H_3BO_3、2%蔗糖和10%琼脂),将待

接种的胚珠于0.1%CaCl$_2$溶液中稍浸片刻后接种于已播有花粉的培养基中,培养1~2d后进行检查,发现已有花粉管进入胚珠时,可将其移入含甘氨酸、烟酸、维生素B$_1$、维生素B$_6$各1mg/L、2%蔗糖的Nitsch液体培养基中培养,以后定期取样观察,当形成胚时,再将其移入含5%蔗糖、0.8%琼脂的Nitsch培养基上培养。

2.6.2.2　子房离体授粉

即是通过人工的方法把花粉直接引入子房,使花粉粒在子房腔内萌发并完成受精过程,这样可以使花粉管不经过柱头和花柱组织,直接进入子房中的胚珠,子房离体授粉有可能克服所谓的孢子体型不亲和现象,从而获得远缘杂种。具体的操作方法有两种:

(1)直接引入法　用锋利的刀片在子房壁或子房顶端上开个切口,把花粉悬浮液滴于切口处。

(2)注射法　在子房上切两个注射孔,一个在子房顶端,另一个在其对面靠近子房基部,用注射器吸取花粉悬液从基部注孔注入。当悬液从近子房顶端的一个注孔溢出时,表明子房腔内已充满了花粉悬液。此时,用凡士林封闭两个注孔,将子房接种于培养基上。子房悬液的配制如下:花蕾消毒后,无菌条件下取出花药,用100~200mg/L的硼酸溶液附加5%蔗糖液调配花粉悬液,每滴悬液含100~300粒花粉。

2.6.2.3　雌蕊离体授粉

雌蕊离体授粉是一种接近自然授粉的试管受精技术,具体操作方法是在花药尚未开裂时切取母本花蕾,消毒后在无菌条件下除去花瓣、雄蕊,保留萼片将整个雌蕊接种于培养基,在培养的当天或次日在其柱头上授以无菌的父本花粉。

2.6.3　影响离体授粉的因素

虽然离体授粉技术在不少植物上已经获得成功,但客观地看,已有的实验结果与自然界植物的授粉结实的结果相距甚远。影响离体授粉的主要因素有:

2.6.3.1　外植体的发育阶段

外植体的发育时期不同,即胚珠和子房的发育阶段不同,对培养的反应各异。植物开花时,绝大部分雌配子体已成熟,适于受精,但有的则在开花前发育成熟适于受精(葡萄等),还有的则是在开花后1~3d成熟(黄水仙、烟草等)。

2.6.3.2　花粉粒数量及萌发力

外植体能否受精与所授花粉粒多少密切相关。玉米的实验结果表明,授粉数较多的与较少的相比较,两者结果相差十多倍。对某些花粉萌发困难的种属(如芸苔属植物),有必要采取措施提高其萌发力。以往研究中,大多使用钙、硼、蔗糖等预处理以提高花粉的萌发力。

2.6.3.3　营养条件

植物的雌、雄配子体对外界的营养条件是非常敏感的,基本培养基的种类、激素的种类和浓度、渗透压、pH值等均会直接影响外植体的成活率。适宜胚珠培养的营养条件不一定适合花粉管萌发和生长。植物的雌、雄配子体对营养要求有差异性，这一点在培养过程中尤其要予以重视。另外，B族维生素、水解酪蛋白等添加物对某些外植体作用良好。

2.6.3.4 授粉方式

烟草及花菱草等实验结果显示，不同授粉方式可影响试管受精的结实率，烟草以在胚座上一个位点集中授粉效果好，花菱草子房培养中则以注射法效果好。不同材料、不同的外植体类型在实验中要进行探索，以确定最佳方式。

2.6.3.5 保留母体组织的影响

烟草的实验资料显示，保留柱头、花柱及花萼等母体组织，可使离体受精的结果更易成功，不仅可提高结实率，而且还可增加种子数量。事实上，保留较多的母体材料，也就是使外植体尽可能少受伤，以减少在无菌操作过程中存在的如消毒等因素的负面作用。

2.6.3.6 基因型的影响

不同来源的玉米单系实验结果表明，基因型对离体授粉培养成功率有明显影响，单交种作母本的组合显著地高于自交系作母本的组合。

2.7 人工种子

2.7.1 人工种子的概念

人工种子是指通过植物组织培养的方法获得的具有正常发育能力的材料，外面还包被特定的物质，在适宜条件下可以发芽成苗的植物幼体(图 2-1)。人工种子的特点：

① 具有良好发育的体细胞胚并能发育成正常完整植株。

② 具有人工胚乳，可提供种胚发育的营养。

③ 具有能起到保护作用的人工种皮。

最早提出人工种子概念的是著名植物组织培养学家 Murashige。他于 1978 年在加拿大召开的第四届国际植物组织细胞培养会议上，首次提出利用植物组织培养中具有体细胞胚胎发生的特点，把胚状体等组织包埋在胶囊内形成球状结构，使其具有种子的功能，并可直接播种于田间的设想。据此设想，"人工种子"最外面为一层有机的薄膜包裹，起防止水分散失和保护作用，其中含有培养物所需的营养成分和某些植物激素，以作为植物材料萌发时的刺激因素并提供能量，最里面就是被包埋的胚状体或芽体等植物材料。通过这几部分的组合，人为地创造出一种与天然种子相类似的人工合成种子，因此又叫人造种子或无性种子。

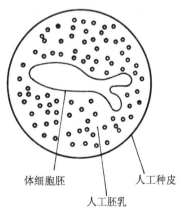

体细胞胚　　　　人工种皮
　　人工胚乳

图 2-1　人工种子的结构

2.7.2 人工种子的意义

人工种子生产技术是 1980 年在植物组织培养技术的基础上发展起来的一项新技术。它的主要优点在于：

① 通过植物组织培养技术生产的胚状体具有数量多、繁殖速度快、结构完整等特点，可在短期内大量生产优良种苗，比茎尖培养快速繁殖效率还高；

② 由无性生殖方式产生的体细胞胚可以固定 F_1 代杂种优势，故可以大量生产 F_1 代杂优种子；

③ 为一些不能采用种子繁殖的园艺植物开辟了良种繁育的新途径。

20 世纪 80 年代，美、日、法等国相继开展了人工种子的研究。美国加州的植物遗传公司在开展胡萝卜等多种植物的人工种子研制过程中，率先在人工种皮的研究上申请了专利（Redenbaugh 等，1986）。瑞士、法国的一些大公司集中力量研制开发蔬菜人工种子和胚芽生产。匈牙利在马铃薯、欧共体在非洲海枣研究上均获得较大进展。欧洲多个国家联合攻关的尤利卡计划中，也把人工种子的研制作为生物技术研究的重点项目。我国从 1987 年开始将人工种子研究纳入国家的高新技术发展计划（863 计划）项目，先后在胡萝卜、芹菜、黄连、苜蓿等植物的开发应用上获得了阶段性成果。总之，国内外的许多科研及生产开发部门都很重视该领域的进展，皆因为其在生产和科学研究中的重要意义。

2.7.3 人工种子的制作程序

植物人工种子研制的程序包括以下步骤：

① 体细胞胚的诱导及同步化控制；

② 人造胚乳及人造种皮研制及包埋；

③ 人工种子的储存及萌发。

2.7.3.1 高质量体细胞胚发生系统的建立

能在一定条件下大量形成高质量的体细胞胚是人工种子制作的前提。植物胚状体有二倍性和单倍性之分，由于单倍体高度不育，人工种子主要使用二倍体的体细胞胚。不同材料在不同组织培养条件下产生胚状体的能力是有区别的，经过一定时间的研究，可以找到体细胞胚胎大量产生的最佳条件。例如，胡萝卜等研究较深入的植物 1L 培养基可以分离出 10 万个体细胞胚，基本上达到了繁殖要求。

所谓高质量的体细胞胚，是指体细胞胚具有发育成完整小植株的能力，这就要求体细胞胚在解剖构造上具有明显的胚根、胚芽的双极性结构，这是人工种子制作能否成功的关键所在。影响体细胞胚发生的因素很多，如材料自身的生理状况、培养方法及激素组合，其中材料本身的遗传背景也有一定作用。目前，已经在分子水平上开展了体细胞胚胎发生的机制研究，并取得一定进展。例如，在胡萝卜体细胞培养中，发现仅存在于胚性细胞中的特异蛋白，并且建立了这种蛋白的 cDNA 库，这就为下一步以遗传工程的方式促进体细胞胚胎发生奠定了基础。

2.7.3.2 体细胞胚胎发生的同步化控制

体细胞胚胎发生有先后次序，其分化过程和形态大小有明显差异。但人工种子的制作要求胚状体的形态大小一致,发育进程相似,这样制成的人工种子其活力强,萌发率高。为此,对体细胞胚胎发生要进行同步化控制和纯化筛选,方法有:

(1)化学抑制法 在细胞培养初期加入抑制DNA合成的药剂,使细胞DNA合成暂时停止,当除去DNA抑制剂时细胞开始进入同步分裂。

(2)低温抑制法 采用低温处理导致发育停滞,形成所谓的温度冲击,处理过后恢复正常温度,可以使胚性细胞达到同步分裂的目的。

(3)渗透压选择法 不同发育阶段的胚具有不同的渗透压要求。例如,向日葵的幼胚在发育过程中,要求渗透压有变化:球形胚的渗透压为17.5%,心形胚的渗透压为12.5%,鱼雷形胚的渗透压为8.5%,而成熟胚的渗透压则降至8.5%。利用调节渗透压的方法来控制胚的发育,可以筛选获得较为一致的体细胞胚。

(4)机械过筛选择法 把胚性细胞及悬浮液分别以$80\mu m$、$53\mu m$、$40\mu m$、$27\mu m$的滤网过滤,重复几次后,可以按体积大小分开。

(5)应用植物胚性细胞分级仪 其原理是根据体细胞胚在不同的发育阶段在溶液中有不同的浮力而设计的。体细胞胚在一定浓度的溶液中经过不同的淘选过程,即可分为若干级。

2.7.3.3 人造种皮及人造胚乳研制及包埋

在获得形态一致、发育正常的胚状体后,参照天然种子的结构,制作人工种子需要考虑人造种皮及人造胚乳研制及包埋技术。

(1)人造种皮的研制 对人造种皮总的要求是能保持胚状体的活力,利于萌发或储藏。因此,所选的材料要有韧性、耐压,对胚状体无毒害作用,含有胚状体发芽生长所需要的营养成分或植物激素,还应含有杀菌剂,以防止播种后土壤微生物的侵染。

在选材上,据报道有十多种胶可以选用,如海藻酸钠、明胶、树胶、琼脂糖、淀粉及动物胶等。美国的Dupont公司生产了Elvax4260材料,其成分为乙烯、乙酸和丙烯酸聚合而成,效果较好。还有人用聚氧乙烯(商品名为PolyoxWSR-N750)的材料配合以MS培养基,包裹胡萝卜、柑橘、芹菜等的胚状体,有一定的存活率。

(2)人造胚乳的研制 人造胚乳即包裹胚状体的营养基质,其外部包裹的就是人工种皮。天然种子的胚乳是一个供应胚营养的组织,无胚乳的种子其营养储藏在子叶中。因此,要提高人工种子的成活率需要进行人工胚乳的研制。

人工胚乳的主要成分为无机盐、碳水化合物及蛋白质等营养物质。有资料指出,不同碳水化合物的种类对人工种子的成株率影响较大。例如,在苜蓿人工胚乳的实验中,培养基质中不加碳水化合物时,成株率为0,加入1.5%的麦芽糖时成株率为35%。通常的做法是把各种营养成分配合成培养基(胶体),其中还可以加入抗生素、防腐剂或农药做成的微胶囊。

(3)人造种子的包埋技术 最佳的凝胶包埋材料是藻酸盐,包埋方法有滴注法和装模法。

① 滴注法。如图2-2所示,把选好的胚状体悬浮于含2%~3%的海藻酸钠溶液中,用塑料吸管吸此悬滴加入到0.1mol/L氯化钙溶液中,由于离子间发生键合而形成胶囊。海藻酸钠溶液的质量分数为2%~3%,在氯化钙溶液中聚合时间不超过10min,遂用无菌水冲洗。

② 装模法。把体细胞胚混合到温度较高的胶液中,滴注至有小坑的微滴板上,随温度的降低而形成凝胶丸。

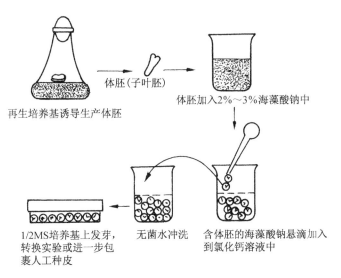

体胚(子叶胚)

再生培养基诱导生产体胚

体胚加入2%～3%海藻酸钠中

含体胚的海藻酸钠悬滴加入
到氯化钙溶液中

无菌水冲洗

1/2MS培养基上发芽，
转换实验或进一步包
裹人工种皮

图 2-2　滴注法制备人工种子

2.7.3.4　人工种子的转换

在无菌的试管培养条件下,有90％以上的体细胞胚能正常萌发并转换为完整小植株。关于转换的概念是指由体细胞胚发育成具正常表现型绿色植株的能力。转换率的百分数,用来表示不同发育阶段的体细胞胚其发育为小植株的比率,如黄连的材料,原胚至心形期胚的转换率为0.5％～3.2％,而子叶期胚可高达90％以上。无菌条件下的苜蓿人工种子的转换率为60％,胡萝卜可达79％。在无土培养条件下转换率一般要降低,苜蓿的转换率为2％～30％,一般为20％;胡萝卜可达79％。在土壤条件下的实验资料较少,苜蓿人工种子的土壤直接转换率为20％,水稻可达10％。

2.7.4　人工种子的应用前景

人工种子的产生是对植物传统繁殖方式的革命。在一些植物种类上虽然取得了进展,但仍存在不少问题,主要表现在:

①　一些具重要性状的植物基因型目前发生体细胞胚的能力较弱,再生系统尚不健全,难以形成有活力的胚并同步化发育;

②　已经制作出来的人工种子的生产成本远高于自然种子,缺乏竞争力;

③　人工种子的储藏、运输及机械化播种等问题尚未解决。

但是,对于目前农业生产实践中的一些具体问题,如种子繁殖植物的杂种优势利用问题、长期无性繁殖导致的病毒积累、产量和品质退化问题,若建立起人工种子繁殖体系,就可以顺利地解决。显然,人工种子的发展前景是乐观的,在大力降低生产成本的条件下,研究那些经济价值高、常规繁殖系数低的植物类型,将有着诱人的发展前景。

复习思考题

1. 什么叫植物器官培养?

2. 愈伤组织培养有何特点？

3. 外植体的器官发生途径有哪些？

4. 影响器官培养的因素有哪些？

5. 什么是胚培养和胚乳培养？

6. 什么叫人工种子？如何进行人工种子制作？

3 茎尖分生组织培养

3.1 茎尖分生组织培养的目的与应用

茎尖分生组织培养是指切取茎的先端部分(小至十到几十微米的茎尖分生组织部分),进行无菌培养,使其发育成完整植株的过程。1922 年,Robbins 切取无菌发芽植物的芽尖接种到琼脂培养基上,最早开始应用茎尖进行组织培养的研究。由于茎尖分生组织培养方法简便,繁殖迅速,且茎尖遗传性比较稳定,易保持植株的优良性状,因此在基础研究和实际应用中具有重要价值。

3.1.1 形态建成研究

茎尖分生组织培养取材便利,培养条件能严格控制,可排除其他组织部位及一些不利条件影响,十分有利于形态建成研究,从而可为植物组织培养理论研究奠定基础。

植物的茎尖是分化组织区,即产生植物地上与地下部分的全能性区域。茎尖培养时调整培养基中细胞分裂素的浓度,一方面促使茎尖直接长芽,另一方面又可调节顶端优势,使叶腋内芽原基再陆续形成小芽,腋芽的不断形成又继续萌发而形成丛生芽。在丛生芽的形成过程中,为茎、芽及根系形态建成研究提供了可能。1952 年,法国人 Morel 最早发现兰花茎尖培养可形成扁平的小球体,其与种子胚发育的原球茎非常相似,不断切割这种原球茎,即构建形成了兰花的无性繁殖系。目前,兰花的快速繁殖主要依靠原球茎分化方式,而兰花茎尖培养也成为原球茎型组织培养扩繁方式中形态建成研究的最适材料。

3.1.2 无病株的生产

世界上受病毒危害的植物很多,有的种类甚至同时受到数种病毒病的危害。一些用种子繁殖的作物,由于种子不带病毒,这样随世代的交替去除了病毒,因此病毒病只能危害 1 个世代。但马铃薯、甘薯、大蒜、苹果、草莓、葡萄、柑橘、兰花、菊花、唐菖蒲、水仙、康乃馨等无性繁殖作物,一旦侵染病毒,代代相传,体内不断积累,严重影响植株的生育。病毒病不同于真菌和细菌病害,不能采用杀菌剂和抗生素防治,生产上目前尚无法根治。

1952 年,Morel 和 Martin 首次证实,通过茎尖分生组织的离体培养,可以从已受病毒侵染的大丽花中获得无病毒植株。此后,茎尖培养脱毒法在兰花上获得成功。迄今为止,人们发现的植物病毒已超过 500 种,马铃薯、草莓、石刁柏等脱毒苗已广泛应用于生产,无病毒苗的培育在农业生产上正发挥着越来越大的作用,取得了良好的经济效益和社会效益。

3.1.3 营养繁殖

茎尖组织培养可以严格控制和调节适宜的营养、激素、温度、光照等条件,使许多在常规条件下无法生长和繁殖的植物材料成功快速繁殖。1960 年,Morel 最早应用茎尖组织培养繁殖兰花,克服了兰花种子繁殖速度慢且不能稳定地保持原来品种特性的不足,从而在美国、欧洲及东南亚许多国家和地区用组织培养的方法大量生产兰花,开创了著名的兰花工业。又如菊花中的"绿牡丹"这一罕见的绿色品种,因其难以繁殖,一直被认为是菊中珍品。应用茎尖培养可快速扩繁优良种苗,迄今为止,几乎所有的植物均可通过茎尖培养途径快速繁殖。

3.1.4 在育种中的应用

由于茎尖遗传性稳定,茎尖组织培养技术已经成熟,因此此项技术多用于常规方法繁殖困难的物种,杂合型以及有性不亲和基因与不育基因型的繁殖,新杂交种的快速繁殖,繁殖大批遗传性状一致的亲本供大规模的杂交制种。

利用茎尖组织培养进行突变体筛选,将扩大种质筛选范围,为育种提供有价值的材料。首先,茎尖培养中产生的多倍体、混倍体等变异丰富了育种资源;其次,采用紫外线、X 射线、γ 射线对材料照射,可诱发突变体产生。1968 年,松原等将秋海棠用放射线照射后,切取其扇状变异叶部分,诱导产生愈伤组织之后,再分离所产生的芽进行茎尖培养,成功地获得突变株。应用 ^{60}Co-γ 射线处理,可诱导菊花茎尖试管苗变异,丰富了菊花的种类和品种。在果树、园林、木本花卉等育种中采用茎尖组织培养可缩短育种年限,较常规育种具不可比拟的优越性,因而近年来得到广泛应用。

3.2 茎尖分生组织培养的方法

3.2.1 材料的准备

茎尖培养在植物组织培养中应用最早,茎尖也是组织培养中应用较多的一个取材部位。由于茎尖形态已基本建立,进行培养生长速度快,繁殖率高,因此在无性繁殖植物的快速繁殖上应用广泛。一般说来,带有叶原基的茎尖易于培养,成苗快,培养时间短。但是要获得无病毒植株,理论上茎尖越小越好,如0.1～1mm 以下的生长点,去病毒效果较好,但成活率低,培养时间要延长至 1 年或更长时间。实际应用时,根据病毒种类不同切取0.1～1mm 大小的生长点,即可获得无病毒植株。

培养用的茎尖组织,以取自田间或盆栽植物的材料为宜,因其节间长,生长点组织也大,容易分离。番茄可取 10d 左右苗龄植株的茎尖,带一个叶原基,约0.3mm。薯芋类、球根类常沙培或基质培养后采其萌芽,石刁柏、兰花、菊花、草莓等可直接切取茎尖培养。

在植物茎尖培养中,对一些难于灭菌的材料也可先对种子消毒灭菌,获得无菌苗,然后用无菌苗获取无菌芽或生长点。

3.2.2 材料的消毒

材料的消毒是指为了消灭病菌、保证茎尖组织培养顺利进行、获得无菌材料的方法,主要是用药剂表面灭菌。使用的药剂种类、浓度和处理时间因不同材料对药剂的敏感性而异。通常要求消毒剂既要有良好的作用,又要易被蒸馏水冲洗干净或易自行分解,且不会损伤材料影响植株生长。茎尖培养常用的消毒剂有漂白粉(1%～10%的滤液)、次氯酸钠(0.5%～10%)、升汞(0.1%～10%)、酒精(70%)、双氧水(3%～10%)等。为提高灭菌效果,常采用多种药剂配合使用。茎尖表面具有蜡质层,对灭菌药剂不易黏着的种类,可加入少量浸润剂,如吐温 20或吐温 80,以提高灭菌效果。

组织培养用茎尖多取自田间,取材料后,视其清洁程度,先用自来水流水冲洗 5min,然后用中性洗衣粉(液)清洗,注意勿伤及实验用茎尖,之后再用自来水流水冲洗 30min,以备消毒。茎尖灭菌前须严格清洗,然后先用70%酒精浸3～5min,去除酒精,再用0.1%～0.2%升汞加1～2滴吐温 20,浸泡8～10min 后倒出。消毒完毕,用无菌蒸馏水冲洗3～4 次,准备接种培养。

3.2.3 组织片的分离

茎尖培养中茎尖组织片分离的难易,首先与植物种类有关。例如,马铃薯、百合为半球形,比较大,容易分离;大丽菊、日本泡桐等,对生叶的原基着生一直到生长点附近,所以要分离不带叶原基的生长点较难;草莓茎随着生长进入先端渐次凹陷,致使生长点难以分离;而菊花的叶原基有毛密生缠绕,生长点小,也不易剥离。其次,因茎尖培养目的不同所取茎尖大小各异,同时茎尖分离难易也有差异。茎尖越小,脱毒效果越好,但成苗率越低。应用时既要考虑到脱毒效果,又要提高成活率,故一般切取0.2～0.5mm。若是不脱毒,仅利用茎尖进行快速繁殖,茎尖可大一些,甚至带两三片幼叶也无妨。这样分离就容易得多了。

切取茎尖时,多在解剖镜下操作。左手拿解剖针,从茎切口刺入,右手握解剖刀,借助解剖镜将幼叶或叶原基一一切除,使生长点裸露出来,按预定要求的大小切取分离生长点附近的组织;也可将材料置于灭过菌的载玻片或滤纸上,两手持解剖针、小刀、镊子等按上述方法除掉叶原基。分离的生长点组织,切口朝下接种在培养基上,分离时注意勿使茎尖受伤,动作要快捷。

不同植物茎尖培养时,茎尖分离方法大同小异。例如,薄荷、草石蚕等双子叶植物,先切下一段正在生长的3～5cm 长的芽,去掉一些大的叶片,消毒后,在解剖镜下,剥除生长点外围叶片,直至达到晶莹发亮的光滑圆顶为止。然后用解剖刀在生长点周围作 4 个彼此成直角的切口,再从切口部分取下生长点圆顶,此时的圆顶不带叶原基,大小不超过0.2～0.5mm。水稻、小麦等单子叶植物茎尖的分离与双子叶植物基本相同,只是禾谷类单子叶植物茎尖外面常有叶鞘包裹,所以取材时须连同叶鞘一起取下,再按上述方法剥取茎尖。

3.2.4 培养基

在茎尖组织培养中正确选择培养基,可以显著提高成苗率。培养基是否适宜,主要取决于它的营养成分、生长调节物质和物理状态。

在早期进行的茎尖培养中,培养基的大量元素是由 White(1934)和 Gautheret(1959)培养基配方衍生而来,并加入了 Berthelot(1934)或 Heller(1953)培养基的微量元素。目前,采用的大多数培养基适合愈伤组织诱导,而不适合茎尖培养,应在 White、Morel、MS 培养基的基础上加以改良,尤其应提高 K^+ 与 NH_4^+ 的含量,以促进茎尖生长。MS 培养基较适合茎尖培养,但有些离子浓度过高可予稀释。培养基中碳源一般用蔗糖或葡萄糖,质量分数范围为 $2\%\sim4\%$。

茎尖组织培养时,植物激素种类与浓度的配比对茎尖生长及发育具有重要作用。由于双子叶植物中植物激素可能是在第二对最幼嫩的叶原基中合成的,所以茎尖的圆顶组织生长激素不能自给,必须供给适宜浓度的生长素与细胞分裂素。在生长素中应避免使用易促进愈伤组织化的 2,4-D,宜换用稳定性较好的 NAA 或 IAA。此外,GA_3 在一些植物的茎尖培养中也有一定作用,如大丽花茎尖培养中,加入0.1mg/L GA_3 能抑制愈伤组织的形成,有利于更好地生长和分化。需要注意的是,不同植物的茎尖对植物激素的反应各不相同,须反复实验并配以综合培养条件才能取得理想的效果。

茎尖组织培养既可使用液体培养基,又可使用固体培养基。Morel 用 16mm 的试管,以 $1\sim2$r/mm 的速度进行液体旋转培养,由于可阻止生长中的材料出现极性,减少从切片组织排出的有害物质,提高通气性,增加呼吸和氧化吸收的作用,因此较固体培养效果好。市桥等采用液体静置培养发现,其比液体旋转培养和固体培养效果都好。但由于固体培养操作便利,培养条件易于控制,故茎尖组织培养仍以固体培养基应用最多。

3.2.5 培养条件

3.2.5.1 温度

茎尖组织培养时,温度控制主要依植物种类、起源和生态类型而决定。茄科、葫芦科、兰科、蔷薇科、禾本科等喜温性植物,温度一般控制在26~28℃较为适宜;十字花科、百合科、菊科等冷凉性植物,温度控制在18~22℃或 25℃以下较为适宜。茎尖培养周期中是采用恒温培养好,还是变温培养好,则因植物种类而异。例如,石刁柏茎尖培养,保持恒温 27℃,对幼芽分化和生根有利。通常情况下,大多数离体茎尖培养均置于恒温培养室中进行,仅是设定的温度不同而已。

3.2.5.2 光照

茎尖组织培养中,光培养的效果通常都比暗培养好。Dale(1980)在多花黑麦草中发现,光照度(6 000lx)培养的茎尖59%能再生植株,而暗培养的仅有34%成苗。马铃薯茎尖培养初始阶段最适光照度为100lx,4 周后则应增加至200lx,当幼茎长至 1cm 高时,光照度则骤增至4 000lx。但也有例外,如天竺葵茎尖培养则需要一个完全黑暗的时期,这可能有助于减少多酚物质对成苗的抑制作用之故。

3.2.5.3 湿度

由于茎尖组织培养与其他器官培养类似,在培养组织周围微环境中相对湿度常达到100%,培养瓶以外环境的相对湿度对培养组织没有直接影响,因此应用时常忽略对培养环境的湿度调控。实际上,周围环境的相对湿度对培养基水分、细菌生长等有间接影响,从而制约了茎尖培养的顺利进行。例如,空气相对湿度过低,培养基容易干涸,从而引起培养基渗透压改变而影响培养组织、细胞的脱分化、分裂和再分化等;相反,环境湿度过高时,各种细菌、霉菌易于滋生,它们的芽孢和孢子侵入培养瓶,造成培养基和培养材料污染。一般,周围环境相对湿度70%～80%较为适宜。

3.3 脱毒苗的培育和病毒检测

3.3.1 脱毒苗的培育

3.3.1.1 脱毒苗培育的意义

世界上受病毒危害的植物很多,如粮食作物中的水稻、马铃薯、甘薯等,经济作物中的油菜、百合、大蒜等,而园艺植物受病毒危害更为严重,已知草莓能感染 62 种病毒和类菌质体,苹果能感染 36 种病毒。当植物被病毒侵染后,常造成生长迟缓、品质变劣、产量大幅度降低。这是因为园艺植物中有相当多的种类是采用无性繁殖法,利用茎(块茎、球茎、鳞茎、根茎、匍匐茎)、根(块根、宿根)、枝、叶、芽(肉芽、珠芽、球芽、顶芽、腋芽、休眠芽、不定芽)等通过嫁接、分株、扦插、压条等途径繁殖的,因而病毒通过营养体传递给后代,使危害逐年加重。再者,园艺植物产地比较集中,通常是规模化集约栽培,易造成连作危害,加重了土壤传染性病毒和线虫传染性病毒的危害。

病毒病害与真菌和细菌病害不同,不能通过化学杀菌剂和杀菌素予以防治。虽有关于病毒抑制剂的研究,但是病毒的复制增殖与植物正常代谢过程极为密切,因此已知的病毒抑制剂对植物都有毒,且并不能治愈植物。用化学药剂杀死传播媒介昆虫,能减轻一些病毒的蔓延,但有些病毒是机械传播或昆虫一觅食就立即传播的。此外,植物也没有人畜那种特异性的免疫反应可被利用。

无病毒苗的培育,无疑满足了农作物和园艺植物生产发展的迫切需要。自从 20 世纪 50 年代发现通过植物组织培养的方法,可以脱除严重患病毒病植物的病毒,恢复种性,提高产量、质量,组织培养脱毒技术便在生产实践中得到广泛应用,且有不少国家已将其纳入常规良种繁育体系,有的国家还专门建立了大规模的无病毒苗生产基地。我国是世界上从事植物脱毒和快速繁殖最早、发展最快、应用最广的国家,目前已建立了马铃薯、甘薯、草莓、苹果、葡萄、香蕉、菠萝、番木瓜、甘蔗等植物的无病毒苗生产基地,每年可提供几百万株各类脱毒苗。

组织培养无病毒苗的培育,在植物病理学上也有重要意义。它丰富了植物病理学的内容,从过去消极的砍伐病枝、销毁病株,到病株的脱毒再生,是一个积极有效的预防途径,并且对绿色产品开发、减少污染、保护环境、增进健康都具有长远的意义。

3.3.1.2 热处理脱毒

(1) 热处理脱毒的发现及原理　1889 年,印度尼西亚爪哇有人发现,将罹患枯萎病的甘蔗(现已知为病毒病),放在50～52℃的热水中保持 30min 后,甘蔗再生长时枯萎病症状消失,甘蔗生长良好,以后这个方法便得到了利用。现在世界上很多甘蔗生产国,每年在栽种前把几千吨甘蔗切段放在大水锅里进行处理。

热处理之所以能去除病毒,主要是在一定范围内,用高于常温的温度处理植物可部分或完全钝化植物组织中某些病毒,而不伤害或很少伤害植物本身。这是因为病毒和植物细胞对高温的耐受性不同,高温可延缓病毒扩散速度和抑制其增殖,以致病毒浓度不断降低,这样持续一段时间,病毒即自行消失而达到脱毒之目的。

(2) 热处理的方法　热处理有两种方法:一种是温汤浸渍处理;另一种是高温空气处理。

热水浸泡处理是将剪下的接穗或种植材料,在50℃的温汤中浸泡数分钟或数小时,此种方法简便,但易使材料受损伤,到55℃时则大多数植物会被杀死。此种方法适合甘蔗、木本植物和休眠芽。

高温空气处理是将待处理植株放在恒温光照培养箱内,温度保持在35~40℃,光照度1000~3000lx,达1~2个月。处理过程中要及时补充水分,以防植物缺水影响正常的代谢活动。对于无性繁殖植物的营养储存器官,如马铃薯块茎,大蒜鳞茎等,可直接放入恒温箱,但要经常翻动、通气,以防止高温不通气而导致腐烂。热处理之后要立即把茎尖切下嫁接到无病的砧木上。此种方法对活跃生长的茎尖效果较好,既能消除病毒,又能使寄生植物有较高的存活机会。目前,热处理大多采用这种方法(见图3-1)。

(3) 热处理去除病毒的效果和弊端　不同病毒对热处理的敏感性不同。有的病毒经热处理可以被钝化,如马铃薯卷叶病毒(PLRV);有些病毒较难去除,如马铃薯X病毒(PVX),该病毒必须在35℃下处理2个月,方可被钝化;也有的病毒用热处理几乎不能去除,如马铃薯S病毒(PVS)。掌握热处理的适宜温度和时间很重要。如果热处理温度过高或处理时间过长,可能会钝化植物本身的抗性因子,对植物造成损伤,以致使其死亡;热处理温度过低或处理时间过短,又达不到去除病毒的效果。

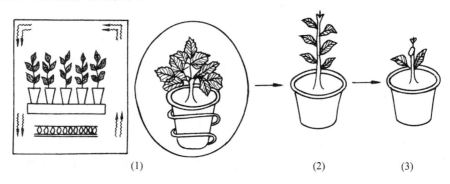

(1) 热处理38℃　(2) 切取嫩梢(1.5~2cm)　(3) 嫩梢嫁接

图3-1　热处理脱毒

3.3.1.3　茎尖培养脱毒

(1) 茎尖培养脱毒的原理　White(1943)首先发现在感染烟草花叶病毒的烟草植株生长点附近,病毒的浓度很低甚至没有病毒,病毒含量随植株部位及年龄而异。在这个发现启示下,Morel等(1952)将从感染花叶病毒的大丽菊分离出茎尖分生组织(0.25mm)培养得到的植株,嫁接在大丽菊实生砧木上检验证实其为无病毒植株,从此茎尖培养就成为解决病毒的一条有效途径。

植物茎尖组织培养脱毒技术的理论依据有以下两点:一是植物细胞全能性学说,即一切植物都是由细胞构成的,植物的幼龄细胞含有全套遗传基因,具有形成完整植株的能力;二是植物病毒在寄主体内分布不均匀,怀特(1943)和利马塞特·科钮特(1949)发现,植物根尖和茎尖部分病毒含量极低或没有发现病毒。植物组织内病毒含量随与茎尖相隔距离加大而增加。究其原因可能有四个方面:其一,一般病毒顺着植物的微管系统移动,而分生组织中无此系统,病毒通过胞间连丝移动极慢,难以追上茎尖分生组织的活跃生长;其二,活跃生长的茎尖分生组织代谢水平很高,致使病毒无法复制;其三,植物体内可能存在"病毒钝化系统",而在茎尖分生组织内活性最高,钝化病毒,使茎尖分生组织不受病毒侵染;其四,茎尖分生组织的生长素含量很高,足以抑制病毒增殖。

为脱除病毒,不同植物以及同一种植物要脱去不同的病毒所需茎尖大小是不同的。通常,茎尖培养脱毒效果的好坏与茎尖大小呈负相关,即切取茎尖越小,脱毒效果越好;而培养茎尖成活率的高低则与茎尖的大小呈正相关,即切取茎尖小,成活率越低。所以,具体应用时既要考虑脱毒效果,又要考虑使其提高成活率。因此,一般切取0.2~0.3mm带1~2个叶原基的茎尖作为培养材料较好。

(2) 茎尖培养方法

① 培育脱毒母株,获得外植体。

A. 正确选择品种。用于生产的品种选择很重要。因不同品种产量、品质特性及对病毒侵染的反应不同,关系到去除病毒的增产效果和脱毒种苗的应用年限。因此,要选择品质好、产量高、抗、耐病毒病性好的品种。

B. 确保品种纯度。确保获取快速繁殖外植体母株的品种纯度是生产高纯度、优质种苗的基础。特别是栽培历史长的无性繁殖作物,用种量大、易造成品种混杂。因此,严格鉴定获取快速繁殖外植体母株的品种纯度,可避免无效劳动,提高工作效率。

C. 获得外植体。外植体可直接取于大田,但最好取于室内培育的、生长健壮、无病虫害的母株,摘取2~3cm长的外植体,去掉较大叶片,用自来水冲洗片刻即可消毒。对于多年生植物,休眠的顶芽和腋芽也可作为实验材料。消毒一般在超净工作台或无菌室内进行,应先把材料浸入70%酒精30s,然后用10%漂白粉上清液或0.1%升汞消毒10~15min,消毒时可上下摇动,使药液与材料表面充分接触,达到彻底杀菌的目的,最后再用无菌水冲洗3~5次,然后就可剥离茎尖。

② 选择培养基。研究确定的基本培养基有许多种,其中MS适合于大多数双子叶植物培养,培养基 B_5 和培养基 N_6 适合于许多单子叶植物培养,White培养基适于根的培养,应先试用这些培养基,再根据实际情况对其中的某些成分进行小范围的调整。一般培养用MS培养基均能成功,但大蒜、洋葱用B5和MS培养基培养效果较好。

激素浓度和相对比例的确定。用不同种类的激素进行浓度和比例的配合实验,在比较好的组合基础上进行小范围的调整,设计出新的配方,经过反复摸索,选出一种适合的培养基。

③ 剥离和接种。将消毒好的材料,如包含茎尖的茎段或芽等灭菌,置超净工作台双目解剖镜下,用解剖针仔细剥离幼叶和叶原基,切取0.1~0.2mm大小、仅留1~2个叶原基的茎尖分生组织,接种到试管内的芽分化培养基上。

④ 继代培养生根和快速繁殖。将已接种外植体的试管置于(23±2)℃、光照度3000lx的实验室中,光周期13~16h/d,培养2~3周成苗。待苗长至1~2cm高,转入生根培养基,生长7~10d生根,转入快速繁殖培养基中继续繁殖。茎尖脱毒培养繁育程序见图3-2。

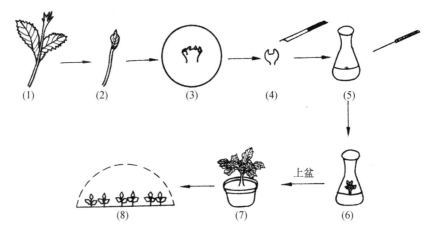

（1）采样　（2）去外叶　（3）剥离茎尖　（4）切取分生组织　（5）茎尖培养
（6）茎尖再生植株　（7）病毒鉴定　（8）防虫网内繁殖脱毒苗

图 3-2　茎尖脱毒培养繁育程序

（3）茎尖培养的关键技术环节

① 剥取适当大小的茎尖。通常,培养茎尖越小,产生幼苗的无毒率越高,而成活率越低。不同病毒种类去除的难易程度不同。因此,需针对不同的病毒种类,培养适宜大小的茎尖。例如,剥离培养带一个叶原基的生长点产生的马铃薯植株,可去除全部马铃薯卷叶病毒,去除80％Y病毒和A病毒,去除0.2％X病毒。马铃薯病毒去除从易到难的顺序依次是:马铃薯卷叶病毒、马铃薯A病毒、马铃薯Y病毒、奥古巴病毒、马铃薯M病毒、马铃薯X病毒、马铃薯S病毒和纺锤块茎类病毒。对于同一种病毒,剥离茎尖越小,脱毒率越高。大蒜带1个叶原基的茎尖产生苗中84％检测不到病毒,而带2～3个叶原基的无毒株率仅59％。因此,一般剥离带1～2个叶原基的茎尖即可获得较好的脱毒效果。对于难脱除的病毒则应配合采用其他措施。

② 选用正确的培养基。培养基由大量元素、微量元素、有机成分、植物激素、糖和琼脂调配而成。一般,铵盐及钾盐浓度高,有利于茎尖成活,反之则有利于生根或根生长。植物激素如6-BA有利于长芽,而生长素如NAA有利于生根。不同品种对激素的反应不同。大蒜采用B5的矿质盐和微量元素效果较好,再附加维生素 B_1 10mg/L、维生素 B_6 1mg/L、烟酸1mg/L、肌醇200mg/L、6-BA 0.1mg/L、NAA 0～0.1mg/L,以蔗糖 25g/L 为碳源、琼脂 7g/L 为固化剂;马铃薯茎尖培养基为 MS ＋ 6-BA 0.05～0.1mg/L ＋ NAA 0.1～0.2mg/L ＋ GA_3 0.05mg/L;甘薯茎尖培养基为 MS＋6-BA 1mg/L＋NAA 0.02mg/L 或 MS＋6-BA 0.5mg/L ＋NAA 0.2mg/L＋AD 5mg/L;草莓培养基以 White＋IAA 0.1mg/L 或 MS＋BA 0.1mg/L＋NAA 0.1mg/L 为好。

③ 适宜的环境条件。大蒜、马铃薯、草莓接种后置于温度 23～25℃、光照度1000～3000lx的实验室中,光照13～16h/d。甘薯茎尖培养需温度较高,26～32℃,光强和光照时间同马铃薯和大蒜。

④ 茎尖接种后的生长及调节方法。茎尖接种后的生长情况主要有四种:

A. 生长正常,生长点伸长,基本无愈伤组织形成,1～3周内形成小芽,4～6周长成小植株;

B. 生长停止,接种物不扩大,渐变褐色至枯死。此种情况多因剥离操作过程中茎尖受伤;

C. 生长缓慢,接种物扩大缓慢,渐转绿,成一绿点。说明培养条件不适,要迅速转入高激素浓度培养基,并适当提高培养温度;

D. 生长过速,生长点不伸长或略伸长,大量疏松愈伤组织形成,需转入无激素培养基或采取降低培养温度等措施。

3.3.1.4 热处理结合茎尖培养脱毒

茎尖培养结合热处理可脱除茎尖培养脱除不掉的病毒,如将马铃薯块茎放入35℃恒温培养箱内热处理4～8周,然后进行茎尖培养,可除去一般培养难以脱除的纺锤块茎类病毒。将热处理与茎尖分生组织培养相结合,则可以取稍大的茎尖进行培养,这样能够明显提高茎尖的成活率和脱毒率。

尽管茎尖分生组织常不带病毒,但不能把它看成是一种普遍现象。研究表明,某些病毒实际上也能侵染正在生长的茎尖分生区域。Hollings 和 Stone(1964)证实,在麝香石竹茎尖0.1mm长的顶端部分,有33%带有麝香石竹斑驳病毒。在菊花中,由0.3～0.6mm长茎尖的愈伤组织形成的全部植株都带有病毒。已知能侵染茎尖分生组织的其他病毒有烟草花叶病毒(TMV)、马铃薯 X 病毒以及黄瓜花叶病毒(CMV)。Quak(1957,1961)用 40℃高温处理康乃馨6～8周,以后再分离 1mm 长的茎尖进行培养,成功地去除了病毒。此结果提示将热处理和茎尖培养结合,可以更有效地达到脱毒目的。

热处理可在切取茎尖之前在母株上进行,即可在热处理之后的母体植株上切取较大的茎尖(长约0.5mm)进行培养;也可先进行茎尖培养,然后再用试管苗进行热处理,这样的处理方法可以获得较多的无病毒个体。热处理时要注意处理材料的保湿和通风,以免过于干燥和腐烂。热处理结合茎尖培养脱毒法不足之处在于脱毒时间相对延长。

3.3.1.5 微体嫁接脱毒

微体嫁接是组织培养与嫁接方法相结合、以获得无病毒苗木的一种新技术。它将0.1～0.2mm的茎尖作为接穗,嫁接到由试管中培养出来的无菌实生砧木上,继续进行试管培养,并愈合成为完整的植株。

离体微型嫁接法主要应用在果树脱毒方面,在苹果和柑橘脱毒上已经发展成一套完整的技术。Navarro 等(1983)利用试管培养10～14d 产生的梨树新梢,切取带3～4 个叶原基长0.5～1.0mm的新梢,进行离体微型嫁接,成活率达到40%～70%,最后获得无洋李环斑病毒(PRV)株系、无洋李矮缩病毒(PDV)和无褪绿叶斑病毒(CISV)的无病毒苗。

对于某些营养繁殖难以生根的植物种类或品种,可以借助试管微体嫁接方法,解决茎尖培养过程中生根难的问题,同时因为采用茎尖分生组织作接穗,获得的便是无病毒植株。

影响微体嫁接成活的因素主要是接穗的大小。试管内嫁接成活的可能性与接穗的大小呈正相关,而无病毒植株的培育与接穗茎尖的大小呈负相关。所以,为了获得无病毒植株,可以采用带有两个叶原基的茎尖分生组织作接穗。微体嫁接技术难度较大,不易掌握,与实际应用还有相当距离。但是随着新技术的发展与完善,微体嫁接技术将会取得更大发展。

3.3.1.6 抗病毒药剂脱毒

近年来的研究表明,在茎尖培养和原生质体培养中,在培养基内加用抗病毒醚能抑制病毒复制。抗病毒醚是一种对脱氧核糖核酸(DNA)或核糖核酸(RNA)具广谱作用的人工合成核苷物质。

对于抗病毒药剂的应用效果,因病毒种类不同而有差异。目前用此种方法也不可能脱除所有的病毒,如果使用不当,药害现象比较严重,此种脱毒处理还处于探索阶段。

3.3.1.7 脱毒苗的保存繁殖

经过复杂的分离培养程序以及严格的病毒检测获得的脱毒苗是十分不易的,所以一旦培育出来,就应很好地隔离保存。脱毒试管苗出瓶移栽后的苗木被称作原原种,一般多在科研单位的隔离网室内保存。原原种繁殖的苗木称作原种,多在县级以上良种繁育基地保存。由原种繁殖的苗木作为脱毒苗提供给生产单位栽培。这些原原种或原种材料,保管得好可以保存利用5~10年,在生产上可经济有效地发挥作用。

脱毒苗本身并不具有额外的抗病性,有可能很快又被重新感染。为此,通常脱毒的原种苗木应种植在隔离网室中,以使用32~36μm的网纱罩棚为好,可以防止蚜虫的进入。栽培床的土壤应进行消毒,周围环境也要整治,及时打药。附近不得种植同种植物以及可相互浸染的寄主植物,以保证材料在与病毒严密隔离的条件下栽培。有条件的,可以在合适的海岛或高冷山地繁殖无病毒材料。因为这些地区气候凉爽,虫害少,有利于无病毒材料的生长繁殖。

3.3.2 病毒检测

3.3.2.1 植物病毒的概念与形态

(1) 植物病毒的基本概念 人类对于植物病毒的认识,是随着科学技术的发展逐步深入的。早在17世纪初,就有郁金香杂色花的记载,也看到有些植物表现花叶、黄化、矮缩等症状,但在当时人们对于病毒还一无所知。所以把这些异常现象,都归因于生理的或遗传的原因,或归因于其他毒素的作用。直到1886年,德国人Mayer发现,把烟草花叶病植株的汁液接种到无病烟草上可以使健康植株发病,于是他断定烟草花叶病是由细菌引起的。1892年,俄国学者Ivanowski又发现,烟草花叶病的病原物,可以通过细菌不能通过的微孔漏斗,因此他认为,烟草花叶病的病原不是细菌,而是一种"传染性活液"。1898年,荷兰人Beijerinck把这种"传染性活液"定名为病毒。其后又经过近40年,美国的Stonlcy(1935)把烟草花叶病毒提纯,得到它的结晶体,证实病毒是一种含有核酸的蛋白质,并逐步明确病毒是由一种核酸和蛋白质衣壳组成的非细胞形态的分子生物。近年来,还发现了不能单独增殖也无浸染力的卫星病毒,这是目前所知的最小病毒。随着对病毒认识的不断深入,病毒的定义也随认识的提高而改变。根据目前的认识,可把病毒概括为:"病毒是一种非细胞形态的专性寄生物,是最小的生命实体,仅含有一种核酸和蛋白质,必须在活细胞中才能增殖"。

(2) 植物病毒的形态 病毒是最小的生命实体,完整成熟的病毒称为病毒粒体或毒粒,有固定的形态和大小。病毒粒体有杆状、线状、球状三种。杆状和线状病毒有平头的和圆头的,分别称为杆菌状或弹状。不同形态的病毒其大小也不同,计量单位用纳米(nm)表示。线状病毒一般长480~1250nm,宽10~13nm;杆状病毒一般长130~300nm,宽15~20nm;杆菌状病毒一般长58~240nm,宽18~90nm;球状病毒实际是一个多面体,直径16~80nm。

3.3.2.2 植物病毒的侵染与传播

（1）植物病毒的侵染 病毒是极小的生命体，它不能靠自身的力量主动侵入植物细胞，只能借助外力，通过植物细胞的微伤或通过昆虫刺吸式口器，把病毒送入植物细胞内。病毒进入植物细胞后如何进行增殖，病毒的核酸起决定性作用。病毒的核酸具有自我复制的能力，这种能力称为遗传信息。植物病毒的遗传信息，大多数都是由 RNA 组成。病毒粒体进入植物细胞，脱掉外壳蛋白质后核酸就开始增殖。

（2）植物病毒的传播 植物病毒是一种专性寄生物，在寄主活体外的存活期一般比较短，其近距离传播主要依靠活体接触摩擦，远距离传播则靠寄主的繁殖材料和昆虫介体等。

① 介体传播。

A. 昆虫传播。能作为介体的昆虫绝大多数具有刺吸式口器，其中以蚜虫占首位。

B. 线虫传播。线虫在土壤中进行传播，也像蚜虫那样有一种刺吸的习性。

C. 螨传播。传播病毒的螨分别属于瘿螨科和叶螨科，两者都有刺吸式口器。叶螨在吸食时，也要吐出唾液，然后把病毒和细胞汁液一起吸入。

② 接触传播。

A. 自然接触传播。如风、雨等促使植物地上部分接触及根在地下接触等。

B. 汁液接种传播。这是实验中常用的接种方法，接种时用感染株汁液在另一寄主体表面摩擦，经微伤而侵入。

C. 人为接触传播。移苗、整枝、摘芽、打杈、修剪、种耕除草等农事操作均可传毒。

D. 嫁接及菟丝子的"桥接"传播。将带毒植株做接穗，通过嫁接传播。菟丝能从一种植物缠绕到另一种植物上，可以看作是一种变相的嫁接，把病毒从病株传到健株。

E. 种子传播。主要是豆科植物可以通过种子传播。

3.3.2.3 植物病毒的鉴定与检测

采取各种脱毒技术获得脱毒苗后，其植株是否真正脱毒，必须经过严格的鉴定和检测，确认为无病毒存在时，方可进行扩大繁殖推广到生产上作为无毒苗应用。

（1）指示植物法 这是利用病毒在其他植物上产生的枯斑作为鉴别病毒种类的标准，也叫枯斑和空斑测定法。这种专门挑选用于产生局部病斑的寄主称为指示植物，又可称为鉴别寄生。它只能用来鉴定靠汁液传染的病毒。指示植物法最早是美国的病毒学家 Holmes (1929)发现的。他用感染 TMV 的普通烟草的粗汁液和少许金刚砂相混，然后在心叶烟（一种寄主植物）的叶子上摩擦，2～3d 后叶片上出现了局部坏死斑。由于在一定范围内，枯斑数与侵染性病毒的浓度成正比，而且这种方法条件简单，操作方便，故一直沿用至今，不失为一种经济有效的检测方法。

病毒的寄主范围不同，所以应根据不同的病毒选择适合的指示植物。此外，要求所选的指示植物 1 年 4 季都可栽培，并在较长时期内保持对病毒的敏感性，容易接种，在较广的范围内具有同样的反应。指示植物一般有两种类型：一种是接种后产生系统性症状，病毒可扩展到植物非接种部位，通常没有明显局部病斑；另一种是只产生局部病斑，常表现出坏死、褪绿或环斑。

接种方法是取被鉴定植物 1～3g 幼叶，在研钵中加 10mL 水及少量磷酸缓冲液（pH 值

7.0),研碎后用两层纱布滤去渣滓,再在汁液中加入少量的27～32μm金刚砂作为指示植物的摩擦剂,使叶面造成小的伤口而不破坏表皮细胞。然后用棉球蘸取汁液在指示植物叶面上轻轻涂抹2～3次进行接种,接种后用清水冲洗叶面。接种时也可用手指涂抹,或用纱布垫、海绵、塑料刷子及喷枪等来接种。接种工作应在防蚜温室中进行,保温15～25℃,接种后2～6d可见症状出现。多年生木本果树植物及草莓等无性繁殖的草本植物,采用汁液接种法比较困难,通常采用嫁接接种的方法,即以指示植物作砧木,被鉴定植物作接穗,采用劈接、靠接、芽接、叶接等方法进行嫁接,其中以劈接法被较多地采用(具体嫁接方法见草莓病毒鉴定方法)。

(2)抗血清鉴定法 植物病毒是由蛋白质和核酸组成的核蛋白,因而是一种较好的抗原,给动物注射后会产生抗体。这种抗原和抗体所引起的凝集或沉淀反应叫做血清反应。所以,抗体是动物在外来抗原的刺激下产生的一种免疫球蛋白。由于抗体主要存在血清中,故含有抗体的血清即称为抗血清。由于不同病毒产生的抗血清具有特异性,因此用已知病毒的抗血清可以鉴定未知病毒的种类。这种抗血清在病毒的鉴定中成为一种高度专化的试剂,且其特异性高,检测速度快,一般几小时甚至几分钟就可以完成。血清反应还可用来鉴定同一病毒的不同株系以及测定病毒浓度的大小。所以,抗血清法成为植物病毒鉴定中最有用的方法之一。

抗血清鉴定法首先要进行抗原的制备,包括病毒的繁殖、病叶研磨和粗汁液澄清,病毒悬浮液的提纯,病毒的沉淀等过程。同时要进行抗血清的制备,包括动物的选择和饲养,抗原的注射、采血,抗血清的分离和吸收等过程。血清可以分装在小玻璃瓶中,可储存在-25～-15℃的低温冰箱中,有条件的可以冻制成干粉,密封冷冻后长期保存。病毒的血清鉴定法,主要是依据沉淀反应原理,具体有试管沉淀实验、点滴沉淀实验、凝聚实验、凝聚扩散实验等多种测试鉴定方法。

(3)电子显微镜鉴定法 现代电子显微镜的分辨能力可达0.5nm,因此利用电子显微镜观察,比生物学鉴定更直观,鉴定的速度也更快。主要方法是直接用病株粗汁液或用纯化的病毒悬浮液和电子密度高的负染色剂混合,然后点在电镜铜网支持膜上观察;也可将材料制作成超薄切片,然后分别在1 500倍、2 000倍、3 000倍下观察,能够清楚地看到细胞内各种细胞器中有无病毒粒子存在,并可得知有关病毒粒体的大小、形状和结构。由于这些特征是相当稳定的,只要取材时期合适,鉴别就准确,因此对病毒鉴定十分重要。尤其对不表现可见症状的潜伏病毒来说,血清法和电镜法是唯一可行的鉴定方法。在实践中也往往将几种方法结合使用,以提高检测的可信度。由于电子的穿透力很低,样品切片必须很薄(10～100nm)。通常做法是将包理好的组织块用玻璃刀或金刚刀切成20nm厚的薄片,置于铜载网上,在电子显微镜下观察。能否观察到病毒,还取决于病毒浓度的高低,浓度低则不易观察到。总之,电子显微镜鉴定法是目前较为先进的植物病毒鉴别方法,但是需要有一定的设备和技术。

(4)酶联免疫测定法(ELISA法) 这是近年来发展应用于植物病毒检测的新方法,它具有极高的灵敏度、特异性强、安全快速和容易观察结果的优点。ELISA法的原理是把抗原与抗体的免疫反应和酶的高效催化作用结合起来,形成一种酶标记的免疫复合物。结合在该复合物上的酶,遇到相应的底物时,催化无色的底物水解,形成有色的产物,从而可以用肉眼观察或用比色法定性、定量判断结果。ELISA法操作简便,无须特殊仪器设备,结果容易判断,而且可同时检测大量样品,近几年来广泛地应用于植物病毒的检测上,为植物病毒的鉴定和检测开辟了一条新途径。

3.3.3 无病毒苗的保存和繁殖

3.3.3.1 无病毒苗的保存

通过不同脱毒方法所获得的脱毒植株,经鉴定确系无特定病毒者,即是无病毒原种。无病毒原种苗只是脱除了原母株上的特定病毒,抗病性并未增加,因而在自然条件下易受病毒再侵染而丧失其利用价值;同时受自然条件影响,无病毒原种易丢失。因此须将无病毒原种苗按正确方法保存。

(1)隔离保存 植物病毒的传播媒介主要是昆虫如蚜虫、叶蝉或土壤线虫等,因此应将无病毒原种苗种植于防虫网室、盆栽钵中保存。营养钵中的土壤或其他基质应事先消毒处理。除去网室周围的杂草和易滋生蚜虫等传播媒介的植物,保持环境清洁,并定期喷药杀菌防虫。凡接触无病毒原种苗的工具均应消毒并单独保管专用,操作人员亦应穿消毒的工作服。若有条件,最好将网室即无病毒母本园建立在相对隔离的山上。对隔离保存的无病毒原种应定期检测有无病毒感染,及时将再感染病毒的植株淘汰或重新脱毒。若管理得当,材料可保存5~10a。

(2)长期保存 将无病毒苗原种的器官或幼小植株接种到培养基上,在低温下离体保存,是长期保存植物无病毒原种及其他优良种质的方法。

① 低温保存。茎尖或小植株接种到培养基上,置低温(1~9℃)、低光照下保存。低温下材料生长极缓慢,只需0.5a或1a更换培养基1次,此法又叫最小生长法。国内外研究者对不同植物材料进行低温或低光照保存,取得了良好的效果(见表3-1)。

表 3-1　几种植物低温离体保存的效果

植 物	材料类别	保存条件	保存时间/a	作者及发表时间
草 莓	脱毒苗	4℃,每 3 个月加几滴营养液	6	Glazy,1969
葡 萄	分生组织再生植株	9℃,低光照,每年继代 1 次	15	Mullin 等,1926
苹 果	茎尖	1~4℃,不继代	1	Gatherine 等,1979
四季橘	试管苗	15~20℃,1000 弱光	5	陈振光,1982

② 冷冻保存(超低温保存)。用液氮(−196℃)保存植物材料的方法称为冷冻保存。

A. 材料选择。材料的形态与生理状况显著地影响其冷冻后的存活力。处于旺盛分裂阶段的分生组织细胞,其细胞质浓、核大,冷冻后存活力较高,而具有大液泡的细胞抗冻力弱,在冷冻与解冻时较易受害。幼苗和茎尖同胚状体细胞相比,更易受到冷冻伤害。因此,选择适当的材料并进行预处理是必要的。

B. 预培养。培养基中添加二甲亚砜(DMSO)、山梨糖醇、脱落酸或提高培养基中蔗糖浓度,将材料置于其中进行短时期预培养,可提高其抗冻力。马铃薯茎尖在含5%的 DMSO 的培养基上预培养48h,其冷冻后的存活率高,而且稳定。不经预培养(至少48h)的茎尖,冷冻后不能再存活。

C. 冷冻防护剂预处理。在材料冷冻期间,细胞脱水会导致细胞内溶质的浓度在原生质体冻结之前增加,从而造成毒害。为避免这种"溶液效应"产生的毒害,须采用冷冻保护剂进行预处理。常用冷冻保护剂有二甲亚砜(DMSO)、甘油、脯氨酸、各种可溶性糖、乙二醇(PEG)等,以 DMSO(5%～8%)效果最好。对玉米和某些悬浮培养细胞,则以培养基中补加脯氨酸(10%)效果最好。处理方法,一般是将冷冻保护剂在30～60min内加入冷冻混合物,使保护剂充分渗透到材料中。冷冻保护剂可降低细胞中盐的浓度,同时能防止细胞内大冰晶的形成,并减少冷冻对细胞膜的伤害。

D. 冷冻。

快速冷冻法。将预处理后的材料直接放入液氮中,降温速度为1 000℃/min以上。由于降温速度快,使细胞内的水迅速越过−140℃这一冰晶形成临界温度(细胞内产生可致死的冰晶的温度),而形成"玻璃化"状态,避免了对细胞的伤害。快速冷冻法适用于液泡化程度低的小型材料。

慢速冷冻法。将材料以0.1～10℃/min的降温速度由0℃降至−100℃左右,然后转入液氮中,迅速冷至−196℃。在前一阶段慢速降温过程中,细胞内的水有足够的时间渗透到细胞外结冰,从而减少了胞内结冰。慢速冷冻法适用于含水量较高、细胞中含大液泡的材料。

分步冷冻法。将材料以0.5～4℃/min的降温速度缓慢降温至−50～−30℃,在此温度下停留约 30min,转入液氮迅速冷冻。也可将材料以5℃/min速度逐级冷却停留,至中间温度后再速冻。分步冷冻法亦叫前冻法,在前期慢速冷冻过程中,细胞外首先结冰,细胞内水向冰晶聚集,减少了胞内可结冰水的含量。这一方法适用于茎尖和芽的保存,草莓茎尖速冻存活率为40%～60%,而分步冷冻后存活率提高到60%～80%。

干燥冷冻法。将植物材料置于 27～29℃烘箱中(或真空中)干燥,待含水量降至适合程度后,再浸入液氮冷冻。脱水后的材料抗冻力增加,脱水程度合适的材料在−196℃冻冷后可全部存活,如脱水至27%～40%豌豆幼苗。不同植物材料适宜的脱水程度不同,可通过脱水时间加以控制。

E. 解冻。宜采用迅速解冻方法,即把−196℃下储藏的材料投入37～40℃温水中,使之快速解冻(500～750℃/min),约1.5min后把材料转入冰槽。如果室温下缓慢解冻,细胞内可重新出现冰结,造成材料死亡。已解冻的材料经洗涤后再培养,可重新恢复生长。

3.3.3.2 无病毒苗的繁殖

(1) 无病毒苗的繁殖方法

① 嫁接繁殖。从通过鉴定的无病毒母本植株上采集穗条,嫁接到实生砧上。嫁接时间不同,嫁接方式亦不同,春季多用切接,夏秋季采用腹接。嫁接技术与嫁接后管理与普遍植株的嫁接相同。但嫁接工具必须专用,并单独存放。柑橘、苹果、桃等木本植物多采用嫁接繁殖。

② 扦插繁殖。硬枝扦插应于冬季从无病毒母本株上剪取芽体饱满的成熟休眠枝经沙藏后,于次年春季剪切扦插。绿枝扦插在生长季节(4～6月)进行,从无病毒母株上剪取半木质化新梢,剪成有2～3节带全叶或半叶的插条扦插。扦插后应注意遮阳保湿。

③ 压条繁殖。将无病毒母株上 1～2 年生枝条水平压条,土壤踩实压紧,保持湿润,压条上的芽眼萌动长出新梢,不断培土,至新梢基部生根。

④ 匍匐茎繁殖。一些植物的茎匍匐生长,匍匐茎上芽易萌动生根长成小苗,如草莓、甘薯。用于繁殖的脱毒母林应稀植,留足匍匐茎伸展的地面。管理重点是防虫、摘除花序、除草、打老叶。子苗(生产用无病毒苗)在出圃前假植40～50d,有利于壮苗,提高移栽成活率。

⑤ 微型块茎(根)繁殖。从无病毒的单茎苗上剪下带叶的叶柄,扦插到育苗箱中砂土中,

保持湿度,1~2个月后叶柄下长出微形薯块,即可用作种薯。

（2）无病毒苗繁育生产体系　为确保无病毒苗的质量,推进农作物无病毒化栽培的顺利实施,建立科学的无病毒苗繁育生产体系是非常必要的。我国农作物无病毒苗繁育生产体系归结为以下模式:

国家级(或省级)脱毒中心——无病毒苗繁育基地——无病毒苗栽培示范基地——作物无病毒化生产。

脱毒中心负责作物脱毒、无病毒原种鉴定与保存和提供无病毒母株或穗条;无病毒苗繁殖基地将无病毒母株(或穗条)在无病毒感染条件下繁殖生产用无病毒苗;无病毒苗示范基地负责进行无病毒苗栽培的试验和示范,在基地带动下实现作物无病毒化生产。

在我国,作物无病毒苗的培育已在多种果树、蔬菜、花卉、粮食作物与经济作物上取得显著成效,苹果、柑橘、草莓、香蕉、葡萄、枣、马铃薯、甘薯、蒜、兰花、菊花、水仙、康乃馨等一大批无病毒苗被应用于生产。只要加强研究与管理,进一步规范无病毒苗的生产与应用,病毒病这一制约作物生产的难题就能尽快得到解决。

3.4　脱毒操作与繁殖注意事项

① 接种茎尖动作要快,以防茎尖干枯。
② 挑取茎尖动作要轻,以防破坏茎尖。
③ 将茎尖接种到培养基表面,不要过深。
④ 接种针烧烤消毒后要凉好,方可挑取茎类,以免烫伤茎尖。
⑤ 接种针烧烤消毒后不要碰其他器皿和茎尖操作区外的其他植物部分,以免污染。
⑥ 为加速脱毒种、苗的推广应用,必须建立科学、严格的良种繁育体系,延缓脱毒种苗病毒再侵染,保持优良种性。建立良种繁育体系的工艺流程如图3-3。

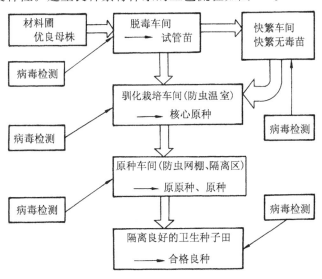

图 3-3　建立良种繁育体系工艺流程

复习思考题

1. 茎尖分生组织培养的目的是什么？
2. 简述茎尖分生组织培养的方法。
3. 植物脱毒的方法有哪些？各有何优缺点？应如何选择应用？
4. 简述下列术语的概念：无病毒苗、热处理脱毒（热疗法）、微尖嫁接（MGST）、酶联免疫分析法（ELISA）。
5. 无病毒原种的保存及繁殖中最关键的问题是什么？怎样解决？
6. 在果树、蔬菜、花卉粮食作物、经济作物中任选1～2类，查阅有关其无病毒苗培育和应用的研究报道，写出综述。

4 单倍体细胞培养

单倍体细胞培养包括三个方面：花药培养、小孢子培养和未受精子房及卵细胞培养，其中花药和小孢子培养是体外诱导单倍体的主要途径。从严格的组织培养意义上讲，花药培养和小孢子培养具有不同的含义，尽管两者均旨在获得单倍体。花药培养是将植株的花药取出，在离体无菌的条件下进行培养，属于器官培养的范畴；而小孢子培养与单细胞培养相类似，是典型的细胞培养方式。

单倍体是指具有配子染色体数的个体，即体细胞染色体数为 n。由于物种的倍性不同，可以把单倍体分成两类，即一倍单倍体，这类单倍体起源于二倍体物种；多倍单倍体，这类单倍体起源于多倍体（如 $4x$、$6x$ 等）。典型的单倍体容易从多倍体植物，如小麦、烟草、三叶草等植物中产生，二倍体植物产生的单倍体只有加倍后形成双单倍体才能存活。

被子植物的花药中，细胞按染色体的倍性可分成两类：一类是单倍体细胞，即由花药中的花粉母细胞减数分裂后形成的小孢子；另一类是二倍体细胞，如药隔、药壁及花丝等组织。

Tulecke(1950)首次成功地培养了数种裸子植物的成熟花粉粒，发现在特定的培养基上，一些花粉可以不按正常的发育途径发育成为成熟花粉，而形成愈伤组织，但大多数花粉粒还是长出花粉管而形成愈伤组织。遗憾的是他在被子植物的实验中失败了。Yamada 等(1963)首次报道由紫露草属植物的花药培养中分离得到了单倍体组织，但真正成功的被子植物花药培养的报道来自于印度学者 Guha 和 Maheshwari(1964)，他们将毛叶曼陀罗的成熟花药培养在适当的培养基上，发现花粉能够转变成活跃的细胞分裂状态，从药室中形成胚状体，进而从胚状体获得单倍体植株，使细胞全能性学说在生殖细胞水平上得到验证。自从单倍体诱导技术体系建立以来，迅速在茄科植物中加以应用，并逐步推广用于其他植物，至今已在 200 多种植物中得到应用。

尽管已在多种植物中建立了花药培养技术体系，但仍有很多问题有待解决。对于多数植物来讲，能形成有活力胚的花药百分率很低。除此之外，还有很多问题存在：通常花药或花粉离体培养时没有生长发育迹象，或刚开始生长便导致胚败育；在产生单倍体的同时也产生二倍体或四倍体；培养中需要小孢子分裂，而二倍体组织不分裂，但这种情况往往难以办到；白化苗难以避免，尤其是在禾本科作物中；在混倍性的材料中很难分离出单倍体，因为单倍体细胞的生长易被生长力更强的多倍体细胞所掩盖；单倍体加倍并不总能产生纯合体，纯合体的双单倍体有时表现出后代分离。单倍体的诱导具有很强的基因型依赖性，一些物种的花药培养仍然十分困难，如大豆和棉花。尽管某些物种的花药花粉培养技术已很成熟，甚至已成功应用于育种实践，但对小孢子胚胎发生的生理生化和分子机制还了解很少，与小孢子有关的基因克隆进展缓慢，制约了该项技术在遗传育种方面的应用。从雌性配子体诱导单倍体仍存在很多困难，进展缓慢。

单倍体在遗传育种研究中的意义在于：

① 在单倍体细胞中只有 1 个染色体组,表现型和基因型一致,一旦发生突变,无论是显性还是隐性,均可在当代表现,因此单倍体是体细胞遗传研究和突变育种的理想材料;

② 在品种间杂交育种程序中,通过 F_1 代花药培养得到单倍体植株后,经染色体加倍即成为纯合二倍体,从杂交到获得不分离的杂种后代单株只需 2 个世代,和常规育种方法相比,显著缩短了育种年限。

由于单倍体在遗传育种研究中的重要价值,对其的研究报道很多,且在有些植物上已得到了很好的应用。我国单倍体育种走在世界的前列,1971 年,中国科学院遗传研究所就通过水稻花药培养获得了幼苗,同年又从小麦花药培养中获得单倍体植株。此后,我国相继在烟草、水稻、小麦、玉米等作物中分别选育花药培养新品种并大面积推广应用。

4.1 花药培养

离体花药在培养条件下可经器官发生途径或胚胎发生途径分别产生单倍体植株。但就某种植物,往往以其中一种途径为主。花药培养诱导单倍体植株的过程如图 4-1 所示。

在合适的植株上选定花蕾后,用一种适当的灭菌剂进行表面消毒,用无菌水冲洗 3~4 次,然后在无菌条件下,将花药连同花丝一起取出,置于 1 个无菌的培养皿中,取其中 1 个花药在醋酸洋红中镜检,确定花粉的发育时期,若发现符合要求,把其余雄蕊上的花药轻轻地从花丝上摘下,水平地放在培养基上进行培养。不同材料的接种方式稍有不同,对于禾本科作物,首先剪去剑叶,用 70%~90% 酒精擦洗表面,剥出幼穗,去芒,在 0.1% 升汞或 1% 次氯酸钠溶液中消毒,无菌水冲洗干净后,将花药取出接种。对于棉花、油菜等作物,应去掉花蕾上的苞片,用肥皂水洗后冲干净,70% 酒精消毒 1min,然后浸入升汞或其他消毒剂中,冲洗干净后,剥开花冠,取出花药培养。在取花药时要特别小心,保证花药不受损伤,丢弃损害的花药,因为花药受损伤后,常常会刺激花药壁形成愈伤组织,同时这种损伤可能会使花药产生一些不利于花药培养的化学物质。

一般情况下,花药较大,很易取出接种。但是有些植物花药很小,极难解剖,可以将整穗放在液体培养基上培养,低速摇动培养瓶进行培养。在这种情况下,由于是整穗培养,所含孢子体细胞较多,应采取适当措施,尽量避免孢子体诱导愈伤组织形成。

花药培养 2~3 周后,花药中的小孢子经大量分裂形成胚或愈伤组织,并逐渐使花药壁破裂,表面上看似从花药表面形成突出物。烟草的花药在 25~28℃ 的条件下培养 1 周,即可看到部分花粉粒膨大,但内部不积累淀粉。2 周后,这类花粉粒进行细胞分裂,成为 2 细胞的"原胚",并继续分裂形成多细胞的球形胚。随培养时间的延长,球形胚逐渐发育成心形胚、鱼雷形胚等。3 周后,转到光下培养,胚状体受光后由淡黄色转绿并逐渐发育成小苗。并非所有植物的花药培养循胚胎发生途径,许多种植物的花药在培养时并不形成胚状体,而由花粉分裂形成愈伤组织,然后在分化培养基上诱导形成芽、根器官并形成植株。大部分禾谷类植物,如水稻、小麦、大麦、玉米等,是通过器官发生途径产生单倍体植株的。

花药培养一般是先在暗处培养,待愈伤组织形成后转移到光下促进分化。光照时间和培养温度视培养材料而定。当花粉小植株长出几片真叶后,将它们一个个分开,转移到生根培养基上诱导生根,然后将已生根的植株转入营养钵中,并配合适当的保湿方法促进幼苗成活。

图 4-1　花药培养与单倍体植株的形成(Reinert 等 1977)

评价花药培养体系的好坏需要一些技术指标,通常使用的有:压片或切片观察,计算启动分裂的小孢子/总小孢子,或计算愈伤组织块数(胚数、植株数)/花药(花蕾),或在一定时间内计算尚有活力的小孢子数/总小孢子数等。

4.2　花粉培养

花粉单倍体植物的培养共分 5 个程序,即材料准备、诱导花粉脱分化形成愈伤组织或胚状体、愈伤组织的植株分化或胚状体的正常生长、完整植物体的形成、再生植株的驯化和移植。各程序及其技术关键见图 4-2。

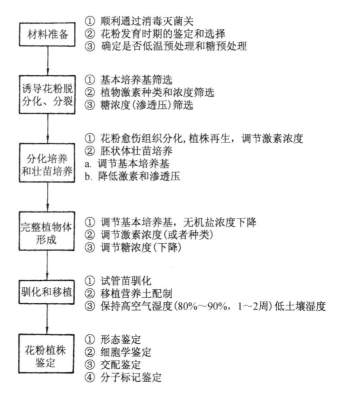

图 4-2　花粉单倍体植物的培养程序及其技术关键

4.2.1　材料准备

材料准备是花药离体培养前重要的一步,也是关系到接种成功率及能否启动小孢子细胞脱分化的关键。

4.2.1.1　顺利通过污染关

拟用于培养的花药,从母体上分离时都是带菌的。花药培养时,采摘花蕾进行灭菌,需考虑到花蕾比有鳞片包裹的芽或有多对叶原基包裹的茎尖更为幼嫩。因此,在选择杀菌剂种类、浓度及时间时,需降低浓度和缩短时间。

4.2.1.2　选用适宜发育时期的花粉

花药培养中小孢子的发育时期,直接影响愈伤组织和胚状体的形成。花粉发育时期选择是否恰当,是花药培养成败的关键。

（1）小孢子的发育时期

① 单核期。单核早期(单核居中期),液泡尚未形成。

② 单核晚期(单核靠边期)。液泡形成。

③ 双核期。双核早期(具营养核和1枚生殖核)。

④ 双核晚期。二核型花粉,生殖细胞分裂在花粉管内。

⑤ 三核期。三核型花粉植物,生殖核一分为二,花粉尚未发芽。

（2）小孢子不同发育时期对胚状体和愈伤组织诱导率的影响　实验结果表明，不同发育时期的烟草小孢子经培养后，胚状体发生率差异很大。从单核靠边中期至双核早期，均可诱导胚状体的形成，尤以单核晚期诱导率最高，达19.4％（见表4-1）。

表 4-1　烟草小孢子发育时期对胚状体诱导率的影响

小孢子发育时期	培养药数	胚状体/％
单核早期	15	0
单核靠边期（中）	77	7.8
单核靠边期（晚）	21	19.4
双核早期	63	1.59
双核晚期	30	0

愈伤组织诱导率以葡萄为例，葡萄四分孢子期为15％，单核期为1％，双核期为0％；梨四分孢子期为26.3％，单核-双核期为40％。

（3）小孢子发育期　不同植物种类，诱导愈伤组织形成和胚状体发生，均有适宜的小孢子发育时期

减数分裂期：草莓、番茄

四分孢子期：葡萄

单核早期：石刁柏、油菜

单核晚期：荔枝、茄子、青椒、小麦

单核早期至晚期：烟草

单核早期至双核期：梨、水稻、甘蓝

四分孢子期至双核期：玉米

多数植物采用单核期花粉培养容易成功，对其可能的原因有以下两点：

① 小孢子发育的第三期（小孢子经两次有丝分裂形成成熟花粉）的初期是胚胎形成的临界期。离体培养时，倘若小孢子的发育超越这一时期胚状体就不再形成。Niesch（1968）结合细胞学观察提出，小孢子的双核期，淀粉逐渐累积形成，因此小孢子便不能再生成植物体。这一解释显然不能说明，甘蓝接近成熟期的花粉（双核晚期-花粉发芽前）为什么也能培养成小植物体的事实；

② 小孢子发育的过程中，花药内源激素的平衡不断改变，随着花粉的成熟，激素平衡变得不适合小孢子的脱分化，或者随着花粉成熟，花粉脱分化必备的物质消耗殆尽。因此，小孢子便不能再生成植物体。

（4）确定花粉发育时期的方法　鉴定花粉发育时期主要用涂片法。染色液可用醋酸-洋红或卡宝品红或铁矾-苏木精。一般在花药接种前，进行花粉发育时期鉴定，找出小孢子发育的细胞学指标与花蕾发育的形态指标的相关性，以便接种取材。几种植物小孢子发育时期与花蕾形态（蕾长）指标的相关性如下：

白菜单核期，0.3～0.4cm；双核期，0.5cm；成熟期，0.6cm

茄子单核期，10cm；单核靠边早期，1.2cm；单核靠边晚期，1.5cm

烟草单核早期，1.1～1.2cm；单核靠边早期，1.4～1.7cm；单核靠边晚期，1.8～2.0cm

双核早期，2.1～3.0cm；双核晚期，3.9～4.5cm

花蕾大小随植物种类、品种、发育状态、气温变化及灌溉与否存在一定差异,因此接种期需鉴定2~3次。

4.2.1.3 逆境处理对促进小孢子脱分化和再分化的影响

培养前对花药进行低温、高温、高糖等逆境处理,对启动小孢子核分裂和愈伤组织形成起促进作用。

(1) 温度处理效应 一般培养温度低于15℃、高于35℃对植物细胞的分裂和分化十分不利。在细胞脱分阶段(诱导期)和愈伤组织增殖期(分裂期),温度要求高一些;而在器官发生阶段(分化期)要求低些。

(2) 高糖预处理效应 接种前采用高糖预处理花药,一定时间后再转移至适宜的糖浓度下培养,对诱导小孢子脱分化、再分化起促进作用,可大幅度提高愈伤组织和胚状体的诱导率。

4.2.2 诱导小孢子脱分化和再分化

4.2.2.1 小孢子脱分化和再分化的时间

离体培养中的小孢子细胞,需要多长时间才能形成胚状体或愈伤组织呢? 所需的时间长短,因植物种和品种、小孢子发育状态、培养基组成有所不同。

胚状体发生:苹果 70~120d

柑橘 40~80d

青椒 40d

愈伤组织形成:茄子 35~40d

石刁柏 30~40d

玉米 30~45d

4.2.2.2 诱导小孢子形成胚状体和愈伤组织的技术关键

(1) 基本培养基 植物种类不同对基本培养基的要求不同。其中

苹果:MS   葡萄:改良 B_5

甜椒:NTH   茄子:MS、H

小麦:MS、B_5、N_6 水稻:Miller、N_6、B_5、SK_3

柑橘:N_6、改良 B_5 大白菜:MS、B_5、Nitsch

玉米:N_6 龙眼:MS

油菜:Miller

几种基本培养基的特点:

① MS 培养基。Murshige 和 Skoog(1962)为培养烟草细胞而设计的,特点是无机盐离子浓度较高,特别是硝酸盐和铵盐的含量高,适用于植物的器官、组织、细胞和原生质体培养。LS 和 RM 培养基由 MS 演变而来。

② B_5 培养基。Gamborg(1968)为培养大豆根尖细胞而设计的,特点是铵盐含量较低,适用于双子叶植物特别是木本植物。

③ N₆ 培养基。朱至清(1974)为水稻等禾谷类植物花药培养而设计的,特点是硝酸盐中的钾盐和铵盐含量高,适用于小麦、水稻、玉米花药培养和愈伤组织培养。

④ Nitsch 培养基。Nitsch(1951)为培养胚珠、子房、果实而设计的,特点是以硝态氮为主,培养基无机盐总含量偏低,适用于植物胚培养。

⑤ White 培养基。White(1943)为番茄根尖培养而设计的,特点是无机盐含量偏低,适用于根分化培养。

(2) 糖种类和糖浓度　花药离体培养中维持培养基渗透压主要依赖于糖,启动小孢子细胞脱分化对糖浓度的要求,单子叶植物比双子叶植物高。双子叶植物烟草、甜椒、柑橘等为3%,单子叶植物小麦、水稻、石刁柏等为6%,大麦、黑麦草为10%。

糖种类启动小孢子分裂的效应不同。石刁柏花药培养中,对多细胞花粉粒的诱导效果,8%葡萄糖优于8%蔗糖,诱导率分别为5.1%和2.3%(见图4-3)。对花粉愈伤组织的诱导效果,5%蔗糖优于5%葡萄糖,诱导率分别为6.9%和2.9%(见图4-4)。

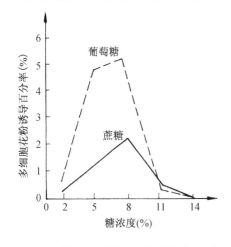

图 4-3　蔗糖和葡萄糖培养 3 周后石刁柏
多细胞花粉粒诱导率比较

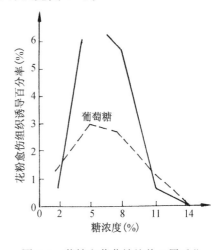

图 4-4　蔗糖和葡萄糖培养 8 周后花
粉愈伤组织诱导率比较

(3) 植物激素　植物激素筛选是非常重要的一个环节,激素种类和浓度必须结合植物种类、器官发生方式加以考虑。如:

苹果:器官发生型:IBA0.5mg/L+BA1mg/L+GA₃0.1mg/L
　　类胚体发生型:2,4-D0.4mg/L+KT0.2mg/L+IAA4mg/L
茄子:器官发生型:2,4-D2mg/L+KT1mg/L
　　类胚体发生型:2,4-D0.25mg/L+KT0.25mg/L

4.2.3　分化培养和壮苗培养

分化培养是将花粉愈伤组织转移至分化培养基上诱导器官分化。器官分化有分次建成和一次建成两种形式。多数植物为分次建成(先分化芽,后分化根或相反),少数植物为一次建成具有根端和茎端的胚状体。

壮苗培养主要是针对胚状体设计的。有些植物种类花药接种后,经一段时间的培养,多细胞花粉以胚状体的形式释放,如曼陀罗、烟草、青椒等。胚状体仅仅是一棵小植物的雏形,在诱导培养基中可能再度脱分化、愈伤化,因此应及时转入壮苗培养基,使胚状体正常顺利地生长。

分化培养和壮苗培养的技术关键是：

4.2.3.1 基本培养基的选择

对多数植物来说,有利于愈伤组织形成的基本培养基也有利于根、芽器官的发生。分化培养的基本培养基对大多数植物可以不再筛选,但胚状体分化除外,因无机盐浓度过高对胚状体的生长不利,必须进行调整,一般将大量元素无机盐减半即可,如 MS 减至1/2MS 或1/4MS。

4.2.3.2 植物激素的调节

根据培养目的,调节植物激素。如果是分化培养,可适当下降生长素水平,提高细胞分裂素水平,有利于芽的形成。如果是壮苗培养需将生长素和细胞分裂素的水平同时下降,有利于胚状体的正常生长。如：

茄子：

2,4-D2mg/L＋KT1mg/L	形成愈伤组织
2,4-D0.5mg/L＋KT1mg/L	愈伤组织和胚状体
2,4-D0.25mg/L＋KT0.25mg/L	胚状体

苹果：

2,4-D0.4mg/L＋KT0.2mg/L＋IAA4mg/L	胚状体
IBA0.5mg/L＋BA1mg/L＋GA₃0.1mg/L	丛芽
IAA1.5mg/L	根

4.2.3.3 糖浓度调节

分化培养对糖浓度的要求和愈伤组织、胚状体诱导阶段相同,一般无须调节。壮苗培养阶段为使胚状体正常生长发育,降低糖浓度十分必要。

4.2.4 完整植物体的形成

对于在分化培养中,单向器官发生的多数植物种类,这一步是诱导根的分化,个别植物种类(枸杞)则是诱导芽分化,使其形成具有根、茎、叶的完整植物体,技术关键是：

① 根分化,调节激素种类和浓度配比或除去植物激素。

② 调节降低糖浓度。

③ 有些植物还需调节降低无机盐浓度。

4.2.5 再生小植株的驯化和移植

通过花药培养所获得的单倍体植物非常娇嫩,移植关很难度过。要顺利过关需采用逐步过渡的方式,使其适应从异养到自养。

① 苗驯化。恢复叶绿体功能。各类试管苗的驯化期因植物种类不同而不同,如柑橘驯化期为40～45d,茄子、青椒30～35d,菊花 20～30d。

② 培养基冲洗干净,以防微生物侵染。

③ 从培养基到土壤,注意营养土配方的筛选。

④ 移植后保持高的空气湿度和低的土壤湿度。

4.3 单倍体植株的鉴定和二倍化的方法

4.3.1 花粉单倍体植株的鉴定

4.3.1.1 对花粉再生株群体鉴定的必要性

(1) 体细胞干扰　目前获得的单倍体,主要依靠花药培养的方法。花药结构复杂,外有药壁,内有药隔,花粉分布于药囊内,而整个花药又与花丝相连。药壁、药隔、花丝都是体细胞,具有双套染色体。在离体培养条件下,同样能够诱导成株,但都是二倍体,将会干扰对单倍体的识别。

(2) 生殖细胞的自发加倍　由于核内有丝分裂不正常,形成不完全的细胞壁,造成核分裂与细胞壁形成不同步,常发生核融合的现象,如 B 途径-3、C 途径-1。

由于核内复制引起自发加倍,生殖核核内复制(C 途径-2)或由营养核和生殖核同时进行核内的复制(C 途径-3)。

因此由花药培养所获得的植株群体,其倍性极其复杂,复杂性不仅表现在花粉和药壁、花丝体细胞间,还表现在花粉(小孢子)本身。

4.3.1.2 花粉植株的鉴定方法

(1) 形态鉴定
① 植株形态特征鉴别。
植株特征:株高、开展度、叶片宽窄
花器特征:花朵大小、柱头长短
单倍体:植株瘦弱、叶片窄小、花小柱头长
二倍体或二倍体以上的植株:植株健壮、叶片宽大、花大柱头短
② 结实性。
单倍体植株:开花但不结实
二倍体植株:开花且正常结实
三倍体植株:开花但不结实
四倍体植株:开花仅部分结实
非整倍体:开花、不结实
③ 花粉粒着色和大小。
单倍体和三倍体:花粉败育、不着色
二倍体:花粉正常、着色好
四倍体:部分花粉粒发育良好、着色
花粉粒大小:如茄子单倍体,花粉粒径$11.06\sim22.20\mu m$(平均$16.63\mu m$);二倍体,平均花粉粒径$23.87\mu m$
④ 气孔大小数目。以茄子为例。单倍体,长$18.11\mu m$,宽$11.45\mu m$;二倍体,长$21.09\mu m$,宽$17.76\mu m$。倍性越高气孔越大,单位面积气孔数越少。

（2）细胞学鉴定　根尖或减数分裂中期染色体数目和染色体行为鉴定。单倍体（n）、二倍体（$2n$）、三倍体（$3n$）、四倍体（$4n$）是否有落后染色体、桥等染色体异常行为等。

（3）杂交鉴定法

① 自交鉴定。适用于自花授粉植物，目的是区别体细胞和生殖细胞再生株。方法是各再生株自交，如若是花粉自发加倍二倍体，为纯合二倍体，后代群体不分离；如若是体细胞来源的二倍体，为杂合的二倍体，后代群体分离。

② 测验杂交鉴定。适用于雌雄异株植物，如石刁柏、啤酒花、猕猴桃等。以石刁柏为例。石刁柏雌雄异株，性别由 L_5 一对独立基因控制。自然群体中雌株和雄株的比例为1：1。雌株基因型为 mm，雄株为 Mm。由雄株的花药培养可以得到来源于花粉的两种基因型植株（mm 和 MM）。来源于花粉的 mm 型雄株和来源于体细胞 Mm 型雄株两者表现型没有区别，只能通过测验杂交法区分。方法是使雄株和雌株杂交，从 F_1 代分离比例判断亲代雄株的基因型。如 F_1 代植株性别100%表现雄性，证明双亲之一的雄亲是来源于小孢子细胞而非体细胞（见图4-5）。

	（♀）Mm	×	Mm（♂）		（♀）mm	×	MM（♂）
配子型	m		Mm		m		M
F_1	1mm		1mm			Mm	
	（雄）		（雌）			（雄）	
几率	50%		50%			100%	

图4-5　石刁柏测验杂交鉴定

（4）分子标记鉴定

① 生化标记鉴定。同功酶是分子水平上的遗传表现型，由等位基因决定的同功酶多态性，是一种共显性孟德尔性状。二倍体生物中，单个位点的酶，由两个等位基因编码。按照酶的组成亚基数目，酶有单体和多聚体之分，1个酶无论由多少亚基组成，都是由一个基因编码，异聚体则由两个以上基因编码。据此，若等位基因纯合时，无论其拷贝有多少，表现在酶谱上仅有一条酶带，等位基因杂合时，该酶的亚基种类不同而呈现不同酶带。根据这一原理，选择某一同功酶为杂合表现型的植株，作为花药供体，通过分析再生植株的酶谱即可确定其来源。

用同功酶基因标记，对花粉植株遗传标记的研究，国内外在野生稻、辣椒属、杨树、石刁柏等已有不少报道。由于同功酶的鉴定结果，受植株个体发育阶段、取材部位等因子的影响，多态性检出率较低，应用上具有一定局限性。

② 分子标记鉴定。限制性片段长度多态性（restriction fagment length plymorphism，RFLP）技术。RFLP 是常用的 DNA 分子标记技术，近年来作为遗传育种的重要手段广泛应用。特别在基因定位、基因图谱研究中，鉴定染色体的同源性、物种系统发育及分类学上的亲缘关系发挥了很大作用。但是因为该技术程序复杂，需经多种酶切、标记、分子杂交等，时间长、工作量大、费用高，应用受到一定的限制。

随机扩增多态性 DNA（random amplified polymorphic DNA，简称 RAPD）技术。RAPD 是一种随机扩增多态性 DNA 技术，运用单个或多个随机引物（长度为 10 个或多至百个核苷酸）经多聚酶链式反应（polymerase chain reaction，PCR）扩增特异性 DNA 片段，从而可以得到多态性图谱。RAPD 与 RFLP 功能相同，但 RAPD 具有操作简便、速度快、实验成本低、DNA 用量小、检出率高的优点。

4.3.2 单倍体植物的染色体加倍

4.3.2.1 意义

离体条件下,由花粉发育而来的植物,其染色体只有一套,减数分裂不能形成正常配子。故单倍体是不育的,无法传代。对单倍体植物进行染色体加倍,使其成为可育的二倍体,成为很重要的一个环节。

4.3.2.2 方法

单倍体植物染色体加倍用得最多的是化学诱变法,常用的诱变剂有秋水仙素、富民农、对二氯苯、8-羟基喹啉等,其中以秋水仙素加倍效果最佳。

秋水仙是地中海一带生长的一种百合科植物。秋水仙素由秋水仙的种子和球茎中提取,分子式为 $C_{22}H_{25}NO_8$。其化学特性是能溶于水、酒精、三氯甲烷,可阻止细胞有丝分裂时纺锤丝的形成。

4.3.2.3 单倍体植物染色体加倍技术

(1) 小苗浸泡法 将再生小植物从试管中取出,在无菌条件下用秋水仙素直接浸泡,然后再转移至新鲜培养基中培养。

烟草:浓度0.2%～0.4%,时间24～48h,加倍率35%

大麦:浓度0.01%～0.05%,时间1～5d,加倍率40%～60%

(2) 生长锥处理 将适宜浓度的秋水仙素,调和在载体羊毛脂中,然后将羊毛脂涂抹在单倍体植物的顶端分生组织和次生分生组织上诱导分生组织细胞染色体加倍。也可将秋水仙素配成水溶液,用醮满溶液的棉球置于顶芽和腋芽上诱导分生组织细胞染色体加倍。上述两种方法均需加盖塑料布(纸)以防蒸发。

烟草:浓度0.2%～0.4%(羊毛脂),时间24～48h,加倍率25%。

茄子:浓度0.2%～0.4%(水溶液),时间40～42h(每隔4h滴加一次水溶液),加倍率87.5%

(3) 培养基加倍 将单倍体植株的任何一个部分作为外植体,使其培养在附加一定浓度秋水仙素的培养基中诱导成株,在植株再生过程中加倍。

以烟草茎、叶柄为例。培养基:附加 0.1mg/L 2,4-D 和 KT、10～20mg/L 秋水仙素;时间:2 个月后转入低生长素下分化成株;加倍率:绝大部分加倍成二倍体。

单倍体植株,一旦加培成功,就是一株纯合二倍体,可以正常开花结实,繁殖后代。这样的材料,可直接试管繁殖应用于生产,或者作为常规育种的原始材料。

通过花药培养获得的单倍体植物,至今尚不能广泛应用于育种,主要是存在如下问题:

① 诱导频率低。诱导率最高的是烟草大于30%,诱导率低的仅为百分之几至千分之几,甚至更低;

② 体细胞干扰问题,需探索新的快速鉴定方法;

③ 倍性变异(自然加倍)。由于核内复制、核融合,如何有效控制,从而达到控制不利变异和利用有效变异;

④ 药壁毡绒层细胞对花粉发育的作用还不十分清楚,目前,培养基成分的选择带有一定盲目性,有待探索用人工合成培养基代替毡绒层起作用;

⑤ 白化苗问题。在禾本科作物(小麦、水稻、大麦)、百合科作物(石刁柏)、茄科(烟草、曼陀罗)均普遍发现,只不过严重程度有所不同,其中禾本科作物较为严重。

有关白化苗形成的原因,有生理和遗传两个方面的原因。

生理原因:第一,糖浓度的影响。烟草培养基中糖浓度为6.8g/L分化正常苗,当培养基糖浓度为10.6g/L时,则分化白化胚状体。第二,培养温度的影响。水稻在25～30℃下分化白化苗,15℃下分化正常苗。

遗传原因:第一,可能与质体、前质体有关。第二,小麦实验研究认为与微核有关,与异常分裂造成断片、染色体丢失有关。第三,大麦每条染色体上均有控制叶色的基因,容易丢失。

4.4 植物单倍体细胞培养的应用

由于单倍体细胞只有一套染色体,培养获得的单倍体植株具有下列特征:

① 生长发育能力较弱,体形细小;

② 雌、雄配子高度不育,通常不能结出果实、种子,或果实、种子很少。

因此,单倍体植株没有直接栽培的应用价值。但是利用单倍体细胞或单倍体植株进行单倍体育种却具有重要的意义,并且已在育种实践方面取得了显著成就。

4.4.1 在单倍体育种中的应用

通过单倍体细胞培养获得单倍体细胞或单倍体植株以后,再用秋水仙素处理使染色体加倍,可获得性状稳定的纯合二倍体植株,大大提高了育种效率并缩短育种时间。

4.4.2 结合有性杂交技术进行育种

通过有性杂交技术有可能实现植物品种的远缘杂交,但是其后代往往繁殖能力低下、容易分离退化;通过有性杂交也有可能获得具有由多基因控制的某些优良性状的植物品种,如高产性、抗寒性、抗盐性、耐旱性、抗病性等,但是这些优良性状在杂交后代中同样容易分离退化。如果这些有性杂交的品系应用单倍体细胞培养,就有可能获得稳定的优良植物新品系。

4.4.3 结合诱变进行育种

通过单倍体细胞培养获得的单倍体细胞可以采用各种诱变剂进行诱变。由于通过诱变剂产生的突变往往是隐性突变,在二倍体细胞中容易被显性基因所掩盖而无法表达,采用单倍体细胞诱变技术,由于只有一套染色体,无论突变基因的显隐性,均可在当代得到表达,容易观察和筛选,因此,利用单倍体细胞进行细胞水平的诱变研究,具有明显的优越性。

4.4.4 单倍体细胞作为外源基因的受体

通过单倍体细胞培养获得的单倍体细胞,也可以作为外源基因的受体细胞,接受外源基因,并通过体内基因重组,成为具有新的遗传特性的细胞,再分化成为具有新的遗传特性的稳定植株。无论这一外源基因是显性基因还是隐性基因,均可在当代充分表达。

复习思考题

1. 试比较花药培养与花粉培养的异同。
2. 单倍体植株有什么用途?
3. 查阅有关资料,简述我国单倍体育种的成就。

5　细胞培养

所谓细胞培养是指将植物单细胞或细胞团直接在培养基中进行培养的一种培养方式。20世纪初,Haberlandt 曾对显花植物单个叶细胞进行分离和培养的尝试。现在,细胞培养的研究取得了巨大的进展,人们不仅能够分离和培养游离的细胞,还能使单个细胞分裂产生完整的植株。

细胞培养这种方式具有操作简单、重复性好、群体大等优点,因此被广泛用于突变体的筛选、遗传转化、有用化合物生产等诸多方面。

5.1　单细胞分离

5.1.1　由完整的植物器官分离单细胞

5.1.1.1　机械法

机械法分离叶肉细胞是先把叶片轻轻研碎,然后通过过滤和离心净化细胞。叶片组织的细胞排列松弛,是分离单细胞的最好材料。Ball 和 Joshi(1965)、Joshi 和 Noggle(1967)以及 Joshi 和 Ball(1968)曾先后由花生成熟叶片分离得到游离细胞,将这些游离细胞直接在液体培养基中培养,很多细胞都能成活并持续分裂。

目前广泛用于分离叶肉细胞的方法是先把叶片轻轻研碎,然后再经过滤和离心将细胞净化。Gnanam 和 Kulandaivelu(1969)从几个物种的成熟叶片中分离得到具有活性的叶肉细胞。其方法如下:

① 在研钵中放入 10g 叶片和 40mL 研磨介质(20μmol 蔗糖、10μmolMgCl$_2$、20μmolTris-HCl 缓冲液,pH 值7.8),用研杆轻轻研磨。

② 将匀浆以两层细纱布过滤。

③ 在研磨介质中低速离心,净化细胞。

Rossini(1969)报道了一种由篱天剑叶片中大量分离游离细胞的机械方法,这一方法被 Harada 等(1972)成功地应用于石刁柏等植物的叶片细胞分离。其方法如下:

① 将叶片表面消毒后,切成小于 1cm^2 的小块。

② 在玻璃匀浆管中加入 10mL 培养基,再加入1.5g叶片,制成匀浆。

③ 将匀浆通过两层无菌过滤器过滤,上层过滤器的孔径为 61μm,下层为 38μm。

④ 低速离心,将滤液中的小碎屑除去。离心后游离细胞沉降于底层,弃去上清液,将细胞悬浮置于一定容积的培养基中,使其达到所需的细胞密度。

用机械法分离细胞的明显优点是:

① 细胞不会受到酶的伤害；

② 不需进行质壁分离，有利于开展生理生化研究。

但是，机械法并不常用，因为一般只有在薄壁组织排列松散、细胞间接触点很少时，用机械法分离叶肉细胞才能取得成功。用机械法分离游离细胞其产量低，不易获得大量活性细胞，用于生理生化等基础研究时可采用此法。

5.1.1.2　酶解法

酶解法是由叶片组织分离单细胞的常用方法。酶解法分离细胞是利用果胶酶、纤维素酶处理，分离出具有代谢活性的细胞，此种方法不仅能降解中胶层，而且还能软化细胞壁。所以在用酶解法分离细胞时，必须对细胞给予渗透压保护。Takebe 等(1968)通过果胶酶处理，从烟草叶片分离得到大量活性叶肉细胞。Otsuki 和 Takebe(1969)将这种方法用于 18 种其他草本植物上也获得成功。以烟草为例，酶解法分离叶肉细胞的具体方法如下：

① 从 60～80d 龄的烟草植株上切取幼嫩的完全展开叶，表面消毒，之后用无菌水充分洗净。

② 用消过毒的镊子撕去下表皮，再用消过毒的解剖刀将叶片切成 4cm×4cm 的小块。

③ 取 2g 切好的叶片置于装有 20mL 无菌酶溶液的三角瓶中，酶溶液组成为0.5％离析酶、0.8％甘露醇和1％硫酸葡聚糖钾。

④ 用真空泵抽气，使酶溶液渗入叶片组织。

⑤ 将三角瓶置于往复式摇床，120r/min，25℃，2h。期间每隔 30min 更换酶溶液 1 次，将第一个 30min 后换出的酶溶液弃掉，第二个 30min 后的酶溶液主要含海绵薄壁细胞，第三个和第四个 30min 后的酶溶液主要含栅栏细胞。

⑥ 用培养基将分离得到的单细胞洗涤两次后即可进行培养。

Takebe 等(1968)的研究结果表明，在酶溶液中加入硫酸葡聚糖钾能提高游离细胞的产量。离析酶不仅能降解中胶层，而且还能软化细胞壁，因此在用酶解法分离细胞时，应加入适当的渗透压调节剂。常用的渗透压调节剂有甘露醇、山梨醇，适宜浓度为0.4～0.8mol/L，也有用葡萄糖、果糖、半乳糖、蔗糖等作为渗透压调节剂。

用酶解法分离叶肉细胞，有可能得到海绵薄壁细胞或栅栏薄壁细胞的纯材料。但是在一些物种中，特别是小麦、玉米等禾谷类植物，用酶解法分离叶肉细胞很困难。

5.1.2　由愈伤组织分离单细胞

要取得单细胞，首先要进行愈伤组织培养。从经过表面消毒的器官上切取组织，置于诱导愈伤组织形成的培养基上进行培养，在外植体产生愈伤组织后，将愈伤组织反复继代，可以增加愈伤组织的松散性。不同的培养基可以使愈伤组织具有不同的生长速度，结构可松可紧，利用这些特性可以使愈伤组织分散成为单细胞或很小的细胞团。要获得单细胞，将愈伤组织放在较高盐分、高生长素及高水解酪蛋白的培养基上培养，然后移入液体培养基并经搅拌而分散成单细胞，也可加入一些果胶酶，但要得到纯一的单细胞一般很少见。

由离体培养的愈伤组织分离单细胞不仅方法简便，而且广泛适用。其具体方法如下：

① 将未分化、易散碎的愈伤组织转移到装有适当液体培养基的三角瓶中，然后将三角瓶置于水平摇床上以80～100r/min 振荡培养，获得悬浮细胞液。

② 用孔径约 200μm 的无菌网筛过滤,以除去大块细胞团,再以 4 000r/min 速度离心,除去比单细胞小的残渣碎片,获得纯净的细胞悬浮液。

③ 用孔径 60～100μm 的无菌网筛过滤细胞悬浮液,再用孔径 20～30μm 的无菌网筛过滤,将滤液离心,除去细胞碎片。

④ 回收获得的单细胞,用液体培养基洗净,即可用于培养。

5.2 单细胞培养

5.2.1 单细胞培养的意义

5.2.1.1 建立单细胞无性系

植物细胞间在遗传、生理和生化上存在着种种差异。尽管造成差异的原因很复杂,但是自然环境引起的突变总是避免不了的。这种差异,反映在它们的产量、品质、抗病虫性和抗逆性等各个方面。如果能把具有对某种物质合成能力强的细胞筛选出来,使它们增殖成单细胞系,又称"细胞株"。这些具有高抗、高产、高品质的突变细胞株,将会给农业生产带来显著的经济效益。不仅如此,也会给医药工业、酶工业以及天然色素工业带来天翻地覆的变化。

5.2.1.2 人工诱发突变单细胞

通过一定的方法,高效地将突变细胞筛选出来,并增殖成为细胞系,然后诱导器官分化形成植株。这些植株,可能具有耐高温或低温、抗病、抗虫、抗盐、抗旱、抗除莠剂等特性。

5.2.1.3 排除体细胞干扰

花药培养中,由于体细胞干扰,影响花粉植株的高频率发生,同时造成花粉再生株群体的复杂性,给花粉植株的鉴定带来一定的困难。在细胞水平上对花粉进行离体培养,具有很大的优越性。

5.2.1.4 遗传转化受体的建立

见第八章植物遗传转化介绍。

5.2.2 植物单细胞培养的方法

5.2.2.1 平板培养法

平板培养是将制备好的单细胞悬浮液按照一定的细胞密度,接种于 1mm 厚的薄层固体培养基上进行培养,其特点是:

① 平板培养是优良单细胞株选择的常用方法。因为由平板培养所增殖而来的细胞团,大多来自一个单细胞;

② 平板培养采用的是 1mm 厚的薄层固体培养基,在显微镜下可对细胞的分裂和细胞团的增殖追踪观察(见图 5-1)。

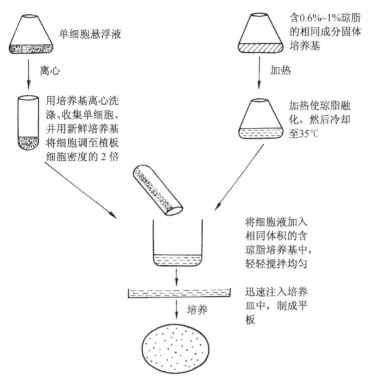

图 5-1 平板培养法示意图

5.2.2.2 看护培养法(哺育培养法)

有些植物细胞一旦分离出来,不仅不能分裂、增殖,还可能死亡。如果用一块愈伤组织来哺育单细胞,从而使其正常分裂增殖的方法,称"看护培养"(见图 5-2)。看护培养的特点是方法简便,但不能在显微镜下追踪观察细胞的分裂和细胞团的形成。

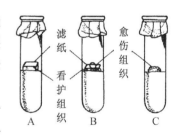

图 5-2 看护培养法示意图

Muir(1954)和 Sharp(1972)用看护培养法分别得到烟草单细胞系和番茄花粉单倍性细胞系。后来发展的胚胎培养中胚乳的看护培养常用于禾本科、种、属以上杂交幼胚的培养。如将小麦×大麦杂种幼胚培养在小麦胚乳组织上的哺育培养。

5.2.2.3 微室培养

人工制造一个小室,将单细胞培养在小室中的少量培养基上,使其分裂增殖形成细胞团的方法,称"微室培养",也称"双层盖玻片法"(见图 5-3)。

微室培养的特点是:

① 能在显微镜下追踪观察单细胞分裂增殖形成细胞团的全过程;

② 培养基少,营养和水分难以保持,pH 值变动幅度大,培养细胞仅能短期分裂。

用微室培养曾获得烟草杂交种细胞团(Jones,1960),培养得到甘蓝×芥蓝菜的杂交一代花粉细胞团(Kameya,1970)。

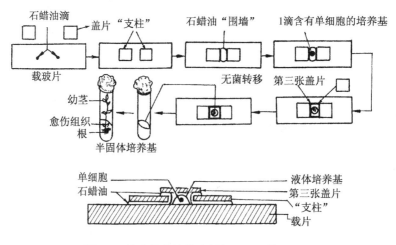

图 5-3　微室培养法分步图解(Jones 等,1960)

5.2.2.4　纸桥培养法

纸桥培养法是植物茎尖分生组织培养常用的方法,有时也可用于单细胞培养。其具体做法如图5-4A所示,将滤纸的两端浸入液体培养基中,使滤纸的中央部分露出培养基表面,将所要培养的细胞放置于滤纸上进行培养。Bigot(1976)对该方法进行了改进,如图5-4B所示,制作一特制三角瓶,使其底部一部分向上突起,在突起处放上滤纸,用这种方法进行培养的优点是培养物不易干燥。

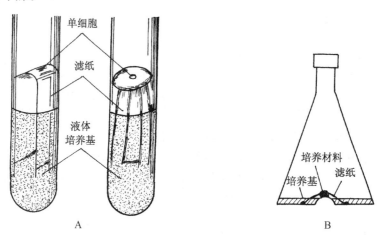

图 5-4　纸桥培养法(A)及其改进法(B)

5.2.2.5　细胞悬浮培养法

细胞悬浮培养法系指将游离的植物细胞,按照一定的细胞密度,悬浮在液体中进行培养的一种方法。依据培养目的不同,又可分为浅层培养和深层培养两种方式。所谓浅层培养是指使培养材料的一部分裸露于液体培养基表面,一般采用静止培养的方式,适用于各种器官和组织的培养。所谓深层培养,即将培养材料浸入液体培养基,采用振荡(或旋转)培养的方式,适用于愈伤组织、单细胞的增殖培养和胚状体的分化培养。

悬浮培养的特点是：

① 能大量提供均匀的植物细胞,也就是同步分裂的细胞;

② 细胞增殖速度快,适用于大规模工业化生产;

③ 需要特殊的设备,如大型摇床、转床、连续培养装置、倒置式显微镜等,成本较高。

5.2.3 单细胞培养的程序

单细胞培养的程序包含建立细胞株、高产细胞株的选择、分化培养或扩大培养、鉴定和提取等四大程序(见图5-5)。

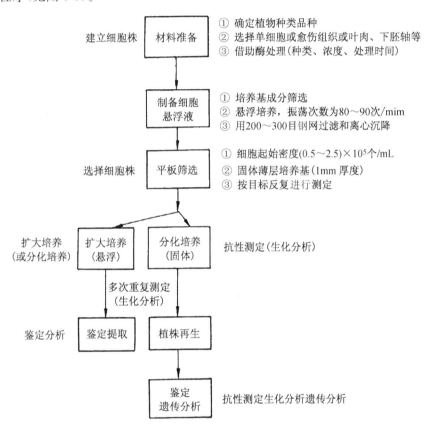

图 5-5 单细胞培养程序示意

5.2.3.1 建立细胞株

(1) 确定材料

① 选择易于分散的花粉为材料。

② 选择分散性好的愈伤组织为材料,这种愈伤组织具有松脆性。

③ 直接从叶肉、根尖、髓组织取材,但必须经过酶处理后方可分散。

(2) 悬浮细胞液的制备

① 将分散性好的或者经酶处理过的组织,置于液体培养基中,在摇床或转床上以80~90r/min的速度振荡培养。经过一段时间培养后,液体培养基中就会出现游离的单细胞和几个

或十几个细胞的聚集体以及大的细胞团和组织块。

② 用孔径为 200~300 目的不锈钢网过滤,除去大的细胞团和组织块;再以 4 000r/min 速度离心沉降,除去比单细胞体积小的残渣碎片,获得纯净的细胞悬浮液。

5.2.3.2 高产细胞株的选择

① 将所得到的纯净细胞群,以一定的密度接种在 1mm 厚的薄层固体培养基上进行平板培养,使之形成细胞团,尽可能地使每个细胞团均来自一个单细胞,这种细胞团称为“细胞株”。

② 根据不同培养目的对“细胞株”进行鉴定和测定,从中选择高抗、高品质、高产,即对某种氨基酸、生物碱、酶类、萜类、类固醇、天然色素类合成能力强的“细胞株”。

5.2.3.3 分化培养和扩大培养

依据培养目的和对单细胞株的鉴定或测定结果,进行分化培养或扩大培养。

(1) 分化培养　用以获得高品质、高抗性,即抗病、抗旱、抗涝、抗除莠剂等为目的的细胞团继续培养,使它们在分化培养中再生成完整植株。

(2) 扩大培养　用于生化合成能力强的“细胞株”的继续增殖,然后提取某些有效成分用于医药工业、酶工业、天然色素工业等。

5.2.3.4 鉴定和提取

① 对分化的再生植株进行产量、品质及抗性鉴定和遗传分析。

② 对生化产物进行提取和测定。

5.2.4 单细胞培养的技术关键

5.2.4.1 细胞的起始密度

细胞密度系指单位体积内的细胞数目,常以每毫升培养液中含多少个细胞,单位为个/mL。

起始细胞密度系指开始培养时,单位体积内的细胞数目。起始密度也就是最低有效密度,即能使细胞分裂、增殖的最低接种量。换句话说,即在某一临界密度以下,细胞便不能分裂,甚至很快解体。不同的培养方式要求不同的细胞起始密度。

(1) 悬浮培养　最低有效密度一般为 $(0.5\sim2.5)\times10^5$ 个/mL。不同植物种类,最低有效密度值不同,但均有其最适宜的有效密度。如烟草为 $(0.5\sim1.0)\times10^4$ 个/mL,茄子为 4×10^5 个/mL(花粉),假挪威槭 $(9\sim15)\times10^3$ 个/mL。

(2) 平板培养　根据植物种类考虑细胞的最低有效密度。平板培养的效果,一般用植板率来衡量。所谓植板率即在平板上形成细胞团的百分率。植板率的高低受以下两个因素制约:

① 培养时的细胞起始密度,也就是最低有效密度;

② 植板率的高低与所用细胞的活力有关。

一般选用处于对数生长期的细胞进行培养,具有最高的植板率,而选用处于静止期的细胞进行培养植板率最低。

(3) 微室培养和看护培养　微室培养和看护培养起始细胞密度也很重要,如微室培养烟草,每微室中接种量需达到 30 个细胞。甘蓝×芥蓝 F_1 花粉培养时,每个微室中花粉接种量需达到50~80 个,才能形成细胞团。

5.2.4.2 培养周期

培养周期系指具有一定起始密度的单细胞,从开始培养到细胞数目和总重量增长停止这一过程,称为一个培养周期。

单细胞悬浮培养过程中,随着培养时间的延长,培养细胞的数目和总重量值达到最高峰。倘若再继续培养,细胞数目和总重量的增长速度就会逐渐减缓,以至出现增长停止的现象(见图5-6)。在一个培养周期中,细胞数目、总重量(鲜重、干重)和 DNA 含量的变化,呈一个"S"型曲线。构成"S"型曲线有 4 个时期:延迟期、直线生长期(对数生长期)、减缓期、静止期。培养周期各个时期的特点如下:

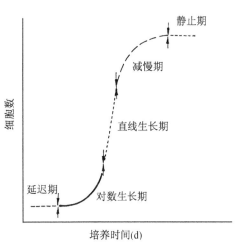

图 5-6　悬浮培养细胞在一个培养周期中
细胞数目增长示意图(Wilson 等,1971)

(1) 延迟期　细胞很少分裂或刚刚开始分裂。

(2) 直线生长期　细胞数目迅速增长,生长速率保持不变,即单位时间内细胞数目增长大致恒定。这一时期的细胞数目达到最高峰。

(3) 减缓期　细胞数目的增长速率减缓。

(4) 静止期　细胞分裂停止,细胞数目恒定。培养基中营养耗尽,必须进行继代培养。

培养周期的长短是由起始细胞密度、延迟期的长短、生长速率等决定的。据报道,烟草细胞培养开始时,起始细胞密度为 $(0.5~2.5)×10^5$ 细胞/mL,经18~25d 后可增殖到 $(1~4)×10^6$ 细胞/mL,平均每个细胞分裂4~6 次。如选用储备的静止期细胞,需经21~28d,而采用对数生长期的细胞完成一个培养周期仅需6~9d。

细胞的生长速率(μ)是指单位时间内,培养后的细胞密度的自然对数与培养开始时细胞密度的自然对数之差。

$$\mu = \log e\, x - \log e\, x_0 / t$$

在不同培养条件和培养基条件下,细胞的最大生长速率(μ),可由细胞数、细胞干重或细胞蛋白质的自然对数,培养时间画出坐标图。根据坐标图可以确定是否需要继代培养,细胞增殖减缓也可反映在坐标图上。大规模批量化生产时,可采用坐标图监督生产。

常规操作时继代培养时间需根据不同培养周期中细胞活力的变化加以决定。有人认为,一进入静止期立刻需要继代培养;有人认为,增殖减缓期继代培养比静止期好;也有人认为,以求加速细胞增殖(工业化生产),应在对数生长期的末期继代培养更好。实际中,一般选用静止期的细胞进行继代培养,因为静止期细胞密度稳定,便于计数,从而可以得到重复性好的起始密度值。但静止过久的细胞,启动分裂困难,必然要增加延迟期的时间。细胞悬浮培养中,细胞活力和细胞分裂速度的关系见表5-1。

表 5-1　细胞活力和细胞分裂速度的关系

细胞分裂所处时期	起始细胞密度/个·mL^{-1}	最终细胞密度/个·mL^{-1}	所需培养时间/d
静止期	$(0.5\sim1.0)\times10^4$	$(1\sim4)\times10^6$	$21\sim28$
减缓期	$(0.5\sim1.0)\times10^4$	$(1\sim4)\times10^6$	$18\sim25$
对数生长期	$(0.5\sim1.0)\times10^4$	$(1\sim4)\times10^6$	$6\sim9$

5.2.4.3　培养基条件

（1）基本培养基成分调节　适宜愈伤组织形成的培养基,不一定适宜作悬浮培养基,悬浮培养细胞往往需要比固体培养更高的硝态氮和铵态氮的量。培养基设计时,一般均以诱导愈伤组织形成的培养基为基础进行调整,或以预培养的培养基为基础进行调整。

（2）植物激素和其他附加成分的应用　在使用激素和其他附加成分时,除考虑启动细胞分裂和促进细胞分裂速度外,还要考虑悬浮培养细胞的分散性。细胞在悬浮培养时,常表现一种自然的聚集现象,即群集现象。这种群集现象影响单细胞无性系的形成。

颠茄细胞培养时,发现细胞分散性与 KT 浓度有关。当加入 2mg/LNAA 时,培养细胞的分散性决定于 KT 的浓度。KT 为0.5mg/L时,分散性不好;KT 为0.1mg/L时,分散性好。

胡萝卜和旋花细胞培养时,有类似的实验结果:在完全人工合成的培养基上细胞分散性好,但在完全人工合成培养基加椰子乳和酵母提取物上细胞分散性不好。

（3）酸碱度　常用的培养基缓冲能力很弱,不适合细胞悬浮培养。悬浮培养时,pH 值变动大,pH 值迅速上升变为中性。pH 值的变化影响铁盐的稳定性。因此,在进行悬浮培养时,还需加入固态缓冲物,如磷酸氢钙、磷酸钙和碳酸钙来稳定培养液中的 pH 值。

复习思考题

1. 简要说明分离单细胞的方法。
2. 单细胞培养常采用的基本培养方法有哪几种? 指出每一种培养方法的要点。
3. 什么是植板率?
4. 简要说明影响单细胞培养的因子。
5. 什么是细胞悬浮培养?
6. 细胞悬浮培养的应用主要体现在哪些方面?

6 植物原生质体培养和细胞融合

6.1 植物原生质体培养

6.1.1 原生质体的概念及培养的意义

6.1.1.1 原生质体的概念

原生质体是除去细胞壁的裸露细胞。原生质体可从培养的单细胞、愈伤组织和植物器官获得。从所获得原生质体的遗传一致性出发,一般认为由叶肉组织分离的原生质体,遗传性较为一致。从培养的单细胞或愈伤组织产生的原生质体,由于受培养条件和继代培养时间的影响,细胞间的遗传和生理特性存在一定差异。因此,单细胞和愈伤组织不是获得原生质体的理想材料。

至今,从原生质体培养再生植株的有近 20 种以上,如番茄、芹菜、胡萝卜、甘蓝、白菜、油菜、石刁柏、马铃薯、黄瓜、玉米、烟草、大麦、燕麦、大豆、矮牵牛、百合、柑橘、甘蔗、红豆等。

6.1.1.2 原生质体培养的意义

(1) 植物育种的意义 长期以来,人们都是利用有性杂交的方法进行遗传物质的交换(基因重组),这种传统的方法具有一定的局限性,表现在:

① 由于同源(自交不亲和)和异源性(杂交不亲和)限制了有性组合的范围。

② 由于配子形成是以减数分裂为先导的,而在减数分裂时,由于染色体的易位、倒位、重复、缺失行为而引起染色体数目的减少或增加,因而杂交后代不可能具有完整的遗传信息。

③ 大多数高等植物,重组只限于染色体基因(核基因),而雄配子体细胞胞质基因不能遗传给下一代。

为此,长期以来人们努力寻求更好的传递高等植物遗传信息的新途径。原生质体培养和细胞融合就是从细胞水平上解决遗传物质交换的一条途径。通过异源原生质体的融合,广泛地重组植物界优良遗传性状,为植物育种开辟了一条全新的途径。

(2) 遗传转化中的意义 已知植物细胞壁上,具有活性很强的核酸酶,核酸酶可阻止外源DNA 进入植物细胞。除去细胞壁后,可避免核酸酶对异体 DNA 的破坏。因此,没有细胞壁的原生质体较易从外界摄入病毒、细菌、细胞器、细胞核、蛋白质、核酸等。迄今已能将遗传信息(基因)通过不同的基因载体(如根瘤土壤杆菌中的 Ti 质粒,毛根土壤杆菌中的 Ri 质粒)引入植物细胞,使植物细胞在分子水平上发生修饰,为再生成具有新性状的植物体提供有利条件。

（3）原生质体是开展遗传理论研究的材料　以原生质体为材料,可以从遗传学、分子生物学、细胞生物学、植物生理学多个角度对细胞的起源、细胞壁的生物合成、原生质膜的结构与功能、核质关系、细胞间的互相作用、杂交或自交不亲和的机理、植物激素的作用机制等问题进行研究。

6.1.2　原生质体的分离

6.1.2.1　原生质体的分离方法

（1）机械分离法　先将细胞放在高渗糖溶液中预处理,待细胞发生轻微质壁分离,原生质体收缩成球形后,再用机械法磨碎组织,从伤口处可以释放出完整的原生质体。用这种方法曾成功地分离出藻类原生质体。

机械分离法的优点是可避免酶制剂对原生质体的破坏作用,缺点是获得完整的原生质体的数量比较少,能够用此法产生原生质体的植物种类受到限制。

（2）酶解分离法　这是一种用细胞壁降解酶,脱除植物细胞壁,获得原生质体的方法。

常用的细胞壁降解酶种类有:纤维素酶、半纤维素酶、果胶酶、R-10、蜗牛酶、胼胝质酶、EA_3-867酶等。国内常用的EA_3-867酶是一种复合酶,其成分含纤维素酶、半纤维素酶、果胶酶。EA_3-867复合酶有害成分少,优于日本R-10纤维素酶。蜗牛酶和胼胝质酶常用于花粉母质细胞和四分孢子的原生质体分离,因为花粉细胞和四分孢子外有胼胝质壁,用其他酶效果较差。

酶解法的优点是可以获得大量的原生质体,而且几乎所有植物或它们的器官、组织或细胞均可用酶解法。缺点是这些酶制剂均含有核酸酶、蛋白酶、过氧化物酶以及酚类物质。用酶法降解细胞壁,会影响所获原生质体的活力。酶解法分离原生质体要注意根据植物种类不同种类细胞壁的结构,选择合适酶及其酶浓度。

6.1.2.2　影响原生质体数量和活力的因素

获得大量的、完整的、有活力的原生质体,是原生质体培养成功的首要条件。影响原生质体的数量和活力,主要因素如下:

（1）细胞壁降解酶的种类和组合　不同植物种类或同一植物种的不同器官以及它们的培养细胞,由于细胞壁的结构组成不同,分解细胞壁所需的酶类也不同。其中,叶片及其培养细胞一般选用纤维素酶和果胶酶;根尖细胞以果胶酶为主附加纤维素酶或粗制纤维素酶;花粉母细胞和四分体期小孢子采用蜗牛酶和胼胝质酶;成熟花粉采用果胶酶和纤维素酶。

（2）渗透压稳定剂　用酶法降解细胞壁前,为防止原生质体的破坏,一般需先用高渗液处理细胞,使细胞处于微弱的质壁分离状态,有利于完整原生质体的释放。把这种高渗液称为渗透压稳定剂。常用的渗透压稳定剂有甘露醇、山梨醇、蔗糖、葡萄糖、盐类等。在降解细胞壁时,渗透压稳定剂往往和酶制剂混合使用。通常用渗透压稳定剂稀释酶制剂。渗透压稳定剂中,用得最多的是甘露醇,如甘露醇常用于烟草、胡萝卜、柑橘、蚕豆原生质体制备;蔗糖常用于烟草、月季等;山梨醇常用于油菜原生质体制备。渗透压稳定剂种类及浓度的选择应根据植物种类而异,其中:

胡萝卜:甘露醇0.56mol/L

月季：蔗糖14%

柑橘：甘露醇 0.8mol/L

蚕豆：甘露醇 0.7mol/L

烟草：蔗糖(四分体)7%、甘露醇(成熟花粉)13%

（3）质膜稳定剂　　质膜稳定剂的作用是增加完整原生质体数量、防止质膜破坏、促进原生质体胞壁再生和细胞分裂形成细胞团。常用的原生质膜稳定剂有葡聚糖硫酸钾（浓度0.2%～0.3%）、W（葡聚糖硫酸钾/原生质体质量比）、MES[2(N-码啉)-乙烷磺酸]（弱酸）、氯化钙（浓度0.1mmol/L）、磷酸二氢钾。质膜稳定剂中的葡聚糖硫酸钾，能降低酶液中核酸酶的活力，保护原生质膜，使细胞能持续分裂对形成细胞团具有促进作用。在分离烟草原生质体时，在酶液中加入葡聚糖硫酸钾，一旦洗净酶液进行培养，原生质体很快长壁并持续细胞分裂形成细胞团。而未加葡聚糖硫酸钾的对照，原生质体经一周培养即解体，钙离子能稳定原生质膜并有利于细胞分裂。

（4）pH 值对原生质体数量和活力的影响　　分离原生质体时，酶液的 pH 值是值得注意的问题。因为降解酶的活力和细胞活力最适 pH 值是不一致的。低 pH 值下（pH 值≤4.5），酶的活力强，原生质体分离速度快，但细胞活力差，破坏的细胞较多；pH 值偏高，酶活力差，原生质体分离速度慢，完整的原生质体数目较多。分离原生质体时，酶液的 pH 值，因植物种类不同而有差异。如胡萝卜 pH 值为5.5；月季 pH 值为5.5～6.0；烟草 pH 值为5.4～5.8；柑橘 pH 值为5.6；蚕豆 pH 值为5.6～5.7。

（5）温度因子的影响　　制备原生质体时，在细胞中加入酶液、渗透压稳定剂、质膜稳定剂后，还需在一定时间内保持一定的温度，原生质体方能释放，也就是说细胞壁才能降解，才能产生有活力的原生质体。

胡萝卜：25℃保温 2h，原生质体开始释放，保温 10～12h，原生质体大量释放

月季：25～33℃，保温 24h

柑橘：37℃，保温 2～4h

蚕豆：28～30℃，保温 1～3h

烟草：26℃，黑暗保温 1h（四分体）、2.5h（成熟花粉）

（6）植物材料的生理状态　　株龄、发育状态、栽培条件等，对取材影响很大。不同的株龄、发育状态与栽培条件下，由于材料的生理状态不同，制备出来的原生质体活力也不同。人们只能根据实践累积经验，进行取材。

以烟草（叶肉原生质体制备）为例，取材最好在连续晴天、当日未浇水之前，取 60d 以上的全展叶。叶片消毒时，需避免时间过长，用酒精浸泡6～7s，饱和漂白粉上清液15～20min 即可收到良好效果。

6.1.3　原生质体的纯化

原生质体的纯化即净化。酶解后的原生质体溶液中，有完整的原生质体、破碎的原生质体、未去壁的细胞、细胞器及其他碎片。这些会干扰原生质体培养，必须清除。纯化原生质体的方法如下：

6.1.3.1 沉降法

利用相对密度(比重)原理,在具有一定渗透压的溶液中,先进行过滤然后低速离心,使纯净完整的原生质体沉积于试管底部。具体的方法是:

① 将含有原生质体和酶液的混合液,通过孔径为 $44\sim169\mu m$ 的筛网过滤(孔径大小因植物种类而异),除去大的组织碎片和残渣。

② 原生质体在 $900\sim4500r/min$ 下离心。经离心后的混合液,下部是沉积完好的原生质体,上部是较小的碎片,吸去上部碎片混合液,加入新鲜溶液继续离心,通常离心2~3次,每次离心时间 2min 左右,最后收集管底纯净的原生质体。

沉降法纯化原生质体比较简单,但由于原生质体沉积在试管底部,造成相互间的挤压,常引起原生质体的破碎。

6.1.3.2 漂浮法

采用比原生质体相对密度(比重)大的高渗溶液,使原生质体漂浮在溶液表面。这种方法同样需经离心过滤,将大小残渣滤去。

漂浮法可以得到较为纯净、完整的原生质体,但由于高渗溶液对原生质体常有破坏,因而完好的原生质体数量较少。

6.1.3.3 界面法

界面法采用两种相对密度(比重)不同的溶液,使原生质体处于两液相的界面之中(见图6-1)。

界面法可收到数量较大的纯净原生质体,同时又可避免收集过程中原生质体因相互挤压而破碎。

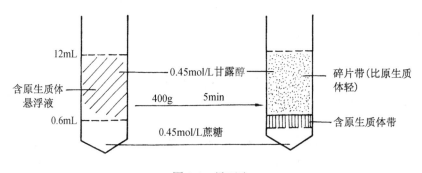

图 6-1 界面法

6.1.4 原生质体培养及其技术关键

6.1.4.1 原生质体的培养方法

(1)固体培养法(平板培养法) 将原生质体按照一定细胞起始密度,均匀分布于薄层(1mm)固体培养基中。应注意的是原生质体无细胞壁保护,培养基温度需冷却到45℃才能注入原生质体。注入后需轻轻摇动培养皿,使原生质体均匀分布。固体培养法的优点是有利于对单个原生质体的胞壁再生和对细胞团形成的全过程进行定点观察。Nagata 和 Takebl 采用此法首先获得烟草叶肉原生质体并得到再生植物体。

（2）浅层液体培养法　在培养皿或三角瓶中注入 3～4mL 原生质体培养液,然后将纯净的原生质体按一定细胞密度注入并进行培养。培养期间每日轻轻摇动 2～3 次,以加强通气。当原生质体经胞壁再生并形成细胞团后,立刻转至固体培养基上培养,增殖并分化成植物体。Kameya(1972)用此法使胡萝卜根原生质体产生细胞团和胚状体。

（3）双层培养法　三角瓶内先注入适于细胞团增殖的固体培养基,然后在固体培养基上,加入适宜原生质体胞壁再生和细胞分裂的液体培养基,再按一定的细胞密度注入原生质体制备液。以液体培养和固体培养相结合的方法培养原生质体并使其植株再生的方法。

双层培养法的优点是使培养基保持很好的湿度,不易干涸,原生质体长壁速度和分裂速度很快,同时还可以定期注入新鲜培养基(2～3 周/次)。利用该方法使甘蔗细胞分离的原生质体培养成功,黄花烟草叶肉原生质体培养获得再生植株。

6.1.4.2　原生质体培养程序

原生质体培养程序包含原生质体分离、原生质体纯化、原生质体培养。原生质体胞壁再生、细胞团形成和器官发生(见图 6-2)。每一程序均有其关键技术,掌握好关键技术即能收到良好效果。

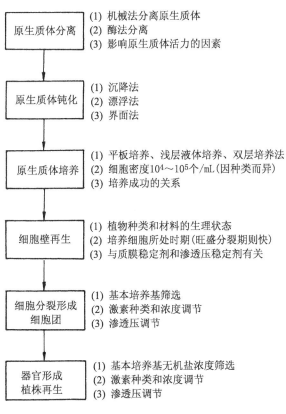

图 6-2　植物原生质体培养程序示意图

6.1.4.3 原生质体培养成功的技术关键

（1）原生质体的活力　获得大量而有活力的原生质体，是原生质体培养成功的首要条件。影响原生质体活力的因素如下：

① 制备原生质体的方法；

② 渗透压稳定剂种类及其浓度；

③ 质膜稳定剂种类及其浓度；

④ 温度和保温时间。

原生质体活力的识别方法：

① 形态识别。把形态上完整、富含细胞质、颜色新鲜的原生质体，转入低渗透压洗涤液或培养液中，可见到分离操作中被高渗液缩小了的原生质体会恢复原状。一般情况下，正常膨大的原生质体即是有活力的原生质体。

② 荧光显微镜识别。用荧光素双醋酸酯法（FDA）染色。FDA 本身无荧光、无极性，但能穿过完整的原生质膜进入原生质体，并受到原生质内酯酶的分解，产生具有荧光的极性物质，即荧光素。在荧光显微镜下发现具有荧光的原生质体即是有活力的原生质体。

（2）原生质体密度　原生质体培养时，最低有效密度也是影响培养成功与否的重要因素。原生质体培养时，起始密度一般为 $10^4 \sim 10^5$ 个/mL。如果起始密度低于 10^3 个/mL，原生质体即使能胞壁再生，但细胞的分裂仅能 1～2 次而不能持续分裂。

（3）细胞壁再生速度　原生质体培养中，首先遇到的问题是细胞壁再生问题。胞壁再生越早，细胞分裂也就越快。细胞壁再生的快慢与以下条件有关。

① 植物种类和取材的生理状态。葱幼叶原生质体培养经 1.5h 胞壁再生，成熟叶原生质体培养经 4h 胞壁再生；烟草胞壁再生时间可以从 3～24h，花粉原生质体胞壁再生快，叶片则慢。

② 培养细胞的原生质体其胞壁再生速度与培养细胞所处的时期有关。对数生长期细胞胞壁再生快，而静止期细胞胞壁再生慢。例如，大豆，用对数生长期的细胞制备原生质体，分离净化后立刻细胞壁再生，24h 后就产生微纤丝的网状结构，而其他时期细胞壁再生速度则慢。

③ 原生质体胞壁再生速度与酶解时所用质膜稳定剂种类有关。如大豆酶解细胞壁时，加入葡聚糖硫酸钾和 Ca^{2+}，对细胞壁再生非常有利，一旦洗净酶液，胞壁立即再生。其他质膜稳定剂胞壁再生速度则慢。

（4）原生质体培养的营养和环境

① 培养基常用的基本培养基有 MS、B_5、NT、KM 等。上述基本培养基特点是：第一，硝酸盐和铵盐比例高；第二，与原生质膜稳定有利的物质用量较高，如氯化钙、磷酸二氢钾等；第三，一般都含高浓度的甘露醇（0.5～0.7mol/L），也有采用以葡萄糖为主（0.4mol/L）和蔗糖为辅的碳源组成，代替常用的甘露醇。以葡萄糖和蔗糖代替甘露醇的优点是原生质体培养过程中胞壁再生形成细胞后，接着细胞启动分裂形成细胞团。葡萄糖和蔗糖不仅能保持分裂细胞适宜的渗透压，还可不断地提供碳源和能源，而甘露醇则仅能调节渗透压而不能作为碳源和能源加以利用。

基本培养基的有机物成分除含常用的维生素 B_1、维生素 B_6、烟酸、甘氨酸、肌醇外，有的还需添加生物素、维生素 B_2、维生素 C、维生素 B_{12}、维生素 A、维生素 D_3 等。

② 原生质体培养的环境除去细胞壁的原生质体,在培养初期极其脆弱。例如,光、温、湿环境条件不适,将会影响原生质体的正常长壁、分裂形成细胞团和植株再生。

A. 光照。培养细胞的原生质体可用黑暗培养;具有叶绿体的原生质体,初期培养最好在光下。

B. 温度。多数植物一般维持温度在 $25 \sim 26 \, ℃$。

C. 湿度。环境湿度过高或过低,均会影响培养基渗透压。

6.2 植物细胞融合

6.2.1 植物细胞融合的概念和意义

6.2.1.1 细胞融合的概念

两种异源(种、属间)的原生质体,在诱导剂诱发下相互接触,发生膜融合、胞质融合和核融合,形成杂种细胞并进一步发育成杂种植物体,称为细胞融合或细胞杂交,如取材为体细胞则称为体细胞杂交。

6.2.1.2 细胞融合的意义

① 克服种、属以上植物有性杂交不亲和性障碍,为广泛遗传物质重组开辟了新途径。

② 为携带外源遗传物质(信息)的大分子渗入细胞创造条件,如携带抗病基因的载体(Ti 或 Ri)渗入细胞或细胞器(叶绿体)。因为除壁后的原生质体,消除了核酸酶等对外源 DNA 的抵制作用。

仅上述两点而论,它的意义在于从此打破了仅仅依赖有性杂交重组基因创造新种的界限,扩大了遗传物质的重组范围。

6.2.2 诱导细胞融合的方法及融合剂

用酶法分离原生质体时,常常可以见到同种原生质体的聚集现象,这是一种"同源自发融合"的现象。这种融合是发生在亲本之一的自身,也称为"自体融合"。

细胞融合的目的是诱导异种原生质体的融合,因而必须排除"自体融合",才有可能发生异种原生质的融合,这就必须加入融合剂诱导融合。下面所介绍的融合方法,是以融合剂来划分的。

6.2.2.1 盐类融合法

盐类融合法是应用最早的诱导原生质体融合的方法,盐类融合剂种类如下:

硝酸盐类:$NaNO_3$、KNO_3、$Ca(NO_3)_2$

氯化物类:$NaCl$、$CaCl_2$、$MgCl_2$、$BaCl_2$

葡聚糖硫酸盐类:葡聚糖硫酸钾、葡聚糖硫酸钠

如燕麦与玉米融合时,采用 $NaNO_3$ 为融合剂,未形成杂种植物。但其后在粉蓝烟草与郎

氏烟草融合时,采用 NaNO₃ 为融合剂,促使两种原生质体发生融合,培养出第一株烟草体细胞种间杂种,使细胞融合技术产生了一个里程碑的飞跃。

盐类融合法的优点是盐类融合剂对原生质体的活力破坏力小;缺点是融合频率低,对液泡化发达的原生质体不易诱发融合,这种方法虽然获得一些结果,但成效甚微。

6.2.2.2 高钙和高 pH 值融合

Keller 和 Melchers(1972、1974)首先发现高 Ca^{2+} 和高 pH 值的诱发融合效应。Melchers(1974)用高 Ca^{2+} 和高 pH 值法,将烟草种内两个光敏感突变体,诱导融合成功并获得 100 余株体细胞杂种。

用高 Ca^{2+} 诱发融合,钙离子浓度很重要,当离子浓度小于 0.03mol/L 时,原生质体很少聚集融合,当离子浓度达到 0.05mol/L 时,融合效果很好。钙离子浓度因植物种类不同而有差异。

用高 pH 值诱发融合时,当 pH 值在 8.5~9.0 时,即可见原生质体的融合,但融合率不高,较为理想的 pH 值在 9.5~10.5(烟草)。高 pH 值能使质膜表面特性发生改变从而促进融合。pH 值最终因植物种类的不同而异。以烟草为例,具体做法如下:
① 取分离、纯化好的两种亲本原生质体以 1:1 的比例混合;
② 加入 0.05mol/L $CaCl_2 \cdot 2H_2O$ 和 0.4mol/L 甘露醇;
③ 再用甘氨酸钠缓冲 pH 值至 10.5,成为融合液,同时在 37℃ 下保温 0.5h;
④ 用 0.4mol/L 甘露醇洗净高 $CaCl_2$ 和高 pH 值;
⑤ 两种原生质体的融合率达到 10%。

6.2.2.3 聚乙二醇融合法(PEG 法)

高国楠(1974)用聚乙二醇(PEG)为融合剂诱发大豆与大麦、大豆与玉米、哈加野豌豆与豌豆的融合。PEG 的分子量为 1540,保温 40~50min。再用培养液缓慢稀释 PEG,最后洗去 PEG,得到 10% 的异核体。

6.2.2.4 聚乙二醇与高 Ca^{2+}、高 pH 值相结合融合法

这一方法也是高国楠创造的,是上述两种方法相结合的方法,获得 15%~30% 的融合率。具体操作如下:
① 先用 PEG 处理 30min;
② 然后用高 Ca^{2+} 和高 pH 值液,稀释 PEG;
③ 再用培养液洗去高 Ca^{2+}、高 pH 值。
PEG 和高 Ca^{2+}、高 pH 值的作用:
① PEG 是相邻原生质体表面间的分子桥。换言之,PEG 作为两种原生质体表面的分子桥而起作用;
② 当 PEG 分子被高 Ca^{2+}、高 pH 值洗掉时,可能引起原生质体表面电荷的紊乱和再分布,从而促进了融合。

高国楠认为,PEG 和高 Ca^{2+}、高 pH 值所以能提高融合率,是因为增加了电荷紊乱的程度。PEG 和高 Ca^{2+}、高 pH 值对融合起了协同作用,PEG 直接或间接地通过钙离子起作用。

6.2.3 植物细胞融合的程序

植物细胞融合的程序见图6-3：

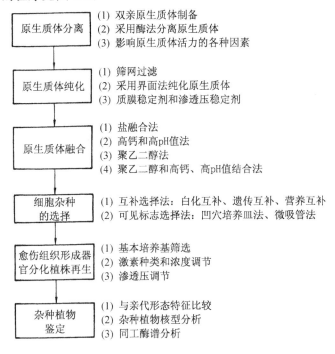

原生质体分离	(1) 双亲原生质体制备
	(2) 采用酶法分离原生质体
	(3) 影响原生质体活力的各种因素

原生质体纯化	(1) 筛网过滤
	(2) 采用界面法纯化原生质体
	(3) 质膜稳定剂和渗透压稳定剂

原生质体融合	(1) 盐融合法
	(2) 高钙和高pH值法
	(3) 聚乙二醇法
	(4) 聚乙二醇和高钙、高pH值结合法

| 细胞杂种的选择 | (1) 互补选择法：白化互补、遗传互补、营养互补 |
| | (2) 可见标志选择法：凹穴培养皿法、微吸管法 |

愈伤组织形成器官分化植株再生	(1) 基本培养基筛选
	(2) 激素种类和浓度调节
	(3) 渗透压调节

杂种植物鉴定	(1) 与亲代形态特征比较
	(2) 杂种植物核型分析
	(3) 同工酶谱分析

图 6-3　植物细胞融合程序示意图

6.2.3.1 双亲原生质体的制备

首先要确定双亲植物材料，分别制成原生质体悬浮液。原生质体的分离、纯化方法与6.2相同。将双亲原生质体以等体积、等密度（$10^4 \sim 10^5$ 个细胞/mL）混合，制备成混合亲本原生质体混合液。

6.2.3.2 诱导融合

① 用移液管吸取混合亲本原生质体 $0.1 \sim 0.5$ mL 置于试管内，或者在小培养皿中滴成小滴，或在凹槽载片上进行亦可，每滴混合液约 150μL。

② 在试管（培养皿）内加入与亲本混合液等体积的融合剂，诱导融合。

③ 融合过程必须保温，温度范围 $20 \sim 28$℃，保温时间为 $0.5 \sim 24$ h，因植物种类而异。

④ 保温结束后，用培养液或渗透压稳定剂洗去融合剂。采用反复离心的方法，清洗2~3次。有些植物种类洗去融合剂后立即发生原生质体间的融合；另一些植物种类洗去融合剂后，尚需经一定时间的培养，原生质体才能发生融合。

6.2.4 融合体的类型

双亲原生质体融合时，首先发生膜融合、胞质融合，最后发生核融合，见图6-4。由于融合的情况不同，可分为"自体融合"和"异体融合"两大类。

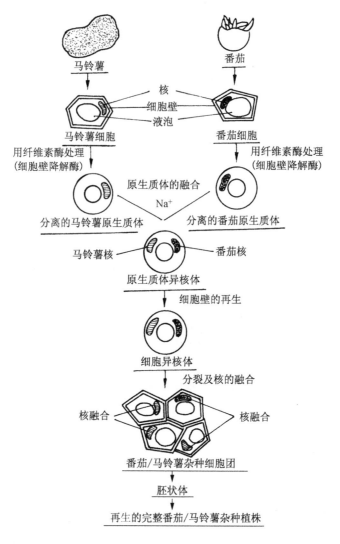

图 6-4　番茄＋马铃薯体细胞杂交示意图

6.2.4.1　自体融合

发生在亲本原生质体自身,融合得到"同核体"称为自体融合。由同核体再生的植株,其特性与亲本之一相同。

6.2.4.2　异体融合

由不同种的双亲原生质体融合得到"异核体"称为异体融合。由于异核体融合形式不同,又分为如下几种类型:

(1)谐和的细胞杂种　具有双亲全套染色体组,即双亲全套遗传信息,形成异源双二倍体。例如,烟草体细胞杂种(郎氏＋粉蓝烟草),属于膜、质、核均发生融合,然后同步分裂,最后形成异源双二倍体。这是最理想的融合。

(2)部分谐和的细胞杂种　原生质体融合时,双亲的染色体经逐步排斥,而这种排斥是非完全性的,仍可以发生少量染色体组的重组,然后进入同步分裂,最后形成带有部分重组染色体的植株。例如大豆＋烟草的体细胞杂种细胞和愈伤组织。

(3) 异胞质体细胞杂种 异胞质体细胞杂种,除含本种之一的细胞核外,还含有异种的细胞质,称为异胞质体,亦称为"共质体"。异胞质体形成的原因是由正常有核原生质体与原生质体制备过程中,核丢失的"亚原生质体"融合而成;或是异核体发育过程中,由一方排斥掉另一方的细胞核而形成的异胞质体,如矮牵牛与爬山虎融合。异核体发育过程中,矮牵牛的染色体全部被排斥,细胞核仅剩爬山虎的,但细胞质是双亲的,既有爬山虎的,又有矮牵牛的(见图6-6)。

(4) 嵌合细胞杂种 不同种的双亲原生质体,发生了膜融合和胞质融合后,尚未发生核融合。双亲的细胞核各自发生核分裂,接着形成细胞壁,最终形成嵌合体植物(见图6-5)。

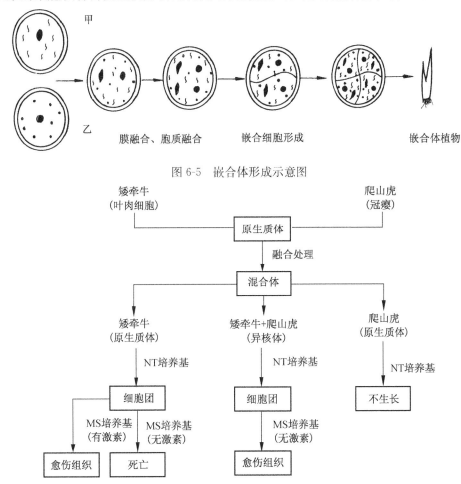

图 6-5 嵌合体形成示意图

图 6-6 矮牵牛＋爬山虎杂种细胞选择程序图

6.2.5 细胞杂种的选择和鉴定

6.2.5.1 细胞杂种选择的意义和选择方法

由于原生质体融合技术还存在一定问题,因此异核体的频率,特别是"嵌合细胞杂种"的频率还很低。与同核体相比,融合后的异核体在人工培养基上分裂、分化并不占优势。常常由于启动分裂和持续分裂缓慢,而受到同核体的抑制,最终不能发育成为真正的种、属间杂种。因此,必须设计或建立一种体系,优先选择细胞杂种。即这种体系只允许异核细胞存活,淘汰双亲同核体。这种体系除能早期发现异核体外,还能促进异核体细胞的分裂和分化。

细胞杂种选择的方法有互补选择法和可见标记选择法两种。

(1) 互补选择法

① 白化互补选择法是选择一个叶绿素缺失突变体,这一突变体在限定培养基上,能分裂分化形成植株。而具有正常叶绿素的植株,在上述限定培养基上,则不能分裂形成大细胞团(愈伤组织)。将缺绿突变体的原生质体和非缺绿正常体的原生质体,用诱导剂诱发融合并在上述限定培养基上培养融合体,能发育形成绿色细胞团(愈伤组织)和幼苗的就是细胞杂种。

如矮牵牛白化突变体和矮牵牛正常体融合后,在限定培养基上培养,利用白化互补法可得到矮牵牛细胞杂种。

A. 矮牵牛白化体:叶绿素缺失,在限定培养基上细胞可分裂分化成植株。

B. 矮牵牛正常体:具有叶绿素,在限定培养基上细胞不能分裂。

C. 矮牵牛杂种细胞:具有叶绿素,在限定培养基上细胞可分裂分化。

白化互补选择法的优点:此法不依赖有性杂交的知识,可广泛用于任何亲缘关系的融合。自然界存在许多"白化体"(叶绿素缺失),而且也比较容易诱发"白化体",如禾本科花药培养的白苗。白化互补选择法成功例子,除矮牵牛外,还有曼陀罗属、胡萝卜和羊角芹属均能从原生质体融合,得到细胞杂种。

② 遗传互补选择法利用隐性非等位基因互补的方法,筛选体细胞杂种。例如,烟草的 S 和 V 两个光敏感突变体,对光的反应是由隐性非等位基因控制的。

A. S 和 V:在 7 000lx 正常光照度下,生长缓慢,叶片呈淡绿色。

B. S 和 V:在 10 000lx 强光照度下,正常生长,叶片呈淡黄色。

C. S×V(有性杂交)F_1 杂种:在 7 000lx 光照度下正常生长,叶片呈暗绿色是由于隐性非等位基因互补的结果,以此为对照。

S 和 V 的原生质体融合后,在正常光照度 7 000lx 下形成的愈伤组织为绿色,将这种愈伤组织置于 10 000lx 强光下,如果是细胞杂种,由于隐性非等位基因互补的结果,其愈伤组织则呈暗绿色,与有性杂交颜色相同,而亲本愈伤组织则呈淡黄色。

遗传互补选择法的特点:需依赖于有性杂交的知识,要以有性杂种的特点作为对照,因此有一定的局限性。

③ 营养代谢互补选择法对细胞杂种的选择是建立在细胞分裂、增殖所需激素自养的基础上。第一个细胞杂种(粉蓝+郎氏烟草),就是利用营养代谢互补法选择出来的。粉蓝烟草亲本原生质体和郎氏烟草亲本原生质体离体培养时,各自胞壁再生、细胞分裂分化、植株再生均需植物激素条件。粉蓝+郎氏烟草细胞杂种,原生质体长壁、愈伤组织形成、植株再生均不需植物激素。

营养互补选择法另一成功的例子是 Power 等(1975)对矮牵牛和爬山虎融合体的选择(见图 6-6)。融合处理的原生质体融合体置于无激素的培养基上培养,只有杂种细胞才能分裂,从而淘汰了亲本原生质体。

由于营养代谢互补法要求首先具有能互补的代谢缺陷型,因此应用受到很大的限制。

（2）可见标记法（局限性大，须有可见标记）

① 凹穴培养皿分离法。根据融合后异核体和亲本原生质体的形态特征之区别，将异核体挑选出来。在加强培养基上培养单个细胞杂种，培养的方法是用带凹穴的培养皿（实际中常采用悬滴培养或微室培养），如大豆和烟草的细胞杂种。大豆下胚轴原生质体无绿色，烟草叶肉原生质体有绿色，将两者融合后，以"绿色"为可见标记，选择具有绿色的异核体继续培养，即可获得细胞杂种。

② 微吸管分离法。用一种微吸管根据可见标记吸取异核体，进行"看护培养"，以获得杂种植物，如拟南芥菜与油菜的细胞杂种。

6.2.5.2　细胞杂种的鉴定

用各种互补法和可见标记法筛选的杂种植物体，尚需进一步深入鉴定。因为从融合体到杂种植物体形成的过程中，经历了细胞分裂、细胞团的形成和细胞再分化过程。染色体行为很可能发生复杂的变化。因此，进一步鉴定是必不可少的。鉴定方法如下：

（1）杂种植物形态特征特性鉴定　以亲本为对照，进行杂种植物的形态特征特性鉴定，最好要有明显的标记特征。亲缘关系越远，特征越明显可靠。经愈伤组织途径再生成植株的变异与原生质体融合产生的变异很难区别，故仅依赖形态特征特性变异可靠性较差，仍需配合其他方法。

（2）杂种植物的核型分析（染色体显带技术）　以亲本染色体为对照，对细胞杂种的染色体数目、染色体长短、染色反应、减数分裂期染色体配对情况等进行观察、比较。核型分析的准确性，优于形态特征特性鉴定，但同样受愈伤组织阶段染色体变异的干扰，必须注意取样技术和判断准确性。此种方法在对亲缘关系远的细胞杂种的判断，准确性较好。

（3）分子标记鉴定　近年来，生化标记和 DNA 分子标记已成为鉴定细胞杂种的新方法。

同功酶鉴定细胞杂种的成功例子有大豆＋烟草的醇脱氢酶（ADH）、烟草＋烟草的乳酸脱氢酶（LDH）、过氧化物酶（POD）、脂酶（EST）、氨肽酶（AMP）以及番茄＋马铃薯的核酮糖二磷酸羧化酶。

随机扩增多态性 DNA（RAPD）技术。马铃薯加倍双单倍体的 RAPD 带，在各自的体细胞杂种中均表现稳定遗传。双引物（OPA11/OPA16）能有效鉴别将融合后的再生杂种及其亲本，证明在马铃薯加倍单倍体育种中，RAPD 技术能普遍应用于杂种鉴定。

复习思考题

1. 简述酶法分离原生质体的原理和步骤？
2. 如何纯化分离植物原生质体交鉴定其活力？
3. 原生质体培养有何特点？
4. 原生质体融合有哪几种主要方法？
5. 什么叫细胞融合？
6. 诱导细胞融合的方法有哪些？
7. 简述植物细胞融合的程序。
8. 如何进行细胞杂种的选择和鉴定？

7 种质离体保存

种质是指亲代通过生殖细胞或体细胞传递给子代的遗传物质。植物种质保存是利用天然或人工创造的适宜环境,使个体中所含有的遗传物质保持其遗传完整性,有高的活力,能通过繁殖将其遗传特性传递下去。种质保存主要有两种方式:原地保存和异地保存。前者通过建立自然保护区和天然公园来实现,后者通过植物园、种质圃、种子库以及离体保存来实现。

在植物组织的培养过程中,不断地继代培养会引起染色体和基因型的变异,可能导致培养细胞的全能性丧失,也可能丢失一些宝贵的特殊性状。随着组织培养技术的发展,特别是细胞工程和基因工程的发展,需要收集和储存各种植物的基因型,这就需要建立一种妥善的种质保存方法,离体保存技术也就应运而生。将组织培养中的外植体或试管苗储存在使其抑制生长、缓慢生长或无生长的条件下,达到长期保存的方法就叫做离体保存。离体保存的优点是:第一,解决一些无性繁殖作物种质资源在低温下长期保存问题,可有效避免资源的丢失;第二,节省土地和劳动力,保存方法简单,花费少且能在保存中脱毒;第三,在提供利用时,可快速繁殖,也有利于国内外种质交换。经过多年的摸索,已发展并形成了一系列离体保存技术体系。例如,通过改变培养基成分、改变培养环境以及低温和超低温保存的方式进行离体保存。

7.1 常温保存

在常温(20～25℃)条件下,通过改变培养基中某些营养物质的浓度,改变培养的环境条件,可以达到保存的目的。

改变培养基无机盐的浓度,如以 1/4 MS 培养基培养菠萝试管苗,1a 后仍有81％的试管苗保持活力,并且再生率达到11％;甘露醇、蔗糖等渗透物质能增加培养基的渗透强度,抑制外植体的生长。例如,具有 3 片叶的生姜试管苗在补加3％甘露醇的培养基上,生长速度减慢,比对照延长了保存期,15℃下培养 1a 后,遗传保持稳定。在培养基中添加植物生长调节剂,在某些培养中有明显的作用。例如,添加 PP_{333} 5～10mg/L,马铃薯试管苗在常温下比对照矮壮、叶数增多、根数少而粗短,存活率提高,继代保存从对照的 1a 转管4～5 次延长到1.5a半转管 4 次,而且恢复生长快。

降低培养环境的氧含量也能达到降低保存材料生长的目的。一般采用的方法有两种:一是在保存材料上覆盖一层矿物油如石蜡、硅酮油或液态石油;二是降低培养环境的氧分压。

7.2 常低温和低温保存

常低温(0～15℃)和低温(－80～0℃)保存,还可辅以改变培养基成分和培养条件,以减缓材料的生长速度、延缓继代时间,故又称为最小生长法。

培养材料的常低温和低温保存简便易行,不需要很大投资,一般仅需要经过装修的家用冰箱就可以进行。可以将材料培养在扁平的塑料培养盒中,培养盒可以一个个叠起来,放在冰箱内的每一层。冰箱内顶端装一个较弱的光源。为了使箱内材料能较均匀地得到光照,每周作1次调整,将上下层材料进行对换。

根据植物对温度的耐受力确定其抑制生长的保存温度,如马铃薯、苹果、草莓及大多数草本植物可在0~6℃条件下保存,而木薯、甘薯的保存温度就不能低于15~20℃。有人用这种方法保存葡萄,在 $2m^2$ 的实验室里,可保存在大田里需要约 $5hm^2$ 土地的 800 个品种的葡萄植株。在常低温和低温下,通常几个月换1次培养基,有的甚至可以 $1a$ 换1次。

在低温保存时,还可结合低压来取得更好的效果,主要通过降低培养物周围的大气压,也可以通过在正常的气压下加入惰性气体而减少氧分压。低气压和低氧压都可抑制植物的生长,但不会导致培养物表现型上的差异。

多效唑、烯效唑、 B_9 、CCC 等生长延缓剂都能延缓植物的生长。将它们添加到培养基中可以起到延缓试管苗生长的作用,同时还可使试管苗叶色浓绿、矮壮、易生根。

7.3 超低温冷冻保存种质

超低温保存也叫冷冻保存,主要是指在液氮(-196℃)的超低温下使细胞代谢和生长处于基本停止的状态,在适宜的条件下可迅速繁殖,再生出新的植株,并保持原来的遗传特性。利用超低温保存除可保存珍稀植物种质外,还可保存花粉,延长花粉寿命,解决不同开花期和异地植物杂交上的困难。

7.3.1 超低温冷冻保存种质的方法

将离体培养的茎尖分生组织、愈伤组织、悬浮培养细胞、原生质体经冷冻防护剂处理,然后送入-196℃液氮超低温库内,进行"超低温冷冻"保存。

常用的冷冻防护剂有甘油、甘露醇、脯氨酸、二甲基亚枫,使用的浓度为5%~10%。

7.3.2 超低温冷冻保存种质的原理

(1) 常用的冷冻防护剂,属于低分子量的中性物质。在水溶液中能强烈地结合水分子。水合作用的结果使溶液的黏度增加。当温度下降时,溶液冰点下降,即冰的结晶中心增长速度下降,使水的固化程度减弱,因而对于降低培养基冰点和植物组织、细胞的冰点起重要作用。

(2) 冷冻防护剂的使用提高了培养基渗透压,导致细胞的轻微质壁分离,相对提高了组织和细胞的抗寒力。

(3) 二甲基亚枫除上述作用外,极易渗入细胞内部,可防止细胞在冷冻和融冰时引起过度脱水而遭受破坏,起到保护细胞的作用。由于冷冻防护剂,特别是二甲基亚枫的作用,才有可能使植物的茎尖、愈伤组织、单细胞和原生质体经受住液氮-196℃的超低温冷冻。

7.3.3 超低温冷冻保存种质的程序

7.3.2.1 预培养

预培养的目的是提高细胞抗寒力,培养时间3～4周。

① 加速传代以提高分裂细胞的比例。细胞分裂时体积减小,细胞内自由水含量下降,使细胞的抗寒力相对提高。

② 用甘露醇、糖等提高培养基渗透压,以提高培养组织和细胞的渗透压增强抗寒力。

③ 加入脯氨酸或二甲基亚枫进行短期预冷处理,冷处理时间为20～60min,然后使温度逐渐下降接近0℃实行低温锻炼。

材料的预培养包括:

① 材料的生长状态和年龄的选择 培养细胞处于旺盛的对数分裂期时,抗冰冻能力强,存活率高。一般,液体悬浮培养细胞以5～7d为宜,固体培养的愈伤组织以9～12d为宜,如果是野外生长的植物的芽,应选择冬天低温锻炼后的植株,以提高存活率。

② 预培养 为提高细胞的抗冰冻能力,在冰冻保存前的预培养中加入诱导提高抗寒力的物质,如山梨糖醇、脱落酸等,或将培养基的糖浓度提高。这样,可提高存活率。

③ 冰冻保护剂预处理 由于一些冰冻保护剂的成分有毒,冰冻保护剂预处理必须在0℃下进行。处理时间不能过长,一般不宜超过1h。

7.3.2.2 冷处理

① 保存材料的温度必须降至0℃。

② 加入的冷冻防护剂有甘油、甘露醇、脯氨酸、糖类、二甲基亚枫等。各种冷冻防护剂,使用时需根据不同植物材料进行组合和浓度的选择,然后进入冷库降温冷冻,使用浓度为5%～10%,用量与培养物等体积混合。

7.3.2.3 降温冷冻及超低温保存

降温冷冻有预冻、慢速冷冻和快速冷冻三种方法(见图7-1)。

(1) 预冻法 加入冷冻防护剂后,使温度下降至-70～-20℃进行预冷,然后再进入-196℃液氮库超低温冷冻保存。

Sakai等(1978)将草莓茎尖放在-30～-20℃低温条件下预冻后,再进入-196℃液氮库保存,解冻后细胞能恢复分裂能力。草莓茎尖采用原培养基培养,可以萌发成小植株。

(2) 慢速冷冻法 在加入冷冻防护剂后,逐渐降低温度,以每分钟下降1～5℃的速度降低温度。待温度降到-40℃或-100℃时,平衡1h,即稳定1h,然后进入-196℃液氮低温库,超低温冷冻保存。如烟草、颠茄、四季樱、矮牵牛等体细胞胚和花粉胚的冷冻保存。具体方法:

① 预培养3～4周;

② 加入冷冻防护剂在0℃下放置20～60min;

③ 以每分钟2℃速度下降至-100℃稳定1h;

④ 进入-196℃液氮库;

⑤ 保存3个月的花粉胚,保持30%的存活率。

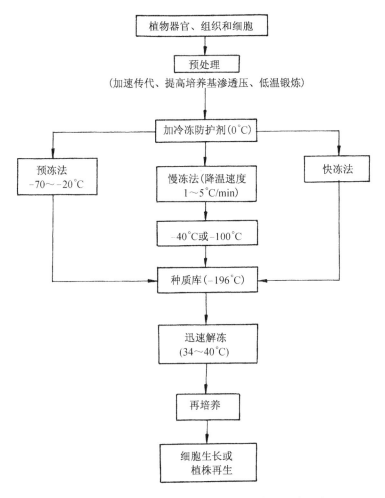

图 7-1 植物组织和细胞超低温冷冻保存法程序示意

（3）快速冷冻法 在 0℃ 下加入冷冻防护剂二甲基亚枫后，直接进入 −196℃ 液氮库。此法成功地用于康乃馨茎尖分生组织和四季樱花粉胚的保存，解冻后均能恢复生长并分化形成植株。

7.3.2.4 解冻

采用迅速解冻法，在 30～40℃ 下迅速解冻，以避免组织和细胞脱水死亡。

化冻有两种方式：一是快速化冻，即在 35～40℃ 温水中化冻；另一种是慢速化冻，即在 0℃、2～3℃ 或室温下进行化冻。前者使用广泛。在化冻过程中要注意三点：第一，轻巧操作，避免组织和细胞的机械伤害；第二，将冰冻样品试管插入温水浴中时，注意避免管口污染；第三，试管内的冰一旦化冻以后，要立即将试管移到 20～25℃ 的水浴中，并立即迅速进行洗涤和再培养。

7.3.2.5 再培养

根据植物种类，提供和满足原来的培养条件进行培养，使细胞恢复分裂能力。诱导器官分化和植株再生，当然对于次生物质生产来讲，这一步是恢复高产细胞株的生化合成能力。

7.3.2.6 生活力和存活率的测定

一般采用下列三种方法检验化冻后材料的生活力和存活率：

① 再培养，即化冻后立即将材料转移到新鲜培养基上进行再培养。在再培养过程中，观测细胞的增生数量、愈伤组织的形成和增长情况、新植株分化的能力等。

② 荧光素双醋酸酯(FAD)染色法，与观察原生质体活力的方法一样，先配制0.1%的荧光素染料，用1滴染料和1滴化冻后的细胞悬浮液相混合，分别置于普通光学显微镜和紫外荧光显微镜下观察和计数。前者观察的是总细胞数，后者观察的是活细胞数，从而计算存活细胞的百分比。也可以用中性红等活性染料检查细胞的存活率。

③ 氯化三苯四氮唑(TTC)法，此法显示细胞内脱氢酶的活性。脱氢酶使 TTC 还原生成红色的物质，作为检验活细胞的方法。

7.3.4 超低温冷冻保存种质技术的应用前景

超低温冷冻保存种质技术，研究成功的植物种类有数十种，但由于所用材料的类型不同，对低温冷冻的反应也不同。

7.3.3.1 悬浮细胞和愈伤组织的保存

悬浮细胞冷冻保存中，发现旺盛分裂的对数生长期细胞，对冷冻的耐受力强，而静止期和延迟期的细胞对冷冻最为敏感。冷冻处理前，在培养基中加入冷冻防护剂，可提高细胞抗寒力。

结构紧密的细胞团(愈伤组织)比单个细胞和松散的细胞团耐受冷冻。解冻后，容易恢复细胞分裂。解冻后能恢复分裂、分化的植物种类如下：

悬浮细胞：胡萝卜、单倍体烟草、假挪威槭、蔷薇、颠茄、玉米、水稻、甘蔗、木薯、人参。其中仅胡萝卜、烟草细胞还能保持分裂分化成株的能力。

愈伤组织细胞：杨树、甘蔗、枣椰树、木薯等。其中甘蔗、枣椰树、木薯能保持分裂分化成株的能力。

7.3.3.2 生长点冷冻保存

取顶端分生组织(茎尖)直径为 0.1mm，长度为0.3～0.5mm(带1对叶原基)冷冻前在5%二甲基亚枫中预培养数天，然后采用慢速冷冻法，以每分钟下降1℃，降温至−40℃再进入液氮库。

保存后能分化成株的植物种类有：苹果、胡萝卜、豌豆、草莓、花生、马铃薯、番茄、康乃馨、木薯等。上述种类保存后可有50%～100%的茎尖分化成植株，其中豌豆、苹果茎尖保存长达1～2年，细胞不仅可存活，而且约60%的茎尖可分化成小植株。

7.3.3.3 胚状体(体细胞胚、花粉胚)的冷冻保存

如烟草、颠茄、四季樱、矮牵牛的体细胞或花粉胚预培养3～4周，加入5%～10%二甲基亚枫，在0℃下放置20～60min。采用慢速冷冻法，以每分钟2℃速度降温至−100℃。稳定后，进入−196℃下冷冻保存效果好，球形期花粉胚解冻后有30%存活率，而心形胚、子叶胚仅少量存

活。发现球形胚比心形胚、子叶胚抗寒力强,原因是球形胚渗透压高、抗寒。

7.3.3.4 原生质体冷冻保存

由于操作难度大,成功例很少,仅胡萝卜、地钱原生质体超低温冷冻保存成功。

复习思考题

1. 传统的植物种质资源保存方式是什么? 有何局限性?
2. 低温保存与超低温保存有何异同?
3. 在超低温保存中,采用哪些措施以尽量避免植物材料的伤害?
4. 超低温冷冻保存种质技术的应用前景如何?

8 植物遗传转化

植物遗传转化是指将外源基因转移到植物体内并稳定地整合表达与遗传的过程。在这一过程中,建立稳定、高效地遗传转化体系是实现某一植物遗传转化的先决条件。不同的物种,甚至同一种植物不同基因型适宜的遗传转化体系也有差异。目前,已有多种转化方法可将外源基因导入受体植物细胞,而且新的转化方法也在不断地创建。主要的遗传转化方法有农杆菌介导法、基因枪法(简称 PB)、植株原位真空渗入法(Vi)、电击法(EP)、聚乙二醇法(PEG)、花粉管通道法、显微注射法(Mi)、激光微束法、超声波法(Uls)、生殖细胞浸泡法以及脂质体法等,关于植物遗传转化方法的分类,比较混乱,目前尚未形成统一的分类标准,有的以转化系统的特点将其分为载体转化法和非载体转化法(巩振辉,2000),有的以转化原理将其分为载体转化系统、直接转化系统和种质转化系统(王关林等,1998),也有的以转化植物的受体特点将其分为农杆菌介导法、原质体或细胞受体系统法和种质系统法(贾士荣等,1995、2000)等。

8.1 植物遗传转化的受体系统

选择和建立良好的植物受体系统是遗传转化能否成功的关键因素之一。所谓植物遗传转化受体系统是指用于基因转化的外植体通过组织培养途径或其他非组织培养途径,能高效、稳定地再生无性系,并能接受外源 DNA 整合,转化选择对抗生素敏感的再生系统。迄今已建立了多种有效的受体系统,适应不同转化方法的要求和不同的转化目的。具体遗传转化操作时,应根据植物种类、基因载体系统及实验设备等因素选择应用。

8.1.1 原生质体受体系统

植物原生质体是去除细胞壁后的"裸露"细胞,具有全能性,能在适宜的培养条件下诱导形成再生植株。由于原生质与外界环境之间仅隔一层薄薄的细胞膜,人们可利用一些物理或化学的方法改变细胞膜的通透性,使外源 DNA 进入细胞内整合到染色体上并进行表达,从而实现植物基因转化。迄今,已有烟草、番茄、水稻、小麦和玉米等 250 多种高等植物原生质体培养获得成功,这为利用原生质体进行基因转化奠定了基础。

原生质体受体系统具有以下特点:

① 外源 DNA 易导入细胞,易于在相对均匀和稳定的同等控制条件下进行准确的转化和鉴定;

② 原生质体培养的细胞常分裂形成基因型一致的细胞克隆,因此由转化原生质体再生的转基因植株嵌合体少;

③ 可适用于各种转化方法,主要有电击法、PEG 法、脂质体介导法和 Mi 法等;

④ 原生质体培养所形成的细胞无性系变异较强烈,遗传稳定性差;

⑤ 原生质体培养技术难度大,培养周期长,植株再生频率低。

另外,还有相当多的植物原生质体培养尚未成功,应用于植物基因转化有一定的局限性。

8.1.2 愈伤组织受体系统

外植体经组织培养所产生的愈伤组织,是植物基因转化常用的受体系统之一。该系统的特点表现在以下几个方面:

① 愈伤组织是由脱分化的分生细胞组成,易接受外源DNA,转化率较高;

② 许多外植体都可诱导产生愈伤组织,应用于不同植物基因转化;

③ 愈伤组织可继代扩繁,因而由转化愈伤组织可培养获得大量的转化植株;

④ 从外植体诱导形成的愈伤组织常是由多细胞组成,本身就是嵌合体,因而分化的不定芽嵌合体比例高,增加了转基因再生植株筛选的难度;

⑤ 愈伤组织所分化形成的再生植株无性系变异较大,导入的目的基因遗传稳定性较差。

8.1.3 种质系统

以植物的生殖细胞如花粉粒、卵细胞为受体细胞进行基因转化的系统称为种质系统。现已建立了多种直接利用花粉和卵细胞受精过程进行基因转化的方法,如花粉管通道法、花粉粒浸泡法和子房注射法等。种质系统的特点表现在:

① 生殖细胞不仅具有全能性,而且接受外源遗传物质的能力强,导入外源基因成功率高,更易获得转基因植株。

② 生殖细胞是单倍体细胞,转化的基因无显隐性影响,能使外源目的基因充分表达,有利于性状选择,通过加倍后即可成为纯合的二倍体新品种。因此,利用生殖细胞作为转基因受体,与单倍体育种技术结合,可简化和缩短育种纯化过程。

③ 以植物生殖细胞进行遗传操作只能在短暂的开花期内进行,易受到季节和生长条件的限制。

8.1.4 胚状体受体系统

胚状体是指经体细胞胚发生而形成的在形态结构和功能上类似于有性胚的结构,又称为体细胞胚。有些植物本身在自然条件下其珠心组织或助细胞就可自发地形成胚状体。植物组培过程中,一些体细胞和单倍体细胞也诱导形成胚状体。这些胚状体与经受精过程形成的有性胚一样,在一定条件下可发育成完整的植物体。该系统的主要特点如下:

① 组成胚状体的胚性细胞接受外源DNA能力很强,是理想的基因转化感受态细胞,而且这些细胞繁殖量大,同步性好,转化率很高;

② 胚状体个体间遗传背景一致,无性系变异小,成苗快,数量多,而且还可以制成人工种子,有利于转基因植株的生产推广。现普遍认为胚状体是较理想的基因转化受体系统。

8.1.5 直接分化芽受体系统

直接分化芽是指外植体细胞进行组织培养时,越过愈伤组织阶段而直接分化形成的不定芽。现已建立了一些植物由叶片、幼茎、小叶、胚轴和茎尖分生组织等外植体诱导形成直接分化芽的再生体系。直接分化芽受体系统有以下特点:

① 直接分化芽是由未分化的细胞直接分化形成,体细胞无性系变异小,导入的外源基因可稳定遗传,尤其是由茎尖分生组织细胞建立的直接分化芽系统遗传稳定性更佳;

② 该系统应用于基因转化,操作简单、周期短,特别适于无性繁殖的果树、花卉等园艺植物;

③ 不定芽的再生起源于多细胞,所形成的再生植株也出现较多的嵌合体;

④ 由外植体诱导直接分化芽的产生,技术难度大,不定芽量少,基因转化频率低于其他几种受体系统。

由上述可见,受体系统的建立主要依赖于植物组织培养技术。目前包括粮食作物、经济作物、蔬菜、果树、花卉和林木等在内的许多植物,都已建立了成熟的组织培养及植株再生体系,这为植物基因转化提供了较好的受体系统。在具体从事某一项基因转化时,应根据植物种类、目的基因载体系统和导入基因方法等因素,选择和优化受体系统,以确保获得较高的转化效率。

8.2 农杆菌介导的植物基因转化技术

根癌农杆菌和发根农杆菌均是革兰阴性菌,为根瘤菌科、农杆菌属,在植物基因转化上应用最早和较多的是根癌农杆菌。根癌农杆菌在土壤中的含量极为丰富,可通过植物伤口处侵染多种植物,尤其是双子叶植物,受侵染的植物可形成冠瘿瘤。植物一旦产生冠瘿瘤,除去根癌农杆菌后,冠瘿瘤仍能继续生长。冠瘿瘤中的植物细胞(又称冠瘿瘤细胞)可合成正常植物细胞不能合成的冠瘿碱(低分子量的碱性氨基酸衍生物)。常见的冠瘿碱有章鱼碱、胭脂碱和农杆碱。依据冠瘿细胞产生的冠瘿碱不同,可将其划分为章鱼碱型、胭脂碱型和农杆碱型三种类型。

研究表明,根癌农杆菌细胞中存在一种特殊的质粒,即 Ti 质粒,该质粒的部分 DNA 片段可整合到宿主植物基因组中,与宿主基因组一起遗传表达。由于整合进植物基因组的 Ti 质粒 DNA 片段携带有生长素、细胞分裂素和合成冠瘿碱等基因,从而使被根癌农杆菌侵染过的植物组织产生冠瘿瘤,并大量合成冠瘿碱。冠瘿碱反过来又促进根癌农杆菌的繁殖和 Ti 质粒的转移,扩大侵染范围。这是自然界存在的天然植物基因转化系统。因此,应用 Ti 质粒介导基因转化系统的研究引起了人们的极大关注,且已取得了广泛的成功。

8.2.1 Ti 质粒的结构与功能

8.2.1.1 Ti 质粒的功能

Ti 质粒是根癌农杆菌细胞核外存在的一种环状双链 DNA 分子,长度约 200kb,平均周长 $54.1\sim75.4\mu m$,分子量为 $(90\sim150)\times10^6 a$。在温度低于 30℃ 的条件下,Ti 质粒可稳定地存在于根癌农杆菌细胞内。

Ti 质粒除上述诱导受侵染的植物组织产生冠瘿瘤外,还具有以下几种重要功能:赋予根癌农杆菌附着于植物细胞壁的能力;赋予根癌农杆菌分解代谢冠瘿碱的能力;决定根癌农杆菌的寄主植物范围;决定所诱导的冠瘿瘤的形态和冠瘿碱的成分;参与寄主细胞合成植物激素吲哚乙酸和一些细胞分裂素的代谢活动。

8.2.1.2 Ti 质粒的结构

Ti 质粒上有两个主要区域:即 T-DNA 区域和 vir 区(见图 8-1)。另外,Ti 质粒上还具有质粒复制起始位点和冠瘿碱分解代谢酶基因位点。

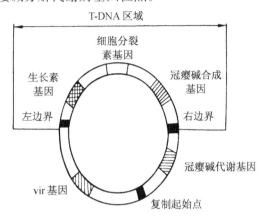

图 8-1 Ti 质粒结构示意图

(1) T-DNA 区 T-DNA 区(Transfer-DNA region),即转移-DNA 区,又称为 T 区,其长度为 12~24kb。它是 Ti 质粒上可整合进植物基因组中的 DNA 片段,决定着冠瘿瘤的形态和冠瘿碱的合成。T-DNA 区含有以下几个遗传位点:

① 编码章鱼碱合成酶的基因位点 Ocs(或是编码胭脂碱合成酶的基因位点 Nos);

② 编码控制植物生长素合成酶的基因位点 Tms1 和 Tms2,这两个基因中任何一个发生突变(芽性突变体)都会激发冠瘿瘤出现芽的增生。因此,Tms 又称为"芽性肿瘤基因";

③ 编码细胞分裂素生物合成酶基因位点 Tmr,该基因突变(多极性突变体),可诱发冠瘿瘤出现大量根的增生,所以 Tmr 又叫做"根性肿瘤基因"。通常将 Tmr、Tms1 和 Tms2 这三个基因统称为"致癌(onc)基因"或"onc 区段"。

T-DNA 区域中的这些基因只有在 T-DNA 插入到植物基因组后才能激活表达。Tms1、Tms2 和 Tmr3 个基因表达产物催化生成的细胞分裂素和植物生长素,可调节植物细胞的生长发育。它们的过量表达就会刺激植物细胞大量快速增长而形成冠瘿瘤。冠瘿瘤亦是在冠瘿瘤细胞内合成并分泌出来的,构成根癌农杆菌生长所需的碳源和氮源。

胭脂碱型根癌农杆菌 Ti 质粒中 T-DNA 的左右两侧是一段 25bp 的重复序列,构成 T-DNA 的边界序列,分别称为左边界和右边界。在某些章鱼碱型的根癌农杆菌 Ti 质粒中 T-DNA 是以两个分开的独立片段形式存在,即 T-DNA 左边区段(T_LDNA)和 T-DNA 右边区段(T_RDNA)。研究表明,插入在 T-DNA 边界序列之间的任何 DNA 都可被转移到植物染色体中。因此,Ti 质粒可用做外源目的基因的载体。

(2) vir 区 vir 区,即毒性区,又称致癌区域,其长度约为 35 kb。它控制根癌农杆菌附着于植物细胞和 Ti 质粒进入细胞有关部位,与感染后冠瘿瘤形成有关。vir 区位于 T-DNA 区左侧,包含 6 个毒性遗传位点(virA、virB、virC、virD、virE 和 virG)。vir 基因的表达控制着 T-DNA 的转移。

植物细胞受伤后,细胞壁破裂,分泌物中含有高浓度的创伤诱导分子。它们是一些酚类化合物,如乙酰丁香酮(AS)和 α-羟基乙酸丁香酮(OH-AS)。根癌农杆菌对这一类物质具有趋化性,在植物细胞表面附着后,受这些创伤诱导分子的刺激,Ti 质粒对 vir 区毒性基因被激活表达。最先激活表达的是 virA 基因,编码感受蛋白,位于细菌细胞膜的疏水区,可接受环境中的信号分子。在 VirA 蛋白的激活下,virG 基因表达,VirG 蛋白经磷酸化由非活性态变为活化状态,进而激活 vir 区其他基因表达。其中 virD 基因产物 virD1 蛋白是一种 DNA 松弛酶,可使 DNA 从超螺旋型转变为松弛型状态;而 virD2 蛋白则能切割已呈松弛态的 T-DNA 两个边界产生缺口,使单链 T-DNA 得以释放。VirE 基因所表达的 VirE2 蛋白是单链 T-DNA 结合蛋白。可使 T-DNA 形成 1 个细长的核酸蛋白复合物(T-复合体),以此保护 T-DNA 不被胞内外的核酸酶降解。T-复合体依次穿过根癌农杆菌和植物细胞膜及细胞壁,并进入植物细胞核,最终整合进入植物核基因组。T-DNA 的转移机制比较复杂,依赖于 T-DNA 区和 vir 区共同参与,涉及多个基因表达及一系列蛋白质和核酸的相互作用。

8.2.2　Ti 质粒载体系统

如前所述,Ti 质粒是植物基因工程的一种有效的天然载体,但野生型 Ti 质粒直接作为植物基因工程载体却有以下几个缺陷:

① Ti 质粒分子过大,其上含有各种限制性酶的多个切点,不利于重组 DNA 的构建;

② Ti 质粒所携带的植物激素及冠瘿碱合成基因,其表达产物破坏受体激素平衡,使转化细胞形成肿瘤,严重阻碍转化细胞的分化和植株再生;

③ Ti 质粒在大肠杆菌中不能复制,插入外源 DNA 的 Ti 质粒在细菌中操作和保存很困难,即使得到重组质粒,也只能在根癌农杆菌中扩增,而农杆菌的接合转化率极低。

这些问题影响了野生型 Ti 质粒直接用作克隆外源基因的适用性,必须经过一系列人工改造后,Ti 质粒才能成为适合植物遗传转化的载体。人工改造后的 Ti 质粒一般具有以下特点:

① 保留 T-DNA 的转移功能,去掉 T-DNA 的致癌性,有利于转化体再生植株;

② 在 T-DNA 左右边界序列之间构建一段 DNA 序列,其上含有一系列单个的限制性内切酶的识别位点,即单克隆位点,以利于插入外源 DNA 和其后的操作;

③ 具有目的基因表达所需要的启动子、终止子以及供重组细胞筛选的标记基因等;

④ 具有使质粒能在大肠杆菌中进行复制的 DNA 复制起始位点,某些载体还同时带有可在农杆菌中进行复制的起始位点。以 Ti 质粒为基础构建了许多新的派生载体,可分为中间载体和双元载体两种基本类型。

8.2.2.1　共整合载体系统

共整合载体是由一个缺失了 T-DNA 上的肿瘤诱导基因的 Ti 质粒与一个中间载体组成(见图 8-2)。中间载体是一种在普通大肠杆菌的克隆载体中插入了一段合适的 T-DNA 片段而构成的小型质粒。由于中间载体和经过修饰的 Ti 质粒均带一段同源的 T-DNA 片断,当带有外源目的基因的中间载体进入根癌农杆菌后,通过同源重组,就可与修饰过的 Ti 质粒整合从而形成共合质粒(载体)。共合载体在大肠杆菌和根癌农杆菌细胞中均能扩增。根癌农杆菌侵染植物细胞后,在来自修饰过的 Ti 质粒 vir 区基因表达产物的作用下,该载体上的外源基因及相关表达元件整合进植物核基因组,从而实现植物基因转化。

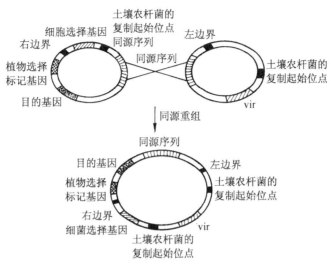

图 8-2 共整合载体与农杆菌质粒重组过程

8.2.2.2 双元载体系统

双元载体系统是指由两个彼此相容的 Ti 质粒组成的双元载体系统,其中之一是含有 T-DNA 转移所必需的 vir 区段的质粒称为辅助质粒,缺失或部分缺失 T-DNA 序列。另一个则是含有 T-DNA 区段的寄主范围广泛 T-DNA 转移载体质粒。后面这种含有 T-DNA 的质粒,即有大肠杆菌复制起始位点,又有农杆菌复制起始位点,实际上是一种大肠杆菌-农杆菌穿梭质粒。按标准 DNA 操作方法可将任何期望的目的基因插入到该质粒的 T-DNA 区段上,从而构成克隆载体。这两种质粒在单独存在的情况下,均不能诱导植物产生冠瘿瘤,若根癌农杆菌细胞内同时存在这两种质粒时,便可获得正常诱导肿瘤的能力。因此,含有双元载体的根癌农杆菌细胞侵染植物时,就可将含有外源目的基因的 T-DNA 整合进植物染色体中。

双元载体系统与共整合载体系统之间存在着一些差异:

① 双元载体不需经过两个质粒的共整合过程,因此构建操作步骤较简单;

② 双元载体系统中的穿梭质粒分子小,且在农杆菌寄主中可大量复制,其质粒拷贝数增加 10~100 倍,有利于直接进行体外遗传操作;

③ 共整合载体系统的重组率低,而双元载体系统的两个质粒接合的频率至少高 4 倍。因此,双元载体构建频率较高,在外源基因的植物转化中效率也高于共合载体;

④ 由于根癌农杆菌感染的寄生范围是由 vir 基因及染色体上的基因决定的,因此,使用双元载体系统便于根据受体材料的来源选择适宜的 Helper 系统。

8.2.3 Ti 质粒介导的遗传转化方法

现已建立了多种农杆菌 Ti 质粒介导的植物基因转化方法,其基本程序包括:含重组 Ti 质粒的工程菌的培养及转化,选择合适的外植体,工程菌与外植体共培养,外植体脱菌及筛选培养,转化植株再生等步骤。

8.2.3.1 叶盘转化法

叶盘转化法是由孟山都公司 Horsch 等(1985)最早建立的,是一种简单易行和应用广泛

121

的转化方法。基本做法是:将实验材料如烟草的叶子取下直径为 2～5mm 的圆形小片,即叶盘。将叶盘放入工程农杆菌培养液中浸泡 4～5min,使根癌农杆菌侵染叶盘。然后用滤纸吸干叶盘上的多余菌液,将这种经接种处理的叶盘放在培养皿的滤纸上培养 2d 后,再转移到含适当抗生素的培养基上继续培养及接种。经数周培养后,叶盘周围会长出愈伤组织,经进一步培养而长成幼苗。对这些再生幼苗进行分子检测(如测胭脂碱、Southern blotting、Northern blotting 和 Western blotting 等),就可确定外源基因是否整合及其表达情况。叶盘法对那些能被根癌农杆菌感染,并能从离体叶盘形成的愈伤组织再生分化出植株的各种植物都适用。这种方法有很高的重复性,便于大量常规地培养转化植物。用这种方法所得到的转化体,其外源基因大多单拷贝插入,能稳定地遗传表达,并按孟德尔方式分离。多种外植体,如茎段、叶柄、胚轴及悬浮培养细胞、萌发种子等均可用类似的方法进行转化。具体的操作方法如下:

(1) 无菌受体材料选择　叶片、茎段、胚轴、子叶等均可作受体材料,有两种来源:

① 取自无菌试管苗;

② 取自田间或温室栽培植株。

来自田间或温室植株的外植体,先用蒸馏水冲洗1～3次,再用70％酒精洗45s,0.1％升汞消毒6～8min后,用无菌水再冲洗 5 次,最后用无菌滤纸吸干多余水分。

(2) 受体材料预处理　将无菌叶片剪成0.5cm×0.5cm的小块或用打孔器凿成2～5mm的圆盘。无菌的胚轴、茎可切成0.8～1cm长的切段。这些外植体置于愈伤组织诱导或分化培养基上进行预培养2～3d,材料切口处刚开始膨大时即可接种侵染。

(3) 供体菌株培养

① 从平板上挑取单菌落,接种到 20mL 附加相应抗生素的细菌液体培养基中。常用的有 LB 培养基和 YEB 培养基。

② 27℃ ,180r/min 恒温摇床上培养至 OD_{600} 为 0.6～0.8,一般过夜培养即可。

③ 取 OD_{600} 为 0.6～0.8 的农杆菌菌液,按1％～2％比例,转入新配制的无抗生素的细菌培养液体培养基中,27℃ ,180r/min 恒温摇床上培养 6h 左右,OD_{600} 为 0.2～0.5 时即可用于转化,或同时加入100～500μm 的 AS。

(4) 侵染

① 于超净工作台上,将培养的根癌农杆菌液倒入无菌培养皿中,可根据材料对菌液敏感性进行不同倍数的稀释。

② 从培养瓶中取出预培养过的外植体,放入菌液中,浸泡适当时间,一般为1～5min。

③ 取出外植体置于无菌滤纸上吸去叶盘上多余的菌液。

(5) 共培养　将侵染过的外植体接种到愈伤组织诱导或分化培养基上,28℃暗培养2～4d。光对某些植物的转化有抑制作用,故需暗培养。共培养时间因植物不同而异。

(6) 选择培养　将经过共培养的外植体转移到选择及脱菌培养基上,温度25～28℃、光照度2 000～10 000lx条件下培养2～3周。外植体的转化细胞将分化出不定芽或产生抗性愈伤组织。此阶段所用选择及脱菌培养基为 MS 基本培养基添加抗生素(如以 NPTⅡ 为标记基因时,则加入卡那霉素,以杀死未转化细胞和抑制农杆菌生长的羧苄青霉素或头孢霉素。

(7) 继代与生根培养　将前一步选择培养所获得的抗性材料(愈伤组织或幼芽)转入相应的选择培养基进行继代扩繁培养,或转入分化培养基令其生长或诱导分化。当分化的不定芽长到 1cm 以上时,切下并插入含有选择压的生根培养基进行生根培养,两周左右就可长出不定根。

(8) 抗性再生幼苗的移植 待抗性再生幼苗根系发达后,从培养基中取出,用无菌水洗净琼脂,移入消过毒的土壤。开始1~2周可用罩子罩住幼株,防止水分蒸发,保持较高湿度。此后逐渐降低湿度至与正常温室条件一致,在温室中继续培养。

(9) 注意事项

① AS 加入与否都能获得一定的转化率。一些研究认为,加入 AS 可增加某些菌株的侵染性,根癌农杆菌转化单子叶植物时,常加入 AS。刘文轩等(1994)和刘庆法等(1998)也报道在转化前将植物组织与 AS 共培养3~4h效果会更好。

② 为提高转化细胞成活率,可采用哺育细胞看护培养方法。以迅速生长的植物细胞悬浮系为哺育细胞(通常选用胡萝卜悬浮细胞系),在特定的固体共培养基表面均匀地铺一层哺育细胞,然后在其上覆盖一层无菌滤纸,再将侵染后的外植体(叶盘等)放在滤纸上进行共培养。哺育细胞的滋养有利于转化细胞成活。

③ 为了让叶盘切口边缘能与培养基更好地接触,可使用一些较软的培养基,并且小心地将边缘组织压进培养基内,这样有利于愈伤组织形成。在切叶盘时,应避免切叶片中央的主脉,因为主脉细胞不易转化。

④ 对于烟草来说,如果在筛选剂存在的情况下,能够长出健康的绿色小苗并且有明显的根,即为转化植株。对于那些不长根的健康苗可以继续培养并检测是否为转化植株。通常在培养基中加入0.1mg/L NAA 有利于这些小苗生根,或者将这些小苗沾上生根化合物再移入消过毒的土壤中,提高转化植株的成活率。

8.2.3.2 原生质体共培养转化法

此法以原生质体为受体细胞,通过将根癌农杆菌与刚刚再生出新细胞的原生质体作短暂的共培养,使植物细胞发生转化。与叶盘法相比,此法所得到的转化体不含嵌合体,一次可以处理多个细胞,以获得相对较多的转化体。应用此法进行基因转化时,先决条件是要建立良好的原生质培养和再生植株体系。现以烟草为例介绍共培养法的基本操作步骤:

(1) 烟草叶肉细胞原生质的制备

① 以 12 周龄烟草植株上已伸展开的幼叶为试材。先对叶片进行消毒处理:叶片浸于70%酒精 30s,无菌水冲洗 1 次,浸入5%次氯酸钠溶液(可加入少量的 Tween20)30min,用无菌水冲洗 3 次后,浸入1%次氯酸钠溶液 10min,无菌水再冲洗 3 次。

② 无菌条件下将消过毒的叶片剪碎,放入培养皿中,加入约 25mL 的原生质体分离酶液,于28℃、20~30r/min 轻摇 4~6h。

③ 用倒置显微镜观察原生质体分离情况,将分离良好的原生质体悬液,用 60~80μm 孔径的滤网过滤,原生质体进入滤液。

④ 滤液经 600r/min 离心 5min,除去上清酶液,离心管底的沉淀即为原生质体。

⑤ 加入 2mL 原生质体分离缓冲液于含有原生质体沉淀的离心管中,重悬原生质体,于管底缓慢加入16%蔗糖溶液。

⑥ 800r/min 离心 10min,原生质体漂浮在蔗糖溶液与分离缓冲液中间界面上。

⑦ 小心吸取原生质体,置于分离缓冲液中洗涤,600r/min 离心 3min,弃去上清液,反复洗涤2~3 次后供转化使用。

（2）原生质体的预培养

① 用含 0.4mol/L 蔗糖的 $K_3+NAA_{0.1}+KT_{0.2}$ 的液体培养基重悬原生质体，使终浓度为 $(1\sim2)\times10^5/mL$。

② 将原生质体悬液分装于直径为 9cm 的培养皿中，每皿约 5mL，在弱光照下培养至原生质体第一次分裂前。

（3）根癌农杆菌培养

① 从平板上挑取单菌落，接种于 YEB 液体培养基中，27℃、200r/min 恒温振动培养至 OD_{600} 为 0.5 左右。

② 转移菌液于无菌离心管中，5 000r/min 离心 5min 后，弃上清液，收集沉淀的菌体。

③ 用原生质体液体培养基悬浮、稀释至细胞浓度 1×10^9 个细胞/mL，放置冰上待用。

（4）共培养　取 $50\mu l$ 根癌农杆菌轻缓混匀加到装有原生质体的培养皿中，使根癌农杆菌与原生质体比例约为 100：1，菌体终浓度约为 10^7 个细胞/mL，于室温条件下共培养 2d。

（5）脱菌培养

① 将共培养液转入无菌离心管中，700r/min 离心 5min，弃去上清液。

② 加入原生质体培养基，使原生质体重悬浮，700r/min 离心 5min，弃去上清液。

③ 加入含有 $500\mu g/mL$ 的羟苄青霉素的原生质再生液体培养基悬浮原生质体，使细胞浓度为 $(3\sim6)\times10^4/mL$，于室温脱菌培养并诱导分裂。原生质体细胞分裂至 10 个细胞期时，逐渐降低培养基中的渗透压至原始培养基的一半。

（6）选择培养　将上述脱菌培养的细胞经离心后收集小细胞团及微小的愈伤组织，转移至含 $100\sim200\mu g/mL$ 卡那霉素和 $500\mu g/mL$ 的羧苄青霉素的诱导愈伤组织或芽再生选择培养基上，进一步培养至再生植株。

（7）注意事项

① 根癌农杆菌培养时，可省去离心收集菌体和重悬步骤，直接取 lmL 菌液（YEB 培养基中生长的）加入到 $50\sim100mL$ 新鲜的或原生质体的培养液中，同时加入 $100\mu mol$ 的 AS 继续培养至 OD_{600} 为 0.2 左右时，再直接进入下一步操作。

② 此法的关键步骤之一是原生质体的预培养。研究表明，取预培养至第一次分裂之前刚形成新壁的细胞与根瘤农杆菌共培养，转化成功率较高；而用处于形成新壁之前及经多天培养之后的细胞进行共培养，转化成功率较低，其原因尚不清楚。对不同的植物材料需预备试验，摸索原生质体至细胞第一次分裂前所需的时间，这样可获得较高的转化率。烟草一般需 1~2d。

③ 在共培养过程中，一些二价阳离子（如 Mg^{2+}）有助于根癌农杆菌吸附于植物细胞壁上和细胞的转化。

8.2.3.3　整株感染法

整株感染法是用根癌农杆菌直接感染植物进行遗传转化的一种简单易行的方法。其做法是：用刀切或针刺等方法在幼嫩植株上造成伤口，然后将含有重组质粒的根癌农杆菌直接涂抹在植物伤口上进行感染；经过 3~6 周生长，就可在幼株伤口处形成 3~10mm 的冠瘿瘤；切下在植株伤口处的肿瘤或茎组织薄片，在愈伤组织的诱导培养基上培养 2~3 周；将诱导形成的愈伤组织分散，转移至含抗生素的选择培养基上培养一段时间，获得转化愈伤组织；最后将转化的愈伤组织转移至含适当植物激素的培养基上诱导再生植株。此方法一般需 12~16 周的时间才能获得分化的再生植株。在烟草上，此法转化率可达1.5%，在拟南芥上，将根瘤农杆菌涂于植株腋芽处，可长出转化的新枝条，无须组织培养等复杂操作。应用此法时，应选生活力及感染力较强的工程菌株。

8.2.4 发根农杆菌 Ri 质粒介导的基因转化

与根瘤农杆菌不同，发根农杆菌从植物伤口入侵后不能诱发植物细胞产生冠瘿瘤，而是诱发植物细胞产生许多不定根，这些不定根生长迅速，不断分枝成毛状，称之为毛状根或发状根。发状根的形成是由存在于发根农杆菌细胞中的 Ri 质粒所决定的。不少研究表明，Ri 质粒诱导植物产生的发状根实际上是单个转化细胞的克隆体，这极有利于 Ri 质粒介导的转化体及其再生植株的筛选和分离。

8.2.4.1　Ri 质粒及 Ri 质粒载体

与 Ti 质粒相似，Ri 质粒属于巨大质粒，其大小为 $200\sim800$kb。Ri 质粒和 Ti 质粒不仅结构、特点相似，而且具有相同的寄主范围和相似的转化机制，两者 DNA 均含有 T-DNA 和 Vir 区，且有较高的同源性。Ri 质粒 T-DNA 上也存在冠瘿碱合成基因，且这些合成基因只能在被侵染的真核细胞中表达。在 Ri 质粒转化细胞中检测到的冠瘿碱有农杆碱、甘露碱、黄瓜碱和农杆碱素 A-D。与 Ti 质粒的 T-DNA 不同，Ri 质料的 T-DNA 上的基因不影响植株再生，因此野生型的 Ri 质粒可直接用作转化载体。

与 Ti 质粒相同，植物基因转化中所用的 Ri 质粒载体亦可分为共整合载体和双元载体。Ri 共整合载体的构建过程是先将目的基因插入 T-DNA 中构成中间表达载体，然后通过诱导菌株的协助质粒和野生型的发根农杆菌直接三亲杂交，通过同源重组把中间载体整合到 Ri 质粒的 T-DNA 中，即构成带有目的基因的共整合载体。Ri 质粒的双元载体也是将 vir 区和 T-DNA区分离于两个复制子上（即两个质粒上）。Ri 质粒遗传转化系统中，通常将抗生素抗性基因通过共整合插入到 Ri 质粒的 T_LDNA 区上。这种改造过的 Ri 质粒可赋予转化体发根特性和抗生素特性，便于筛选和再生植株培养。另外，由于 Ri 质粒和 Ti 质粒具有相容性，两者还可相互配合而建立二元载体系统，从而拓宽这两类质粒在植物遗传转化中的应用。

与 Ti 质粒载体相比，Ri 质粒载体有以下特点：

① 发根的形成为转化体的识别和筛选提供了方便；

② 发根的单细胞克隆性质可避免出现嵌合体；

③ Ri 质粒的 T-DNA 转化产生的发根较易经体外培养获得再生植株，随着对发根农杆菌及 Ri 质粒的深入研究，Ri 质粒载体作为 Ti 质粒的补充，在植物基因工程中有广泛的应用前景。

8.2.4.2　发根农杆菌基因转化的方法

与 Ti 质粒介导的转化方法基本相同，包括以下几个步骤：

① 发根农杆菌的纯化培养；

② 外植体材料的选取及预培养；

③ 接种与共培养；

④ 诱导发根的分离与培养；

⑤ 转化体的筛选及转化体发根植株的再生培养。

接种方法有两种,即直接接种法和共感染接种法。选用发芽数日或2周内的无菌幼苗或试管苗为受体,可在其茎部注射新鲜菌液直接接种,2周后于注射处长出发状根,也可利用愈伤组织直接注射菌液接种。若选用来自大田或温室的茎段,则先要表面消毒,再插入培养基,用涂有发根农杆菌液的刀片刺穿或切伤茎段的任何部位,经过培养在伤口部位即长出发状根。消过毒的外植体也可用共感染法接种,即直接将外植体放入菌液中浸染数秒,然后进行共培养。

将经过接种共培养后的外植体上产生的发状根尖部分切下,进行2~3周3~4次继代培养,以除去发根农杆菌,再将除菌后的毛状根在无激素培养基上继代增殖培养,最后对毛状根进行选择培养及再生培养。利用Ri质粒转移外源基因很容易从毛状根或愈伤组织上产生再生植株。烟草在无激素的MS培养基上培养,毛状根能产生大量的不定芽,由不定芽产生再生植株。

影响Ri质粒载体转化效率有许多因素,其中宿主本身的作用尤为重要。众多研究表明,即使同一菌种在不同植物如烟草和胡萝卜,或者在不同接种部位如胡萝卜块根上部和下部,其转化结果都有差异。这与植物细胞产生酚类诱导物的性质、种类及数量、转化细胞的生理状态及基因表达状态差异和感染时环境条件有关。因此,在具体操作时,要依据外植体材料及所用发根农杆菌菌株等,对转化方案进行调整,以建立优化的转化体系。

8.3 DNA 直接导入的遗传转化技术

DNA直接导入的转化是指不依赖于农杆菌载体和其他生物媒体,将特殊处理的外源目的基因直接导入植物细胞,实现基因转化的技术,又称为无载体介导转化。这为那些不易通过农杆菌介导转化的植物提供了外源基因导入的有效途径。根据DNA直接导入的原理可分为化学法和物理法两类。化学法诱导DNA直接转化是以原生质体为受体,借助于特定的化学物质诱导DNA直接导入植物细胞的方法。目前,主要有两种具体方法:PEG法和脂质体法。物理法诱导DNA直接转化是基于许多物理因素对细胞膜的影响,或通过机械损伤直接将外源DNA导入细胞,原生质体、细胞、组织及器官均可作受体,因此较化学法更具广泛性和实用性。常用的物理方法有电击法、超声波法、激光微束法、微外注射法和基因枪法等。

8.3.1 PEG 介导的遗传转化

聚乙二醇(PEG)是一种细胞融合剂,其分子量为1 500~6 000,水溶性,pH值4.6~4.8,因多聚程度不同而异。PEG可以使细胞膜之间或使DNA与膜形成分子桥,促使相互间的接触和粘连,即具有细胞黏合作用。PEG还可引起细胞膜表面电荷的紊乱,干扰细胞间的识别,因而能促进原生质体融合和改变细胞膜的通透性,并且在与二价阳离子的共同作用下,使外源DNA形成沉淀,这种沉淀的DNA能被植物原生质体主动吸收,从而实现外源DNA进入受体细胞。

PEG介导的遗传转化实验操作:

(1)外源目的DNA的制备常用是含有外源目的基因的Ti质粒

(2)原生质体的制备

(3)转化培养

① 将纯的原生质体悬浮于W5溶液中,保持30min以上(8℃条件下,可保持8h而不丧失转化能力)。

W5溶液:154mmol/L NaCl,125mmol/L CaCl$_2$,5mmol/L KCl(pH值5.6)

② 取原生质体悬液,500r/min 离心 5min,收集原生质体,随后用适量转化介质重新悬浮使原生质密度达 2×10^6/mL

转化介质:0.5mol/L 甘露醇,15mmol/LMgCl₂,0.1%MES,用 KOH 溶液调 pH 值至5.6。

③ 取 0.5mL 原生质体悬浮液放入 10mL 离心管中。加入 50μL 小牛胸腺 DNA(lmg/mL)轻轻混匀后静置 10min。

④ 加入 10μL Ti 质粒 DNA(lmg/mL),轻摇混匀后静置 10min。

⑤ 加入等体积的40%PEG 溶液,立即混匀。在室温下放置 30min。

40%PEG 溶液:PEG6 000 溶于 0.1mol/L Ca(NO₃)₂ 及 0.4mol/L 甘露醇溶液中,再用 KOH 溶液调 pH 值至 8.0。

⑥ 每隔 5min 加入 1～2mL0.2mol/LCaCl₂ 溶液,逐步稀释到 10mL 为止。

⑦ 离心(500r/min)收集原生质体,并重新悬浮到 10mL 原生质体培养基中进行培养。

⑧ 1 周后转入附加 50mg/L 卡那霉素的培养中进行筛选培养。

(4) 转化体鉴定及再生植株培养 对筛选到的转化细胞或细胞团进行初步鉴定后,再进行分化培养以获得再生植株。

(5) 注意事项

① 用 W5 悬浮的原生质体离心后,应尽可能弃尽 W5 溶液。加入转化介质后应立即加入外源 DNA 进行转化处理。

② 加入 PEG 溶液后,必须立即与原生质体悬浮液混匀;否则,原生质体会凝集成团,用 CaCl₂ 溶液稀释时,很难分散开来。

③ CaCl₂ 溶液逐步加入,能使 PEG 浓度慢慢地降低,Ca^{2+} 浓度慢慢升高,这对获得较高的转基因频率是很重要的。

④ 选用细胞分裂 S 期和减数分裂同步分裂的原生质体为受体,可提高转化效率。

8.3.2 基因枪法

基因枪法又称粒子枪法、微弹轰击法、粒子加速法、生物炸弹法或生物弹击法等,是利用高速运动的金属微粒将附着于表面的核酸分子引入到受体细胞中的一种遗传物质导入技术。其原理是利用火药爆炸、高压放电或高压气体作为驱动力加速金属粒子(微弹),并使其进入带壁的细胞。在此过程中,携带有目的基因的质粒 DNA 首先黏附于微弹(钨粉、金粉等)表面(通常以氯化钙或亚精胺作为沉淀剂来促进 DNA 与微弹表面结合),结合有 DNA 分子的微弹经加速而获足够的动量,进而穿透植物细胞壁进入靶细胞。外源 DNA 分子也就随之导入细胞,并随机整合到寄主的基因组内。

基因枪法最早是由美国康奈尔大学的 Sanford 等(1987)建立的。Klein 等(1987)首次应用基因枪法将烟草花叶病毒 RNA 和 cat 基因分别导入洋葱细胞。他们还将 gus 基因导入玉米原生质体,得到瞬间表达。McCabe 等(1988)用外源 DNA 包被的钨粒对大豆茎尖分生组织进行轰击,获得了再生植株,并且在 R_0、R_1 代植株中检测到了外源基因的表达。这些成功的实验大大地加快了基因枪技术的应用和发展。最初这项技术是 DuPont 公司申请的专利,现在通过 BioRad 公司推广。早期的基因枪是使用炸药引爆产生爆发力,其效果欠佳,现已被更先进的改良型号诸如高压放电型和压缩气体驱动型所取代,使得基因转移的效率和植物细胞的转化频率都得到了进一步的提高。

基因枪法的受体可以是各种外植体、愈伤组织及胚性细胞或细胞器,突破了基因转移的物种界限。实验操作简单易行,具有相当广泛的应用范围,已成为研究植物细胞转化和培育转基因植物的最有效手段之一。

现以基因枪法转化小麦和大麦未成熟胚为例介绍操作基本实验程序:

(1) 受体材料准备(未成熟幼胚的分离)

① 采取授粉后12～14d的大(小)麦,此时未成熟胚约1～2cm长。小心剥离幼穗未成熟的颖果,并浸入70%酒精1min,再移入2%NaOCl溶液中5min,进行表面消毒。

② 无菌水冲洗颖果3～4次后,用镊子和解剖刀剥去果种皮,取出幼胚。将幼胚盾片向上置于愈伤组织诱导培养基上。在培养皿中央放置20～30个幼胚用于轰击处理。

愈伤组织诱导培养基:MS+30g/L麦芽糖+1mg/L盐酸硫胺素+0.25mg/L肌醇+1g/L水解酪蛋白+0.69g/L脯氨酸。用3.5 g/L脱乙酰基兰糖胶固化(用琼脂固化也可)

③ 用Parafilm封闭培养皿,26℃暗培养。

④ 幼胚可直接轰击处理,也可先预培养1～2d,再进行轰击。

(2) 包裹DNA微弹载体准备

① 将40mg金粉放入1mL 96%酒精中,置于Eppendolf管内。超声波处理30s后,4 200g(约500r/min)1～5min。弃去上清液,加入1mL/g 96%酒精,涡旋振荡使金粉重悬,离心,重复3次。

② 加1mL无菌水洗涤金粉,重复3次,方法同前一步,最后一次离心结束后,加入1mL无菌水使金粉重悬,取出50μL金粉重悬液于1.5 mL Eppendolf管内。-20℃储存备用或接着进入下一步。

③ 将5μL携带有目的基因的质粒DNA(1μg/μL)加入装有50μL金粉悬液的1.5mL Eppendorf管内(冰上操作),涡旋混匀。

④ 再加入50μL 2.5mol/L CaCl₂和20μL 0.1mol/L亚精胺(现配现用)。每次加入后,都要涡旋混匀。置于冰上15min。

⑤ 重新涡旋后,4 200g(约15 000r/min)离心5s,弃去上清液。

⑥ 加入无水酒精250ml,涡旋1min洗涤金粉,4 200g离心30s,弃去上清液。

⑦ 用240μL无水酒精重悬金粉,涡旋少许或用tiP尖将沾在管壁上的金粉搅拌于溶液中,也可以用超声波处理3s,以分散金粉颗粒。

(3) 轰击处理

① 所用基因枪为BioRad公司PDS1 000/He型,将基因枪放置于一个较大型的超净工作台上,以利于操作。工作台、真空室、微弹载体和阻挡网等物品均需用70%酒精消毒,然后吹干残余酒精。

② 将微弹载体装入载体架上,吸取3～6μL包被质粒DNA的金粉悬浮液,点于微弹载体中心,迅速干燥2min。

③ 将载有包被质粒DNA的金粉颗粒的微弹载体及阻挡网装入微弹发射装置中。

④ 将放有欲转化的大(小)麦幼胚的培养皿置于基因枪样品室内,关紧基因枪操作室盖。

⑤ 打开电源开关,真空泵及氦气瓶阀。

⑥ 抽真空,按VAC键,当真空度达到所需数值约8～10×10⁴Pa,将VAC键转到Hold位置。

⑦ 按 FIRE 键使氦气压力达到适当值约 $6.21\sim10.695\times10^6\,Pa$,载有微弹的载体(一种特制的膜片)爆裂,将微弹高速击入受体组织。

⑧ 轰击完后,按 VENT 键,解除真空状态,打开操作室盖,取出样品或按上述操作进行第二次轰击。一般情况下,每皿样品轰击 2～4 次。

(4) 过渡培养及筛选培养

① 将轰击后的外植体〔此处为大(小)麦幼胚〕转入愈伤组织诱导培养基中,在26～28℃、黑暗或弱光下进行过渡培养1～2周(此处为2周)。该培养基不加筛选剂,以利于受轰击细胞的恢复及充分表达外源基因。

② 将过渡培养后的外植体,即大(小)幼胚转入含有选择剂的培养基(此处为20％的草丁膦)中进行培养。培养2周时,幼胚愈伤组织表面就可见胚状结构,然后转入继代扩繁培养或分化培养。

(5) 植株再生培养

① 将带有胚状结构的转化愈伤组织移入分化培养基中进行分化培养。14d 时,就可长出幼芽。然后转入 26～28℃、弱光(3000lx,16h)下,进行生根培养 2 周,就可长出幼根系。

② 将长有幼叶(1.5～2.0cm 长)和幼根的试管苗,小心移栽于装有湿润介质的小花盒中,看护培养1～2d 后,再移入温室正常土壤中生长到成熟。

(6) 注意事项

① 未成熟胚的发育阶段是转化是否成功的最重要因素。研究表明,对于形态发育即将完成和盾片组织刚开始积累淀粉时的幼胚是最好的材料,可获得高频率的体细胞胚状体和再生植株。

② 外植体在轰击前是否需要预培养及时间长短视试材基因型而定。Becker 等(1994)实验表明,冬小麦品种 Florida 的幼胚无需预培养,而春小麦品种 Veery 幼胚预培养1～2d 效果较好。

③ 包被外源 DNA 的微弹制备完后,应立即进行轰击处理。

④ 枪击前最好质粒 DNA 贮存液浓度调至 $1\mu g/\mu L$,这样有利于微弹制备时 DNA 的取样。若进行两种质粒共转化,则每种质粒可各取 $2.5\mu g$。

⑤ 亚精胺最好是现配现用,也可配好后于−20℃保存,但不超过 1 个月。保存时间过长或没有保存好的亚精胺都会发生降解,从而严重影响转化率。

⑥ PDS1000/He 型基因枪,一般选用 $7.6\times10^6\,Pa$(1100psi)或 $1\times10^7\,Pa$(1500psi)规格的微粒子弹载体,可裂圆片规格应与微粒子弹载体相对应。

⑦ 质粒 DNA 的纯度和浓度是影响转化的重要参数之一。PDS 1000/He 型基因枪一般使用0.5～0.75μg/枪。质粒 DNA 过多会导致微粒子弹严重结块,过少则导致被轰击的细胞获得外源 DNA 的机会减少,两者均影响转化率。

复习思考题

1. 什么叫植物遗传转化受体系统? 植物遗传转化受体系统有几种类型?
2. 简述农杆菌介导的植物基因转化技术。
3. 简述 DNA 直接导入的遗传转化技术。
4. 简述 PEG 法、基因枪法实验操作技术。

9 植物组织培养苗的工厂化生产

要将无毒、无病的优质苗木应用于生产,获得经济和社会效益,需研究如何将组织培养(组培)试管苗工厂化生产的问题。植物组织培养(组培)苗的工厂化生产是指在人工控制的最佳环境条件下,充分利用自然资源和社会资源,采用标准化、机械化、自动化技术,高效优质地按计划批量生产健康植物苗木。

9.1 工厂化生产设施和设备

9.1.1 组织培养、离体快速繁殖用设施和设备

植物组织培养苗的工厂化生产用设施和设备应根据市场和生产任务要求来确定生产规模,组织培养离体快速繁殖部分按工厂化生产概念应称为"组培车间",建立一个中等规模的"组培车间"(年产脱毒苗10～20万株)大体需要的设施、设备、试剂见表9-1、表9-2、表9-3。

表 9-1 组培苗工厂化生产建筑设施一览表

序　号	名　　　称	数量/m²	单价/元·m²	金额/万元
1	预处理室	40	600	2.4
2	试剂室	40	600	2.4
3	培养基制备室	60	600	3.6
4	灭菌室	40	700	2.8
5	无菌接种室	40	800	3.2
6	培养室	80	800	6.4
7	观察记载室	20	600	1.2
8	温室	667	400	26.68
9	塑料大棚	667	100	6.67
10	防虫网	1 200	10	1.2
11	锅炉房	30	500	1.5
12	工作间	100	500	5.0
13	仓库	200	300	6.0

表 9-2 组培苗快速繁殖车间设施和仪器一览表

序　号	名　　　称	数　量	规　　　格	单价/元	金额/万元
1	药品橱	2	组合型铝合金橱	1 000	0.2
2	操作台	4	1007075	1 500	0.6
3	大冰箱	2	380L	5 000	1.0

序　号	名　　称	数　量	规　格	单价/元	金额/万元
4	冰柜	1	−20,250L	5 000	0.5
5	通风橱	1		500	0.05
6	玻璃器皿橱	1	组合型铝合金橱	800	0.16
7	电热干燥箱	2	80～160	5 000	1.0
8	恒温培养箱	2	30～100	800	0.8
9	液体培养摇床	2	旋转或垂直	6 000	1.2
10	培养架	50	5～7层根据房间高度而定	1 400	7.0
11	电炉	3	1 000W,2 000W	200	0.06
12	煤气炉	1		500	0.05
13	微波炉	1	1 500W	1 500	0.15
14	移液管架	3		200	0.06
15	酸度计	2		3 000	0.6
16	天平	4	10%、1%、0.1%、0.01%		1.6
17	空调	4	2P、1.5P	5 000	2.0
18	换气扇	4			
19	灭菌锅	4		1 000	0.4
20	蒸馏水器	1	5L	800	0.08
21	培养基放置架	1		500	0.1
22	计时钟	2		100	0.02
23	医用手术车	2		300	0.06
24	超净工作台	4	双人双面	9 000	3.6
25	抽滤设备	1		1 000	0.1
26	紫外灯	4		300	0.12
27	负离子发生器	4		300	0.12
28	解剖镜	4	40倍	1 500	0.6
29	显微镜	1	100～1 000倍	3 000	0.3
30	显微照相	1		20 000	2.0
31	离心机	2	3 000～10 000	7 000	1.4
32	酶标测定仪	1	96孔微机控制	30 000	3.0
33	电泳设施	1		6 000	0.6

表 9-3　组培苗快速繁殖车间需备试剂一览表

名　　称	数　量	规格(分子量)
硝酸铵 NH_4NO_3	500g	80.04
硝酸钾 KNO_3	500g	101.11
氯化钙 $CaCl_2 \cdot 2H_2O$	500g	147.02
无水 $CaCl_2$	500g	111.02
硫酸镁 $MgSO_4 \cdot 7H_2O$	500g	246.47
磷酸二氢钾 KH_2O_4	500g	136.09
硫酸铵 $(NH_4)_2SO_4$	500g	132.15
硝酸钙 $Ca(NO_3)_2 \cdot 4H_2O$	500g	236.16
硝酸钠 $NaNO_3$	500g	85

名　　称	数　　量	规格（分子量）
硫酸钠 Na_2SO_4	500g	142.04
磷酸二氢钠 $NaH_2PO_4 \cdot H_2O$	500g	156.01
氯化钠 $NaCl$	500g	58.44
氯化钾 KCl	500g	74.55
碘化钾 KI	500g	166.01
硼酸 H_3BO_3	500g	61.83
硫酸锰 $MnSO_4 \cdot 4H_2O$	500g	223.01
或 $MnSO_4 \cdot H_2O$		169.01
硫酸锌 $ZnSO_4 \cdot 7H_2O$	500g	287.54
乙二胺四乙酸钠 Na_2EDTA	500g	372.25
钼酸钠 $Na_2MoO_4 \cdot 2H_2O$	500g	241.95
钼酸铵 $(NH_4)_2Mo_4O \cdot 2H_2O$	500g	231.97
硫酸铜 $CuSO_4 \cdot 5H_2O$	500g	249.68
氯化钴 $CoCl_2 \cdot 6H_2O$	500g	237.93
氯化铝 $AlCl_3$	500g	133.34
氯化镍 $NiCl_3 \cdot 6H_2O$	500g	165.08
硫酸亚铁 $FeSO_4 \cdot 7H_2O$	500g	278.03
硫酸铁 $Fe_2(SO_4)_3$	500g	207.77
肌醇环乙六醇	100g	180.16
烟酸（维生素 B_3）	100g	123.11
盐酸吡哆醇（维生素 B_6）	100g	205.64
盐酸硫胺素（维生素 B_1）	100g	337.29
抗坏血酸（维生素 C）	100g	176.12
生物素（维生素 H）	100g	244.31
泛酸钙（维生素 B_5 的钙盐）	100g	476.53
叶酸（维生素 B_c 维生素 M）	100g	441.40
维生素 B_{12}	100g	1 357.64
甘氨酸	100g	75.07
盐酸 HCl	500mL	
氢氧化钠 $NaOH$	200g	
氢氧化钾 KOH	200g	
α-萘乙酸 NAA	1～10g	
吲哚-3-乙酸 IAA	1～10g	
3-吲哚丁酸 IBA	1～10g	
2,4—二氯苯氧乙酸 2,4-D	1～10g	
P-氯苯氧乙酸 P-CPA	1～10g	
β-萘氧乙酸 NOA	1～10g	
腺嘌呤 A	1～10g	
硫酸腺嘌呤 $AdSO_4$	1～10g	
苄基腺嘌呤或 6-苄氨基腺嘌呤 BA 或 BAP	1～10g	
6-γ-二甲基丙烯嘌呤或 N-异戊烯氨基嘌呤 α-Ip	1～10g	
激动素 KT	1～10g	

名　　称	数　　量	规格（分子量）
玉米素 Zt	1～10g	
赤霉素 GA₃	1～10g	
蔗糖	5kg	
琼脂	2kg	
95％化学纯酒精	500mL	
食用纯酒精	5kg	
工业纯酒精	10kg	

上述试剂 1 次不可购买太多,用完再买,免得存放久了变质。

9.1.2　保护栽培设施

保护栽培设施用于试管苗移栽、驯化和生产,主要有温室、塑料大棚、防虫网棚、遮阳网棚和防雨棚等。

9.1.3　试管苗移栽设施设备

（1）基质前处理设备　主要有搅拌机、装盘机、传输系统、喷药消毒机。

（2）育苗容器及传送装置　育苗容器有育苗筒、育苗钵和育苗穴盘,传送装置基本用转逆式,也可用单轨传递装置。

9.2　工厂化生产的技术

工厂化生产主要有以下 5 个技术环节:品种选育和母株培育、离体快速繁殖组培基本苗、组培苗移栽驯化、苗木传送和运输、苗木质量检测。

9.2.1　品种选育和母株培育

根据需要选择有市场发展潜力或生产需要的品种,要求纯度好、无病虫害,建立材料和原料培育圃。

9.2.2　离体快繁组培基本苗

经无菌苗建立、继代快繁增殖、生根等工序,获得健壮基本苗,本阶段在组培快速繁殖车间完成。

9.2.3　组培苗的移栽驯化

9.2.3.1　准备工作

（1）选择育苗容器　组培苗移栽驯化一般用穴盘,经济实惠。原苗移栽可选穴格、穴容稍大的,扦插苗可选两者较小的,以节省空间,降低生产成本。

（2）基质选配　基质选配有固定原则。基质的作用是固定幼苗、吸附营养液、改善根际透气性。基质需具有良好的物理特性,通气性好;需具有良好的化学特性,不含有对植物和人类有毒的成分,不与营养液中的盐类发生化学反应而影响苗正常生长;需对盐类要有良好的缓冲能力,维持稳定、适宜植物个体的 pH 值。选用基质还需物美价廉,便于就地取材。基质种类分有机基质和无机基质。

① 有机基质。主要有泥炭和炭化稻壳两类。泥炭,由半分解的水生、沼泽湿地生、藓沼生或沼泽生的植被组成,有较高的持水能力,pH 值3.8～4.5,并含有少量的氮,不含磷钾,不易分解,适合作育苗基质。炭化稻壳,将稻壳烧制成炭壳,或用未烧透稻壳,也可用锅炒制,炭化程度以完全炭化但基本上保持原形为标准,质地疏松,保湿性好,含有少量磷钾镁和数种微量元素,pH 值8 以上。应用前要用水反复冲洗,必要时用 300 倍硫酸洗涤。移苗前 7d 灌营养液,待 pH 值稳定后再用。利用炭化稻壳作基质,营养液配方中的磷钾含量要适当降低。除上述两种基质外,锯木屑也可以使用,但要慎重,因为有的木屑含有毒成分,特别是酚类化合物。除有毒和有油的树种外,一般树种的锯木屑都可以使用,为了安全起见,最好进行水冲洗或高温焖制等预处理。

② 无机基质。有炉渣、沙、蛭石、次生云母矿石、珍珠岩等。炉渣,把充分燃烧的煤炭炉渣粉碎,先用 3mm 孔径的筛子过筛,再用 2mm 孔径的筛子筛出直径 2～3mm 的炉渣,用水冲洗备用。沙粒径以 0.1～2.0mm 为宜。沙含有部分锰、硼、锌等微量元素。蛭石、次生云母矿石和珍珠岩等,质轻,透气性和保湿性好,具有良好的缓冲性,是很好的基质材料。

上述基质除单独应用外,还可多种基质混合应用,取长补短。组培苗的移栽一般用无土栽培,为提高空间利用率常选用格小的穴盘,能容纳的营养基质少,因而对质的要求较高。要求基质保肥,吸水力强,透气性好,不易分解,支持性好。采用泥炭、珍珠岩、蛭石、沙及少量有机质、复合肥混合调配为好,如美国的加州混合基质(JZ)和康乃尔草炭混合基质(KNE)(见表9-4)等。

表 9-4　复合基质配方

加州混合基质(JZ)		康乃尔草炭混合基质(KNE)	
材料名称	用量	材料名称	用量
细沙	0.5m³	2 号、3 号园艺用珍珠岩	0.5m³
粉碎草炭	0.5m³	粉碎草炭	0.5m³
硝酸钾	145g		
硫酸钾	145g	5-10-5 复合肥	3.00kg
白云石或石灰石	4.5kg	白云石或石灰石	3.00kg
钙石灰石	1.5kg		
20%过磷酸钙	1.5kg	20%过磷酸钙	1.20kg

（3）场地、工具及基质灭菌、装盘　移栽场地及所有工具必须用灭菌药水清洗(10%漂白粉溶液或 800 倍高锰酸钾液泡10～15min),基质要先充分混匀,用1 000倍百菌清喷雾、搅拌。如果基质内含土壤,消毒更应严格,还可应用下列消毒剂:

① 65%代森锌粉剂消毒。苗床土用药 60g/m³,药土混拌均匀后用塑料薄膜盖2～3d,然后撤掉塑料薄膜,待药味散后使用,具有一定防病效果。

② 福尔马林消毒。能防治猝倒病和菌核病。用0.5%的福尔马林喷洒床土,混拌均匀,然后堆放并用塑料薄膜封闭 5～7d,揭开塑料薄膜使药味彻底挥发后方可使用。

③ 蒸汽消毒和微波消毒。用蒸汽消毒床土,可以防治猝倒病、立枯病、枯萎病、菌核病和黄瓜花叶病毒病等,效果良好。用蒸汽把土温提高到 90～100℃,处理 30min。蒸汽消毒的床土待土温降下去后即可使用,消毒快,又没有残毒,是良好的消毒方法。微波消毒是用微波照射土壤,能灭草、线虫和病毒。行走式微波消毒机由功率 30kW 发射装置和微波发射板组成,前进速度为 0.2～0.4km/h。工作效率较高。

将充分混匀、灭菌后的基质装入备好的育苗盘中。

④ 营养液配制。

A. 营养液主要成分。植物生长需要的大量元素 C、H、O、N、P、K、Ca、Mg、S、C、H、O 是从植物周围的空气和水中获得的,微量元素有 Fe、Cl、Mn、B、Zn、Cu、Mo。大量元素中的 C、H、O 是从植物周围的空气和水中获得的。微量元素中的 Cl 在大多数情况下是从水中获得的,配制营养液时可不考虑 C、H、O、Cl 等 4 种元素,只配制含其他 12 种元素的营养液。

B. 常用的盐类的来源。配制营养液常用的盐类是由工厂提供的工业化合物。微量元素用量少,也可用化学药品代替。

氮肥:硝酸钙、硝酸钾、磷酸二氢铵、硝酸铵、尿素、氮磷钾三元复合肥

磷肥:磷酸二氢钾、硫酸钾、氯化钾、氮磷钾三元复合肥

钙肥:硝酸钙、硫酸钙、过磷酸钙、石膏

镁肥:硝酸镁、硫酸镁钾

硫肥:硫酸镁、硫酸钾,一般以工业用泻盐(硫酸镁)作镁、硫给源

铁肥:螯合态铁最好,如没有也可用硫酸亚铁

硼肥:硼酸、硼砂

钼肥:钼酸铵、钼酸钠

锌肥:硫酸锌

铜肥:硫酸铜

锰肥:硫酸锰、螯合态锰

C. 营养液浓度表示方法。过去常用百分比浓度、当量浓度、克分子浓度、百万分比浓度等表示。在营养液育苗时以百万分比浓度最为常用。百万分比浓度就是 100 万份溶液中所含溶质的份数,实际上就是质量分数。例如,百万分之一浓度的锰,就是 10^6 g 溶液中含有 1g 锰。计量标准规定用溶质的质量分数即 1×10^{-6} 表示。

(4) 营养液配方　不同植物种类所需营养液配方有所不同。

配方 1:

| 尿素 450 | 磷酸二氢钾 500 | 硫酸钙 700 | 硼酸 3 | 硫酸锰 2 |
| 钼酸钠 3 | 硫酸铜 0.05 | 硫酸锌 0.22 | 螯合态铁 40 | |

配方 2:

| 硝酸钙 950 | 硝酸钾 810 | 硫酸镁 500 | 磷酸二氢铵 155 | 硫酸锰 2 |
| 钼酸钠 3 | 硫酸铜 0.05 | 硫酸锌 0.22 | 硼酸 3 | 螯合态铁 40 |

配方 3:

| 复合肥($N_{15}P_{15}K_{12}$)1000 | 硫酸钾 200 | 硫酸镁 500 | 过磷酸钙 800 | 硼酸 3 |
| 硫酸锰 2 | 钼酸钠 3 | 硫酸铜 0.05 | 硫酸锌 0.22 | 螯合态铁 40 |

配方 4:

硝酸钾 411　　硝酸钙 959　　硫酸铵 137　　硫酸镁 548　　磷酸二氧钾 137　　氯化钾 27

硼酸 3　　　　硫酸锰 2　　　钼酸钠 3　　　硫酸铜 0.05　　硫酸锌 0.22　　　螯合态铁 40

配方 5：

硝酸钙 950　　磷酸二氢钾 360　　硫酸镁 500　　硼酸 3　　硫酸锰 2　　钼酸钠 3

硫酸铜 0.05　硫酸锌 0.22　　　螯合态铁 40

配方 6：

硫酸镁 500　　硝酸银 320　　　硝酸钾 810　　过磷酸钙 1160　　硼酸 3　　硫酸锰 2

钼酸钠 3　　　硫酸铜 0.05　　硫酸锌 0.22　　螯合态铁 4

（5）营养液配制方法

① 化肥用量及溶解。营养液配方的各种化肥数都是配 1 000 kg 水的用量，可根据情况按实际配液量与 1 000 kg 的比值乘以每种化肥克数，算出具体用量，称取配制。在配制过程中要防止沉淀的发生，如硫酸镁和硝酸钙、硝酸钙和磷酸铵在高浓度的原液混合时，很容易产生硫酸钙及磷酸钙的沉淀。因此，最好先将各种肥料分别溶解，再加入盛水容器中，充分搅拌。尿素、硫酸镁、磷酸二氢钾等都比较易溶，而硝酸钾、硝酸钙、尤其磷酸二氢钙溶解需要一定时间。常用的几种钙肥除硝酸钙外溶解度都比较低，溶解时应加一定量的水。

② 配制微量元素原液。微量元素用量低，为避免每次称量麻烦，一般先配成原液，在暗处保存，使用时按一定比例取出原液加入营养液中。用温水溶解肥料可加快速度。

③ 调整 pH 值。为控制营养液适宜的 pH 值，首先应进行测定，然后矫正。如需降低 pH 值，可加入硫酸或盐酸，如需提高 pH 值加入氢氧化钾。大部分营养液的 pH 值在 4.5～6.5，以 5.5～6.5 为最适。

④ 水质及其盐含量。配制营养液的水质一般问题不大，但在沿海或盐碱地区的地下水有的含盐量较高。用这种水配营养液经过一段时间后，盐分浓度容易超过允许界限，导致苗受害。所以使用前应进行测定，盐分以不超过 200～400 mg/L 为限。

9.2.3.2　组培苗移栽

（1）自然适应　组培苗由试管内条件转入温室，暴露于空气中，环境落差大，需逐步适应。一般要求从培养室内将培养瓶拿到室温下先放置 2 周左右，再打开瓶盖，置架上 4～12 h。

（2）起苗、洗苗、分级　将苗瓶置于水中，用小竹签伸入瓶中轻轻将苗带出，尽量不要伤及根和嫩芽，置水中漂洗，将基部培养基全部洗净。将苗分为有根苗和无根苗两类。

（3）移栽　拿起苗，用手指在基质上插洞，将苗根部轻轻植入洞内，撒上营养土，将苗盘轻放入洇苗池中，待水漫漫上洇。洇透后，将盘放在传送带上，送入缓苗室。无根苗需先蘸生根液再行移植。若用栽苗机应按规定操作。

9.2.3.3　组培苗扦插

为加快繁殖，提高繁殖系数，还可将组培苗切段扦插繁殖。具体操作是将经自然适应的小苗洗净，每叶节切一段，基部向下扦插在洇足水的沙盘中。如果苗不易生根，可先蘸生根粉，再扦插，然后同试管苗一样移栽。

9.2.3.4 幼苗驯化管理

组培苗移栽后送入驯化室,驯化室一般为防虫温室。移栽后1~2周为关键管理阶段,主要是光照、水分、通风、透气等方面。本阶段需弱光、适当低温和较高的空气相对湿度。高温季节简易温室气温回升快,应加强通风、透气,进行人工喷雾。本阶段可适施薄肥,结合喷水喷施3~5倍MS大量元素液。1周后每隔3d叶面喷施营养液1次。由于空气湿度高,气温低,幼苗易感染立枯病、猝倒病、枯叶病,造成死亡,因此要及时喷药,防治病虫害。

9.2.3.5 组培苗驯化

(1)适宜的基质 不同栽培基质对组培苗移栽成活率有显著影响(见表9-5、表9-6)

表9-5 不同栽培基质对大蒜组培苗移栽成活率的影响

基 质	移栽数/株	成活数/株	成活率/%	效果比较/%
消毒土	50	38	73	77.7
沙 土	50	37	67.5	71.8
蛭 石	50	47	94	100

芳香樟以苔藓为基质成活率最高。大蒜的组培苗以蛭石为基质,移栽成活率最高达94%。要针对不同植物要求筛选最佳移栽基质,才能保证取得较高的移栽成活率。

表9-6 不同栽培基质对芳香樟组培苗移栽成活率的影响

基 质	移栽数/株	存活数/株	存活率/%
黄土	20	10	50
全沙	20	11	55
珍珠岩	20	4	20
苔藓	20	18	90
黄土:沙(1:1)	20	16	80
黄土:沙(2:1)	20	13	65
黄土:沙:腐殖土(2:1:1)	20	12	60
黄土:沙:谷糠灰(1:1:1)	20	6	30
珍珠岩:腐殖土(2:1)	20	6	30

(2)苗的生理状况影响试管苗移栽成活率高 将石刁柏的组培苗分为合格苗(2根以上)、1根苗、无根苗3类,在细沙、腐殖土、蛭石按3:1:1的土壤基质上种植,采取相同的管理条件。经过1个月左右缓苗观察,发现1周左右,因正处缓苗阶段,苗成活率差别不明显;2周左右苗成活率表现出明显差别。合格苗成活率最高,达90.5%,1根、无根苗较差,分别为72.1%和26.5%。

(3)温、湿度影响移栽成活率 组培苗比较纤弱,适应能力差,需逐渐地适应驯化。高温季节应注意遮阳、保温、通风透气,并经常进行人工喷雾。温度以18~20℃、空气相对湿度保持在70%~85%为宜。为防止杂菌污染,用1000倍百菌清溶液中浸根3~5min,可提高移栽成活率。

9.2.3.6 "绿化"炼苗

温室组培苗移栽成活 4～6 周后,可逐渐移至遮阳大棚下进行"绿化"炼苗。本阶段特点是幼苗由驯化、缓苗期进入正常的生长。根系刚恢复生长,幼叶长大,嫩芽抽梢,肥水管理非常重要。

首先,要结合浇水浇灌营养液。如果用稻壳或炉渣为基质,采用河水、自来水等浇灌时,可不用加微量元素。营养液的供给时间应适当提前,一般每 3～5d 应供给营养液 1 次。在施用营养液时,应根据不同的植物种类,采用不同的配方。绿化前期,秧苗较小,营养液的浓度应低一些,一般为 0.15%～0.2%。随着秧苗长大,营养液浓度可逐渐加大到 0.3% 左右,使幼苗顺利实现从异养生长向自养生长的过渡。

其次,要逐渐延长光照时间,增加光照强度。要保持透明覆盖物的洁净和及时掀揭。绿化室内光照强度应由弱到强,循序渐进,否则会因光照强度增加过快而导致秧苗的灼伤。有条件的可在绿化期进行人工补充光照。补充光照时可用植物效应灯、高压氯灯或日光灯,使秧苗光照度在 3 000lx 以上。补充时间因作物而异,茄果类秧苗为 6～10h,加上自然光照时间总计光照时间不超过 16h;黄瓜每天补充光照时间 4～6h,加上自然光照时间每天总计光照时间不超过 12～14h。

其三,绿化室内苗密集,空气湿度大,病害易发生,每隔 7～10d 需交替喷 1 000 倍百菌清或灭枯净。

9.2.3.7 成苗管理

(1) 及时供水　成苗期苗木较大,需水量大,气温升高,通风多,失水快,要注意及时供水。特别是采用营养钵育秧或电热温床育苗,更应经常浇水,保持育苗基质湿润。

(2) 苗床温度　开始,苗床的温度可稍高些,茄果类蔬菜和黄瓜苗,白天控制在 25～28℃,夜间 20℃,以促进生根缓苗。以后逐渐降低温度,白天 20～25℃,夜间 15℃ 左右。这一时期的苗床温度主要是利用阳光热和保温、通风措施加以调节。

(3) 追肥　在育苗基质肥料充足的情况下,可不追肥,如有条件可每隔 3～5d 根外追施 0.2% 磷酸二氢钾液,也可撒施或随水追施复合肥,施用量为 15～30g/m²。追肥后一定要及时浇水,防止烧苗。此期间还应注意防治苗期病虫害。总之,成苗管理苗床温湿度要适宜,促控结合,使苗木既不徒长,又不老化。同时,还需根据气象预报,注意防寒、通风换气,确保苗木的正常生长发育。

9.2.4　苗木传送和运输

商品植物苗木的地区间流动随着商品性生产的发展,特别是植物育苗业的发展、育苗技术和交通条件的改善而蓬勃兴起。组培快速繁殖苗异地育苗、运输,可发挥技术优势为异地培育质优、价廉的苗木。组培快速繁殖苗要求集约化程度高,设施及技术要求严格,要创造较完善的苗木繁育设施及掌握快速繁殖技术难度较大。技术优势较强的地区发展组培快速繁殖育苗业,运输到产区,深受欢迎,有广阔的市场空间,也会有较大的经济效益和社会效益。此外,异地育苗、运输可节约育苗能耗,降低苗木成本。利用纬度差、海拔高度差或地区间小气候差异进行育苗,节约育苗能耗,降低苗木成本。例如,我国春季南北之间温差很大,在南方可以用露地或简易保护地育苗时,北方还要在加温温室育苗,利用这种差异发展异地育苗运输是可行的。同时,也可在夏季气候比较温和的地区或海拔较高的山区为夏季或秋季延迟栽培育苗,可减轻苗期病害的发生,提高苗质量。

进行异地育苗运输须考虑:首先,经济上是否合算,育苗成本＋运输费用＋最低的利润≤用户在当地培育同等质量秧苗所需的成本费;其次,苗木须有较高的技术含量、品种优良、对路,苗木质量好;其三,具有稳定而畅通的销售渠道及适合的包装及运输条件。异地育苗、运输还应掌握以下技术环节:

9.2.4.1 便于运输的育苗方法及苗龄

为便于运输,育苗方法必须注意。无土育苗一般水培和基质培(沙砾、炉渣等作基质)都可以应用,但起苗后根系全部裸露,根系须采取保湿保护等措施,否则,经长途运输后成活率会受到影响。采用岩棉、草炭作为基质质轻、保湿并有利于护根,效果较好。穴盘育苗法基质使用量少,护根效果好,便于装箱运输,近些年来推广应用较多,适合苗木运输。一般远距离运输应以小苗为宜,尤其是带土的秧苗。小苗龄植株苗小,叶片少,运输过程中不易受损,单株运输成本低。但是,在早期产量显著影响产值的情况下,为保护地及春季露地早熟栽培培育的秧苗需达到足够大的苗龄才能满足用户要求。

9.2.4.2 包装、运输工具和运输适温

(1)包装 苗木公司需制作有本公司商标的包装箱。包装箱的质量可因苗木种类、运输距离不同而异。近距离运输,可用简易的纸箱或木条箱,以降低包装成本;远距离运输,要多层摆放,充分利用空间,应考虑箱的容量、箱体强度,以便经受压力和颠簸。

(2)运输工具 根据运输距离选择运输工具,同一城市或区、乡内,可用拖拉机、推车或一般汽车运输;远距离需依靠火车或大容量汽车,用具有调温、调湿装置的汽车最为理想。育苗工厂可将苗直接运至异地定植场所,无须多次搬动,减少秧苗受损。对于珍贵苗木或有紧急时间要求者也可空运。

(3)运输适温 一般植物苗木运输需低温条件(9～18℃);运输果菜秧苗(番茄、茄子、辣椒、黄瓜等)的运输适温为 10～21℃,低于 4℃或高于 25℃均不适宜。结球莴苣、甘蓝等耐寒叶菜秧苗为5～6℃。

9.2.4.3 运输前准备

① 确定具体启程日期,并及时通知育苗场及用户注意天气预报,做好运前的防护准备,特别在冬春季,应做好秧苗防寒防冻准备。起苗前几天应进行秧苗锻炼,逐渐降温,适当少浇或不浇营养液,以增强秧苗抗逆性。

② 运前秧苗包装工作应加速进行,尽量缩短时间,减少秧苗的搬运次数,将苗损伤减少到最低程度。

③ 为了保证和提高运输苗的成活率,应注意根系保护及根系处理。一般的水培苗或基质培苗,取苗后基本不带基质,可由数十株至百株(视苗大小而定)扎成一捆,用水苔或其他保湿包装材料将根部裹好再装箱。穴盘育的运输带基质,应先振动秧苗使穴内苗根系与穴盘分离,然后将苗取出带基质摆放于箱内;也可将苗基部营养洗去后,蘸上用营养液拌和的泥浆护根,再用塑料膜覆盖保湿,以提高定植后的成活率及还苗速度。

9.2.4.4 运输

运输应快速、准时,远距离运输中途不宜过长时间停留。运到地点后应尽早交给用户,及时定植。如用带有温湿度调节的运输车运苗,应注意调节温湿度,防止过高、过低温湿度为害秧苗。

9.2.5 苗木质量检测

苗木质量鉴定是保证苗木质量和保护种植者利益的重要环节,也是确定苗木价格按质论价的重要依据。随着组培技术的推广应用,越来越多的组培快繁苗进入商业化生产和流通。由于其生产方式的创新性和产品的先进性,要求质量检验尤其严格。我国组培快繁苗的质量检测标准尚不完善。美国新兴了不少专门检测组培快繁苗质量公司和机构。质量鉴定主要有以下方面:

9.2.5.1 商品性状

(1)苗龄　苗龄相对较大,早熟性较好,质量较高,鉴定级别高,依次往下排列。
(2)农艺性状　有叶片、生长、株高、茎粗、植株展幅等,根据不同作物要求定级。

9.2.5.2 健康状况

① 是否携带流行病菌真菌、细菌。
② 是否携带病毒。

9.2.5.3 遗传稳定性

① 是否具备品种的典型性状。
② 是否整齐一致。
③ 采用 RAPD 或 AFLP 法对快繁材料进行"指纹"鉴定,以确定其遗传稳定性。

9.3 组培苗工厂化生产的工艺流程

工厂化生产种苗,首先要制定生产计划。生产计划的制定要根据每种植物的组织培养工厂化生产的工艺流程。工艺流程的拟定,又要根据植物组织培养的技术路线。以菊花为例,其工厂化生产工艺流程(见图 9-1)。

9.4 组培苗工厂机构设置及各部门岗位职责

组培育苗工厂的机构设置、管理体制和各项管理制度,虽然不属于组培技术,但是它直接影响组培技术的贯彻实施,人才及技术储备潜能的发挥和生产效益的高低,常常是一个组培苗生产企业成败的关键要素之一。因此,在组培苗的生产实践中绝对不容忽视。现将组培苗工厂必要的机构设置及各部门岗位职责要求列举如下,以供参考。

一般组培苗工厂可由厂长统揽全局,副厂长协助主管日常行政事务和生产管理,下设必要

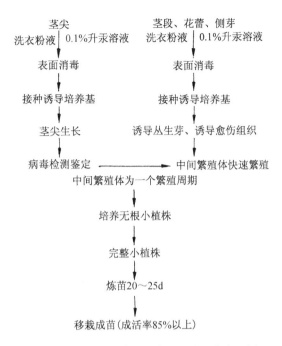

图 9-1 菊花茎尖脱毒及快速繁殖工艺流程图

的机构。除厂办公室和财务会计人员外,可设立以下各部门:

9.4.1 生产部

9.4.1.1 负责人

1~2 名,主要职责是:
① 根据总体生产规划,制定具体生产计划上报审批后负责实施;
② 制定各工种工人的定额管理和奖惩办法上报审批后负责实施;
③ 安排、协调下属各部门的日常工作;
④ 对下属人员进行考勤、考核;
⑤ 负责工人的业务学习和技能培训;
⑥ 生产上发现重大问题时及时研究解决并上报处理意见及处理情况。
生产部按生产作业分工,须招聘以下各工种工人,人员数量按生产任务而定。

9.4.1.2 勤杂、清洁工

主要职责是:
① 洗涤组培生产用的各种器皿、用具,保证培养基制作和接种的需要;
② 保持生产作业区的公共环境卫生;
③ 组培苗的出货、包装等各种杂活。

9.4.1.3 培养基制作工

对培养基制作人员的文化素质要求较高,其主要职责为:

① 按操作规程配药、制作培养基和消毒,保证培养基配方正确无误,消毒完全,各种培养基代号标写清楚无误并做好登记;

② 按要求及时提供所需的培养基和接种工作所需的消毒用品等;

③ 及时将消毒后的培养基及用具等,送至培养基储备间,排放整齐,标记清晰;

④ 保持药品间、培养基制作消毒间的整洁,保持培养基储备间的卫生,并经常用紫外线消毒;

⑤ 保持各种仪器设备的完好使用状态,各种药品、母液存放整齐有序,并做好各种药品的使用登记。

9.4.1.4　接种工

对接种工的要求是有良好的卫生习惯,接种操作敏捷,并有长时间接种操作的耐心。其主要职责如下:

① 领班人负责按计划做好接种材料、培养基的接种前清点核查,对需要预先清洁消毒的培养瓶进行消毒等,做好接种前的准备工作,并做好接种工人的接种安排;

② 接种工人由领班人安排,按操作规范进行接种,保质保量完成接种任务;

③ 接种后的材料及时标记清晰,由领班人核查登记,并填写接种工作日报表;

④ 接种后的材料及时转运培养间,由培养间负责人签收登记;

⑤ 接种完成后,保持超净工作台台面整洁。需要清洗的用具、器皿等及时转送洗涤间;

⑥ 经常保持缓冲间、接种间和紫外消毒间的整洁,并定期进行消毒。

9.4.1.5　培养间管理工

对培养间管理人员的要求是责任心强,管理精心、细心。其主要职责如下:

① 验收由接种间送来的培养材料,进行品种分类登记并及时上架。培养架上排放的材料必须规整,充分利用培养架上的空间;

② 各类培养材料按要求及时调控光照和温度,并按培养材料的增殖或诱导生根的需要,及时转换架位,以保证试管苗的生长和生根正常;

③ 按培养材料的生长情况,及时(一般每5d)上报需要继代、生根、移栽的各品种材料的数量及质量情况;

④ 做好各类材料出入库登记,保证随时能提供各类材料的库存量;

⑤ 及时检查污染材料,登记后清除并移送消毒间经消毒后清洗;

⑥ 按生产部下达的计划,将次日或后1～2d内需作继代转移的材料,送至紫外线消毒间,移交给接种间领班人员查收;

⑦ 每天定时记录培养间的温度(可用自记温度计),发现温度不正常时及时调整培养间温度。培养架上的灯管损坏时应及时更换;

⑧ 保持培养间的整洁,材料排放整齐有序,并对培养间定期进行消毒。

9.4.1.6　保护地炼苗管理工

保护地炼苗管理人员宜选用有一定的温室或大棚管理经验的人员担任。其主要职责为:

① 备足配制营养土所需的原材料,并按要求配制各类品种所需的营养土和制备营养钵或

苗盘,并做好移苗前营养钵或苗盘的消毒;

② 精心做好试管苗出瓶前的驯化炼苗;

③ 细心移栽和管理幼苗,提高移栽成活率。做好移栽记录,保证苗木品种不混杂;

④ 认真负责地做好温室(或大棚)的保温、通风、遮阳、喷水、打药、施肥等日常管理,保证苗木生长正常,保持温室内的整齐美观。

(5) 做好出入库苗木登记,随时提供各种品种、大小车间的苗木的数量和生长情况。

9.4.1.7 大田苗圃管理工

要求该工种的工人有吃苦耐劳精神,并有一定的大田育苗管理经验。主要职责是:

① 制定苗圃地的轮作倒茬规划,做好各类苗木移栽地块的合理布局;

② 做好苗木移栽前的整地、施肥等必要的准备工作;

③ 按苗木移栽操作规程精心移栽苗木,按苗木生长情况做好施肥、灌水、防治病虫等各项作业,保证苗木生长健壮;

④ 做好苗圃地的栽植登记,绘制栽植图,保证苗木品种纯正不混杂;

⑤ 做好苗木出入圃登记,保证随时提供不同品种和不同大小的苗木的数量和质量情况。

9.4.2 质量检验部

质检人员必须熟悉组培生产的全过程,具有认真负责的工作态度。其职责是:

① 参照有关苗木质量标准,征求生产部和市场部的负责人员的意见,主持制定各种苗木出厂的质量标准,上报审批后负责质量检验;

② 按各部门制定的各项作业的定额管理和质量要求,负责监督检查;

③ 严格检查出售苗木的品种、质量的合格情况,签发质量合格证或苗木质量等级证;

④ 保存各项检验档案备查并注意技术保密。

9.4.3 技术开发部

技术开发部是生产技术改进、新品种新技术引进消化和研制开发新产品的重要部门,是组培生产能否持续发展的关键。要求从职人员有一定的植物组织培养工作的经验和较高的技术素养。其主要职责如下:

① 按生产规划,及时准确无误地采集所需品种的外植体,制备原种母种;

② 通过实验,研究提出各品种适宜的培养基配方及培养条件;

③ 原种材料增殖一定数量后按生产计划需要,连同培养基配方移交生产部投产。暂时未列入生产的原种继续少量继代保存,并进一步研究完善培养基配方;

④ 根据生产上出现的问题,及时开展实验研究提出解决方案;

⑤ 根据生产发展的需要,研制、引进新品种和新技术,做好种源和技术储备;

⑥ 做好各项实验的记录并建立完整的技术档案,严格遵守技术保密制度。

9.4.4 市场营销部

在市场经济条件下,如何针对市场需求,打开产品销路和拓展市场份额,将直接影响经济效益的好坏和工厂的市场形象。对市场营销人员的要求是既要有吃苦耐劳的精神,又要有机动灵活和敏捷的工作作风。其主要职责是：

① 做好广告策划，制定产品目录、价格及产品介绍等，制定销售合同书和营销计划；
② 完成销售指标；
③ 及时反馈市场信息并作出市场预测；
④ 做好产品的售后服务。

9.4.5 物资供应、后勤保障部

以保障生产经营中必需的物资供应为主，兼顾职工的生活福利等方面的需求。其主要职责是：

① 按生产要求，及时采购供应必需的仪器设备和各种物品，并做好物品出入库登记；
② 保证水、电供应正常；
③ 负责仪器设备的维修，保证各种仪器设备能正常运转；
④ 搞好职工的生活福利设施（必要的食、宿条件和交通工具等）。

9.5 组培工厂设计中几项主要技术参数

根据目前一般组培实验室和组培育苗工厂的生产设施及技术水平情况，提供以下主要技术参数，供组培育苗工厂设计生产规模和制定生产计划时参考。

9.5.1 培养基的需要量

国内的组培工厂，多半利用容量为 250～300mL 的罐头瓶或塑料瓶（耐高温消毒）作为培养瓶，每瓶分装的培养基底应约为 2cm，每瓶接种 5～7 个芽（或团块），这样每 100L 培养基即可接种 1～1.5 万个芽。对于一些阴生花卉等的组培可改用塑料袋培养，则每升培养基的接种量可大幅度提高。在诱导生根培养时，为获得壮苗，常需要减少每瓶的接种数量，每瓶以不超过 5 株为宜。

9.5.2 继代增殖系数和继代周期

多数植物的组培育苗生产，常将其增殖系数控制在 3～8。增殖系数小于 3 时，生产效率太低，生产成本相对提高，但如果增殖系数大于 8 时，增殖的丛芽过多，相对可用于生根的壮苗材料减少而且难以获得优质苗，影响生根质量和后期移栽成活率。继代周期随不同植物的生长习性和培养条件而异，但最好能控制在 30d 左右或更短。如果继代周期过长，一方面由于需要光照等管理而增加生产成本，另一方面由于培养基陈旧和瓶口封闭不严将增加污染率。

9.5.3 生根诱导

9.5.3.1 诱导生根的绿茎和继代增殖芽比例

继代后形成能诱导生根的绿茎和继代增殖芽的比例应不小于 1∶3。每次继代培养后，至少应有 1/3 的芽抽生绿茎（>1～2cm）供生根诱导。例如，一瓶接种 5 个芽，增殖系数为 3，在再次继代转移时，15 个芽中应有 5 个芽抽长至一定高度（1～2cm），可供生根诱导。如果某一

品种在初期由于种芽数量少,急需迅速扩大基础芽量时,可考虑适当加大细胞分裂素的浓度,增大增殖系数进行丛芽增殖,以迅速扩大基础芽量。如果某些品种丛芽增殖后必须通过壮苗培养才能获得绿茎诱根时,在壮苗培养后应能获得更高比例的可诱导生根绿茎。相反,当生产后期某一品种材料的基础芽量已经过剩时,常需减少丛芽增殖而增加可供诱导生根的绿茎的比例。

9.5.3.2 生根诱导时间、生根率及发根数

生根诱导的时间以 20～30d 为宜,生根率应大于70%,每株的发根数在2～3条以上。生根诱导的时间过长,不但易引起培养基污染,而且发根的整齐度不一,影响苗生长的整齐度,给集中移栽带来困难。如果生根率过低则生产成本极高,发根数太少,则将降低移栽成活率,对大规模生产均不利。

9.6 生产规模与生产计划

生产规模的大小也就是生产量的大小,要根据市场的需求,根据组织培养试管苗的增殖率和生产种苗所需的时间来确定。

9.6.1 试管苗增殖率的估算

试管苗的增殖率是指植物快速繁殖中间繁殖体的繁殖率。估算试管苗的繁殖量,以苗、芽或未生根嫩茎为单位、一般以苗或瓶为计算单位。年生产量(Y)决定于每瓶苗数(m)、每周期增殖倍数(x)和年增殖周期数(n),其公式为:$Y=mX^n$。

如果每年增殖 8 次($n=8$),每次增殖 4 倍($x=4$),每瓶 8 株苗($m=8$),全年可繁殖的苗是:$Y=8\times4^8=52$(万株)。此计算为生产理论数字,在实际生产过程中还有其他因素如污染、培养条件、发生故障等造成一些损失,实际生产的数量应比估算的数字低。

9.6.2 生产计划制定

根据市场的需求和种植生产时间,制定全年植物组织培养生产的全过程。制定生产计划,虽不是一件很复杂的事情。但需要全面考虑、计划周密、工作谨慎,把正常因素和非正常因素均要考虑在内。制定出计划后,在实施过程中也容易发生意外事件。制定生产计划必须注意以下几点:

① 对各种植物增殖率的估算应切合实际;

② 要有植物组织培养全过程的技术储量(外植体诱导技术、中间繁殖体增殖技术、生根技术、炼苗技术);

③ 要掌握或熟悉各种组培苗的定植时间和生长环节;

④ 要掌握组培苗可能产生的后期效应。

9.6.2.1 生产计划制定依据

(1)供货数量 生产计划是根据市场需求情况和自身生产能力制定出的生产安排。如果有稳定的订单就可以根据订单要求,同时考虑市场预测来安排生产。在无大量定购苗之前,一

定要限制增殖的瓶苗数,并有意识地控制瓶内幼苗的增殖和生长速度。通常可通过适当降温或在培养基中添加生长抑制剂和降低激素水平等方法控制,或将原种材料进行低温或超低温保存。

(2)供货时间　根据订单和市场预测确定苗木生产数量后,尤其是直接销售刚刚出瓶的组培苗或正在营养钵(苗盘)中驯化的组培幼苗,必须明确供货时间。虽然组培育苗在理论上说是可以全年生产,任何时候都可以出苗。然而,在实际育苗实践中,由于受大田育苗的季节性限制,一般出货时间主要集中在秋季和春季。尤其是在早春,春季出货的组培苗在温室或塑料大棚中经过短时间的驯化后即可移栽入大田苗圃,可以大大地降低育苗成本。

9.6.2.2　生产计划安排

在确定了供货数量和供货时间后,就可以制定具体的生产计划。首先要考虑的是种苗基数。如果没有现成的试管种苗,需要从外植体消毒、接种制备种苗,这样常常需要1~2个月或更长的时间,才能获得供正常增殖生产需要的试管种苗。有了一定数量的种苗,则可以根据该品种的增殖系数、继代周期、壮苗需要和生根率、移栽成活率以及污染损耗等技术参数和一定的保险系数,并根据实际生产能力,初步安排具体的生产日程计划。一般有数种方案可供选择。

(1)方案一　如果供苗时间可以比较长,从秋季一直到春季分期分批出苗,则可以在继代增殖4~5代后开始边增殖边诱导生根出苗。因为一般组培苗在第四至第十次继代时增殖最正常,效果最好(见表9-7)。

表9-7　方案一的组培苗生产计划

日期/d	继代次数	继代增殖苗	诱导生根苗
		种苗×增殖系数×(1−污染损耗率)	绿茎数×生根率×(1−污染损耗率)
0~40	0	50×5×(1−5%)=237	
80	1	237×5×0.95=1125	
120	2	1125×5×0.95=5343	
160	3	5343×5×0.95=25379	
200	4	25379×5×0.95=120550	
240	5	120550×3×0.95=343567*	
280	6	120000×3×0.95=342000	223567×0.7×(1−5%)=148672
320	7	120000×3×0.95=342000	222000×0.7×0.95=147630
360	8	120000×3×0.95=342000	222000×0.7×0.95=147630
400	9	留100~200芽作种苗保存	>222000**×0.7×0.95=147630
合计			>591562

*　　试管内苗木存苗数,其中约1/3继续增殖壮苗,2/3用于诱导生根。

*＊　实际用于生根的绿茎数更大。

试管内苗木存苗数,其中约1/3继续增殖壮苗,2/3用于诱导生根。实际用于生根的绿茎数更大。

(2)方案二　如果供苗时间集中,但又有足够长的时间可供继代增殖,则可以连续多代增殖,待存苗达到一定数量后,再一次性壮苗、生根、集中出苗(见表9-8)。

表 9-8 方案二的组培苗生产计划

日期/d	继代次数	继代增殖苗	诱导生根苗
		种苗×增殖系数×(1—污染损耗率)	绿茎数×生根率×(1—污染损耗率)
0～40	0	50×5×(1—5%)=237	
80	1	237×5×0.95=1125	
120	2	1125×5×0.95=5343	
160	3	5343×5×0.95=25379	
200	4	25379×5×0.95=120550	
240	5	120550×5×0.95=572612*	
280	6	452612×3×0.95=1289944	120000×0.7×(1—5%)=79800
			>859962×0.7×0.95≥571874
合计			>651674

其中约有 1/5 绿茎已符合生根要求,可用于诱导生根。

(3)方案三　如果接到供货订单较晚,离供苗时间很短,这时往往需要增加种苗基数,同时在前期加大增殖系数(可用激素调节,尤其是提高细胞分裂素比例,并控制最适宜的温度,光照条件等)(见表 9-9)。

表 9-9 方案三的组培苗生产计划

日期/d	继代次数	继代增殖苗	诱导生根苗
		种苗×增殖系数×(1—污染损耗率)	绿茎数×生根率×(1—污染损耗率)
0～40	0	500×8×(1—5%)=3800	
80	1	3800×8×0.95=28880	
120	2	28880×8×0.95=219488	
160	3	219488×3×0.95=625540	
合计			417027×0.7×0.95=277323

(4)其他　除上述三种方案之外,还可能设计出其他方案。但是,必须注意的是在初步方案制定出来后,要根据每次继代时所需的工作量(尤其是达到最大工作量时)与实际操作的能力(每天可能接种的苗量等)进行调整,再利用多种生产品种和多种生产方案的配合,制定出全年具体的生产计划,使日常工作量尽可能达到均衡,以利于提高设备的利用率和人力合理安排。为保险起见,以上计划将继代周期设计为 40d。生产计划制定后,在具体操作时由于各种原因,还必须及时进行修改和调整。

9.7 组培苗的生产成本与经济效益概算

9.7.1 直接生产成本(按生产 10 万株组培出瓶幼苗计)

按生产每 10 万株苗的全过程中(包括继代接种、生根诱导等)约耗用1500～2000L培养基推算,培养基制备的药品、人工工资、电耗及各种消耗品(如酒精、刀具、纸张、记号笔等)约需直接生产成本3.8万元。

其中,培养期间的电耗常占极大比重,如果能充分利用自然光来减少人工光照和合理利用光源,将大大地降低成本。此外,随着各项生产技术的改进、提高和自动化设备的引进,扩大生产规模也可以有效地降低直接生产成本。一般情况下每株组培苗的直接成本可控制在0.2~0.3元或更低。

9.7.2 固定资产(厂房、设备及设备维修等)折旧

按年产100万苗的组培工厂规模,约需厂房和基本设备投资100万元左右计,如果按每年5%折旧推算,即5万元的折旧费,则每株组培苗将增加成本费0.05元左右。

9.7.3 市场营销和经营管理开支

如果市场营销和各项经营管理费用的开支按苗木原始成本的30%运作计算,每株组培幼苗的成本增加0.1~0.13元。

从以上各项成本费合计计算,每株组培幼苗的生产成本在0.35~0.5元。因此,组培育苗工厂在选择投产植物品种时必须慎重。要选择有市场前景、售价高的品种进行规模生产,否则可能造成亏损。

9.7.4 组培苗的增值

以上是一般组培苗的成本概算。随着生产技术、经营管理水平的提高和扩大规模生产效益,可使生产成本进一步降低。此外,还可以考虑从以下途径使组培苗增值,提高工厂总体的经济效益。

9.7.4.1 销售筛盘苗或营养钵苗

刚刚出瓶的组培苗,由于移栽成活较为困难,常常销售不畅,价格也难以提高。因此,组培工厂除直接销售刚出瓶的组培生根苗外,可以扩大移入营养土中的筛盘苗(或营养钵苗)的销售。这时组培苗已移栽入土,成活有保障,不但农民易于接受,而且价格也较易提高。一般可增值30%~50%或更多。如果再进一步在田间苗圃培养1~2d,按成苗出售则常可增值1~2倍,甚至更多,尤其是一些名贵花卉,开花成苗的增值更为可观。

9.7.4.2 培养珍稀名贵植物和无病毒种苗

对某些珍稀名贵植物和一些无病毒种苗,可以控制一定的生产量,自行建立原种材料圃,按种苗、种条提供市场批量销售,常可获得极高的经济效益。

9.7.4.3 培养专利品种组培苗

积极研制和开发有自主知识产权的专利品种的组培苗生产,同时采取品牌经营策略实现名牌效应,将更有利于经济效益的稳定增长。

9.7.4.4 利用组接法提高培养物的有效药用成分含量

对于一些药用植物不一定需要培养成苗,可直接利用培养基调节而提高培养物的有效药用成分的含量,从而提高价值。

植物组织培养育苗工厂,尤其是组培苗生产车间的设计是否合理,是直接关系到生产效

率、经营成本和总体经济效益的大事,切莫草率行事。在参考上述各项规划设计要求的基础上,尽可能地多考察一些国内外卓有成效的组培育苗工厂,并结合自身的实际条件综合考虑,才能制定出比较合理且经济实用的组培苗工厂设计方案。当然,具体的厂房、辅助建筑、温室等的基建图纸、选料和施工等还必须在相关建筑设计和施工的专业人员指导下进行。

复习思考题

1. 简述工厂化生产技术。
2. 组培育苗工厂的机构应如何设置?
3. 如何进行组培育苗的生产成本与经济效益概算?

10 药用植物的组织培养与工厂化生产

10.1 利用红豆杉组织培养生产紫杉醇

红豆杉属于裸子植物,主要分布于我国的云南、四川、西藏和东北,浙江省最近在龙泉市发现2株,是一类具有重要开发价值的树木。它产生的紫杉醇通过临床实验被认为是最有希望的抗癌药物。自然状态下,紫杉醇的含量极低,仅占树皮干重的十万分之一,靠自然资源解决这一问题十分困难。利用植物组织培养的方法来解决资源和药源的矛盾,已成为国内外学者关注的问题。

10.1.1 实验材料

较为适宜的组培外植体为新生的嫩枝,取材时间以每年的7~8月为宜。

10.1.2 培养程序

10.1.2.1 愈伤组织诱导用培养基

培养基的基本成分采用 B_5 或 MS 的微量元素、有机物和铁盐,外加 KNO_3 2 500mg/L、NH_4NO_3 825mg/L、KH_2PO_4 240mg/L、$MgSO_4 \cdot 7H_2O$ 370mg/L、$CaCl_2 \cdot 2H_2O$ 660mg/L。添加的激素种类及数量 NAA 0.8~1.0mg/L,BA 0.3~0.5mg/L,调 pH 值为5.8~6.0;琼脂粉和蔗糖用量分别为5.6~6.0g/L和30g/L。实验表明,生长素 2,4-D 诱导愈伤组织的效果明显好于 BA 和 NAA 组合,但考虑到 2,4-D 对人体可能有致癌作用,所以建议最好不用或少用。配置好的培养基用 100mL 三角瓶分装,经高温、高压灭菌后备用。

10.1.2.2 材料消毒与接种

取新生的嫩枝(带有针叶)放入加有0.02%餐洗净的自来水中浸泡 10min,浸泡过程中需经常摇动,浸泡结束后用自来水冲洗 10min 以上,以彻底除去餐洗净,冲洗完成后,将嫩枝转入一干净的三角瓶中。

以下所有操作必须在超净工作台上进行无菌操作。首先往三角瓶中加入75%的酒精,加入量应为嫩枝体积的 10 倍以上,浸泡杀菌 5~8min,倒掉酒精,用无菌蒸馏水漂洗 1 次;再将嫩枝转入事先已高压消毒的三角瓶中,加入 15 倍于嫩枝体积的0.1%的升汞溶液,浸泡杀菌 5~8min,浸泡过程中要经常摇动三角瓶,以使升汞液与嫩枝充分接触。为达到彻底杀菌的效果,在升汞液中加入0.02%的表面活性剂,但要相对缩短杀菌时间。倒掉升汞溶液,用无菌蒸馏水冲洗4~6 次,每次1~2min,以彻底除去升汞。将嫩枝从三角瓶中分批取出,用无菌滤纸吸去材料表面的水分,将嫩枝切成0.5～0.8cm的小段,并切取部分针叶,嫩枝切段和针叶同时用作外植体,接种在诱导愈伤组织的培养基上。接种时要让针叶的腹面接触培养基,嫩枝的植物学近地端接触培养基。将接种好的三角瓶放置于培养室中培养,温度(25±2)℃,光照度1 500～2 000lx,光照时间10h/d。

10.1.2.3 愈伤组织诱导

红豆杉嫩枝和针叶在培养基上2～3周后即开始形成愈伤组织,4～5周愈伤组织直径可达1～2cm。不同种的红豆杉和不同的外植体之间形成愈伤组织的比率、时间早晚和生长速度存在明显差异,南方红豆杉和东北红豆杉的嫩枝切段出愈较快,出愈率分别为89%和70%,针叶出愈较慢,出愈率也较低,分别为36%和15%;普通红豆杉出愈较慢但出愈率较高,嫩枝和针叶的出愈率分别为94%和30%。愈伤组织开始时为灰白色,随着愈伤组织的增大,先期形成的愈伤组织颜色由灰白色变为棕色,这可能预示着愈伤组织在逐渐发生褐变,因此要及时予以注意,尽量保持较低的培养温度和经常更换培养基。当愈伤组织生长到一定大小时即可转入液体进行悬浮培养。

10.1.2.4 细胞悬浮培养与继代

利用愈伤组织而不是用小苗或大树来生产提取紫杉醇,是一条正在探索的途径,如果成功则可以实现工厂化生产,从根本上解决红豆杉资源不足的矛盾。因此,通过嫩枝和针叶培养产生的愈伤组织不需要进行芽分化的诱导,而是将愈伤组织直接转入细胞悬浮培养。具体的做法是将从嫩枝和针叶上产生的愈伤组织取下直接转入液体培养基中进行悬浮培养,所用培养基与上述诱导培养基相同。在初次将愈伤组织转到液体培养基时可适当加入少量纤维素酶和果胶酶,以加快愈伤组织分离成单个细胞或小细胞团。

在初始悬浮培养阶段可用50mL的小三角瓶,每瓶加10mL液体培养基,放入0.lmL体积的愈伤组织,在20～23℃的摇床上悬浮培养,光照条件与普通培养相同。每周需更换1次培养基,更换时用5～10mL的平头移液管将三角瓶中的愈伤组织、单个细胞或细胞团过滤出来,直接转到新鲜的培养基中即可。在悬浮培养过程中应随时注意每一瓶中愈伤组织、细胞团生长的情况,挑选生长速度最快和特征最好的作为继代培养材料,毫不可惜地丢掉那些生长缓慢、颜色不正等不好的材料,这样经过几代的选择,就可以挑出符合理想的材料,作为悬浮系进行扩增培养。

另外,为刺激细胞的分裂和诱导愈伤组织的快速形成,在培养基中往往添加2,4-D、6-BA、NAA等激素,这些激素虽然有的对人体无害,但从医药的角度看是不合格的,因此在用于大规模工厂化生产中还必须选用无激素的培养基。采用的主要方法就是选用^{60}Co-γ射线照射愈伤组织,使其细胞发生突变,在无激素的培养基中培养,筛选一些不需要外源激素就可生长的细胞或愈伤组织团块。用这样的愈伤组织再进行扩大培养,从少到多,逐渐形成规模,到一定批量就可用于紫杉醇的生产。

10.1.3 紫杉醇含量的检测

愈伤组织中紫杉醇含量的多少是决定能否用组培法进行规模化生产的关键,因此要检测其紫杉醇的含量。现行比较普遍有效的方法是利用薄层层析法,其大体过程是先将愈伤组织干燥,再用甲醇渗滤提取,获取提取液,经减压浓缩至干,用水($CHCl_3$)萃取,合并$CHCl_3$部分,而经减压浓缩获得粗提液,经薄层层析,收取含紫杉醇和10－脱乙酰基巴卡丁－Ⅲ的部分,再进行硅胶柱层析,分离收集相应流分,减压浓缩,TLC再次检测,将含有紫杉醇的浓缩液进行二次柱层析,鉴定结果。另外,红豆杉愈伤组织经过一定分离提取后,可进行高效液相色谱层析(HPLC)分析,分析柱为$4mm \times 250mm$的C_{18}柱,$d_p = 10 \mu m$,分离体系为甲醇－乙腈－水(20：33：47)等速洗脱,流速$1mL/min$。

10.2 银杏的组织培养与工厂化生产

银杏原产于中国,是当今地球上现存种子植物中最古老的植物之一,具有重要的经济价值、科学价值和观赏价值。它是依靠自然状态下种植银杏,不仅繁殖困难,生长速度缓慢,而且占用大量的耕地,造成粮林矛盾。为此,开展银杏组织与细胞培养,利用培养的细胞进行黄酮等生理活性物质的生产加工,是银杏研究与开发中的一个重要方面。

10.2.1 取材与处理

用作组织培养的材料最好是幼嫩叶片,也可选用子叶、胚轴、茎段。幼嫩叶片诱导虽然不是最容易,诱导频率也不是最高,但取材方便丰富,可满足规模化生产的需要。取材的季节以早春为最好,此时刚萌发形成的幼叶营养丰富,带菌少,细胞分化程度低。如果在夏天采集,虽然叶片也很幼嫩,但内部营养积累较少,带菌多,不仅难进行消毒处理,而且难于培养成功。所以,取材的时间在一定程度上决定了实验的成败。

以幼叶为例,取材后先用加餐洗净的自来水浸泡10min,再用自来水冲洗10min,75％酒精杀菌30s,无菌蒸馏水漂洗1次,转入10％次氯酸钠溶液中10～20min,或0.1％升汞液中5～6min,无菌水清洗4～5次,放在无菌滤纸上吸干表面的水分。如果叶片较小,尽量不要损伤叶片,直接放到培养基上,这样可减轻褐化。如果叶片较大,可切成2～3小块,再放培养基。无论是切的叶片还是不切的叶片,都要让其背面接触培养基,这样有利于愈伤组织的产生,这主要是因为叶片背面有丰富的气孔,可以使水分和营养较快的进入叶片内部;另外,靠近背面的叶肉为海绵组织,细胞排列疏松,细胞间隙较大,利于液体和气体的进出与交换。

10.2.2 愈伤组织诱导及细胞悬浮培养

10.2.2.1 愈伤组织诱导培养基

愈伤组织诱导培养基可选用MS基本培养基或MT基本培养基,附加6-BA1.0mg/L＋NAA3.0mg/L＋蔗糖5％或6-BA 2.0mg/L＋NAA 2.0mg/L＋蔗糖5％。

10.2.2.2 接种

将消毒处理过的叶片接种于上述培养基上。使用的培养容器最好是培养皿,这样不仅可用较少的培养基接较多的材料,而且可以保湿和防止过多的氧气引起培养物的大量褐变。接种密度以叶片中间相距1.5cm左右为宜。这样可充分保证每个叶片的养分供应,同时在个别叶片发生污染或褐变严重时,也可及时将没有污染或不褐变的叶片转移到新的培养基上,减少材料浪费。在接种过程中,应尽量减少损伤叶片,因为损伤越严重,褐化越严重。

10.2.2.3 挑选愈伤组织,准备用做细胞悬浮培养的材料

虽然是同一种培养基,同一株树上的叶片,由于叶片自身生理状况的差异产生的愈伤组织也有所不同。因此应认真观察、记录和挑选愈伤组织,主要从这几个方面进行调查:

① 出愈的早晚;

② 愈伤组织的生长速度,可用称重法或体积测量法;

③ 愈伤组织的质量。一般说来,乳黄色、松散型愈伤组织比较好,在继代培养和细胞培养中能较快变成颗粒状,且不易发生褐变;表面呈瘤状突起或水泡状发亮、模糊状愈伤组织是不好的,应该丢弃。经挑选后,若条件许可,最好分析黄酮等有效成分的含量,选出含量高、生长快的愈伤组织作为下一步的试材。

对中选的愈伤组织进行细胞悬浮培养,可采取两种方法:

① 直接把松散型的愈伤组织团块转到三角瓶内的液体培养基中,通过悬浮培养可逐渐将团块分散为单个细胞或小细胞团。在对每个三角瓶的细胞进行连续继代培养,筛选出好的材料进一步扩大繁殖,用作工厂化生产;

② 先把愈伤组织团块破碎成单个细胞或小细胞团,再涂布在固体培养基进行固定培养,随时观察每一个细胞或细胞团的生长情况,选出生长速度快、质量好的作为细胞系或细胞株进一步扩大繁殖,用作工厂化生产。

两种方法各有利弊,可根据个人的喜好决定,但是若要进行诱变处理,通过诱变筛选和建立质量高、产生黄酮等有效成分高的细胞系或细胞株,则必须采取第二种方法,因为只有这种方法才能筛选出单个突变细胞。

从诱导愈伤组织产生到建立细胞系悬浮培养,是工厂化生产的关键性步骤,需要花很长时间进行实验研究,因为要筛选一个好的细胞悬浮系是很不容易的。在这一步上应做大量细致的调查和分析工作,这一步做好了,工厂化生产才有可能性。

在筛选和鉴定细胞系时,除注意培养基成分外,还应注意培养的环境条件,如光能诱导愈伤细胞产生叶绿体,但光又能加速细胞褐化和细胞老化,影响黄酮的合成和积累。培养温度低时,细胞褐化减轻,但细胞生长缓慢;培养温度高于25℃时细胞生长快,但褐化也随之加重,所以要协调好这种矛盾,让温度最好控制在22～24℃,这样可使两方面都得到兼顾。抗氧化剂的加入对防止褐变有一定效果,但量要适当,而且通过诱变筛选后最好是选择一些不需要添加抗氧化剂的细胞系,这样对有效成分的合成和积累有利,同时从药用角度出发,也应尽量避免其副作用。

利用^{60}Co-γ射线照射法处理愈伤组织细胞,是目前一种比较流行的切实有效的筛选突变体的方法。它方便、无毒、无残留效应,比用化学诱变剂安全。

10.2.2.4 建立细胞悬浮系,开展工厂化生产的预备实验

经诱变、筛选和鉴定后获得的细胞系,是十分重要的材料,应加速其繁殖。对银杏来说,为了尽快投入工厂化生产,应使悬浮细胞系在较短时间内发挥最大潜力,迅速扩大繁殖倍数,而且繁殖的代数越少越好。在细胞培养密度上应以适中偏低为佳,这样可用有限的细胞尽快地繁殖扩大,当细胞群体达到目标后即开始投入工厂化生产。

10.3 桔梗的组织培养

10.3.1 材料及处理

用种子作为试材。桔梗的花期为7~9月,果期为8~10月。待种子成熟采收后,先将种子放在150~200mL的三角瓶中用自来水浸泡数小时,再用加0.02%餐洗净的自来水浸泡10~15min,用自来水冲洗干净。加入75%的酒精消毒 1min,倒去酒精,用无菌蒸馏水冲洗 1 次,将种子转到一个灭过菌的 100~150mL 的三角瓶中,加入0.1%升汞液浸泡杀菌10min,用无菌水冲洗5~6次,以彻底除去升汞。将消过毒的种子从三角瓶中取出,放在无菌滤纸上,吸干种子表面的水分,然后接种到事先准备好的 MS 固体培养基上。配方是 MS培养基的基本成分不加蔗糖和激素。接种密度以每粒种子相距1.5cm左右为宜。将种子置于(25±2)℃的培养基中,令其萌发,等苗长出 3~5 个叶片时,即可用作组织培养的外植体材料。

10.3.2 培养程序

10.3.2.1 诱导愈伤组织

将无菌苗小心地从培养容器中取出,尽量不要损伤叶片。在无菌纸上切下叶片,再用解剖刀将叶片切成 0.5~1cm 的小块,分别接种于愈伤组织的诱导培养基。

愈伤组织诱导培养基配方:MS 基本培养基+6-BA 0.88~1.5mg/L+IAA 0.3~0.7mg/L+蔗糖20Mg/L+琼脂 5~5.5g/L,pH 值5.8。先将培养基在大三角瓶中灭菌,然后再在超净工作台上分装到培养皿中,每个皿培养基的量视皿的大小确定,一般 90mm 直径的培养皿装25~28mL 培养基。

叶片切块在皿中的放置密度以相互之间间隔 1~1.5cm 为宜,过密过稀都不利于愈伤组织的产生。经过 2~3 周的培养,即可见在叶片切块表面形成很多愈伤组织。

10.3.2.2 丛生芽的诱导

将带有愈伤组织的叶片切块转到芽诱导培养基上,诱导其再生芽。芽诱导培养基配方为:MS 基本培养基+6-BA 0.3~0.5mg/L,pH 值 5.8。约 3~4 周,即可见许多不定芽从愈伤组织产生。由于芽又拥挤在一起,所以形成丛生状,称为丛生芽。将丛生芽中的大芽取下,放于同一种培养基,或再转移到 MS 基本培养基+6-BA 0.1mg/L+NAA 0.01~0.05mg/L的壮苗培养基上即可长成大的健壮试管苗。

10.3.2.3 诱导生根

将健壮的无根苗从芽再生培养基或壮苗培养基上取出,转移到生根培养基上令其生根。生根培养基是 1/2MS+IAA 0.3~0.5mg/L+IBA 0.01~0.03mg/L+蔗糖 20~25g/L+琼脂5.5g/L,pH 值 5.8,3~4 周后开始移栽。

10.3.2.4 移栽

将生根的试管瓶口打开,在室温散射光下炼苗 3～5d。随观察有无菌物生长,如发现长菌应及时移栽,如无菌物生长可适当延长炼苗时间,以确保具有较高的成活率。炼苗过程中由于三角瓶内的水分不断蒸发,培养基变得会越来越硬,幼苗就会越来越健壮。在移栽的前一天可向三角瓶内加一些自来水,这样可使培养基变软,利于从中取出幼苗而又少伤根。

移栽时,将苗小心地从瓶中取出,注意尽量少损伤,将带根苗放入清水中,用柔软的试管刷或毛刷清除根周围的琼脂,尽量彻底,然后移栽到预先已消毒的生长基质中,置于遮阳的温室中,注意经常喷雾保湿,同时每周喷 1～2 次 1/2MS营养液,至长出新根为止,再逐渐移到土壤中栽培。由试管苗移栽到温室中的生长基质上,是组织培养转入大田生产的关键一步,它决定了真正的生产效益,所以要特别重视,设法满足必需的条件。

10.4 半夏的组织培养

10.4.1 取材与消毒

从田野挖取野生或人工栽培块茎,去泥土后用清水洗净,剥去外皮,再用加餐洗净的自来水冲洗干净,用75%酒精浸泡 30～60s,转入无菌三角瓶中,在超净工作台上进行以下操作:首先,用无菌水冲洗 1 次,倒掉无菌水,加入0.1%的升汞液,加入量为块茎体积的 15 倍以上,浸泡杀菌 10min,用无菌蒸馏水冲洗 3～5 次,以彻底除去升汞,防止毒害培养物。

10.4.2 通过愈伤组织再生不定芽

10.4.2.1 愈伤组织诱导培养基

半夏的再生可先通过愈伤组织阶段,再由愈伤组织分化产生芽。诱导愈伤组织形成的培养基为 MS 基本培养基＋2,4-D0.3～0.5mg/L＋6-BA0.5～1.0mg/L,或 MS 基本培养基＋2,4-D0.5～1mg/L＋6-BA1.5～2.0mg/L＋蔗糖 30g/L＋琼脂 5.5g/L,调 pH 值5.8～6.0。

10.4.2.2 再生芽诱导培养基

半夏的再生也可不通过愈伤组织阶段而直接从培养的块茎切块上分化产生不定芽。再生芽诱导培养基为 MS 基本培养基＋6-BA1～1.5mg/L＋NAA0.5～1.0mg/L＋蔗糖 30g/L＋琼脂粉 5～5.5g/L,调 pH 值 5.8～6.0。

10.4.2.3 接种

将经过消毒的块茎从三角瓶中取出,在无菌滤纸上切成小块,每个块茎可纵切为 4～8 块,使每个小块上都有芽原基。将切块分别放到愈伤组织诱导培养基或再生芽诱导培养基上。将材料置于培养室中,培养室温度白天(25±2)℃,晚上(18±2)℃,这样有利于半夏的分化和愈伤组织形成,光照度1000～2000lx,时间 8～10h/d。

在愈伤组织诱导培养基上,经过 2～3 周即可见愈伤组织的形成,形成的愈伤组织如果是致密、坚硬、绿色或浅绿色的,易形成类似珠芽的组织块,可分化产生芽;如果是疏松、白色透明或半透明的则不易分化产生芽,应丢弃。

在再生芽诱导培养基上,经3周左右即可见块茎切块表层变为绿色,体积发生膨大,再经3～4周,就可见不定芽出现(每个切块上可产生5～10个芽)。而且,在这种培养基上芽可继续生长,不需要转移到壮苗培养基上。也可将带有小芽的切块重新切割再接种于芽分化培养基,令其再产生更多的新芽。这种培养方法简便易行,周期也短,但繁殖速度受原始接种材料数量的限制,需大量采集块茎。

10.4.2.4　由愈伤组织诱导不定芽

在愈伤组织诱导培养基上接种的块茎,经一段时间后,便可产生较多的愈伤组织。将愈伤组织转移到分化培养基上,放在25～30℃温度下培养,大约经20d就可见愈伤组织分化形成许多不定芽(每块愈伤组织可形成10个左右的不定芽)。

10.4.3　诱导生根与移栽

将从块茎切块上直接产生的不定芽和从由茎尖而来的愈伤组织产生的不定芽转移到生根培养基上。生根培养基成分是 MS＋IBA1.00mg/L＋NAA0.03mg/L＋6-BA0.01mg/L＋蔗糖15～20g/L;或 1/2MS＋NAA0.3～0.5mg/L＋蔗糖20g/L。在两种生根培养基上培养20d左右,即可见不定根从小芽的基部产生,多者每小芽可产生5～6条根。当根生长至1.0cm左右时,即可移至培养室外光线比较充足的室内进行炼苗,约1周后便可移栽到生长基质中。

在从培养瓶中取出带根小苗时,应特别小心,注意尽量不要损伤根系。取出的小苗先放到自来水中,用柔软的小刷子轻轻刷掉根上的琼脂,但又要尽量不伤根。清洗后,从自来水中取出小苗,放于比较干净的报纸或草纸上停留一段时间,待根、叶上没有多余的水分时再移栽入生长基质。生长基质的组成是:5份腐殖土＋3份蛭石＋1份细沙＋1份珍珠岩。移栽后放入温室或大棚,注意温度不可太高,相对湿度应保持在90%以上,初期要适当遮阳,经20～30d新根就可形成,此时即可移栽到种植田,进行正常的田间管理。

10.5　浙贝母的组织培养

浙贝母属百合科,多年生草本植物。自然条件下,浙贝母靠鳞茎无性繁殖,种下1只鳞茎平均只能收集1.5～1.6只,除去必要的留种后,只有0.5～0.6只鳞茎可供药用。如此低的繁殖系数,不仅造成了浙贝母长期低产,而且还限制了种植面积的扩大,使浙贝母的供应不能满足需求。采用种子有性繁殖,虽然可以提高浙贝母的繁殖率,节约大量用于无性繁殖的种用鳞茎,但是种子繁殖成苗率低,实生苗在第一、二年内长势很弱,地下鳞茎发育缓慢,需要5～6年才能发育到商品鳞茎的大小。生长周期长,繁殖倍数低,繁殖速度慢,成了浙贝母大量生产的主要限制因子。自从植物组织培养获得成功以后,大量的实验证明利用这种方法可以大大提高繁殖速度,扩大繁殖倍数,使难于繁殖和繁殖倍数低的植物得到很好的保护和开发利用。因此,浙贝母所面临的问题可以通过组培的方法从根本上加以解决。

10.5.1　配制诱导愈伤组织再生培养基

诱导浙贝母再生较为合适的培养基为 MS＋NAA0.5～2.0mg/L或2,4-D0.2～1.0mg/L＋蔗糖40g/L＋琼脂6.0g/L,pH值5.8,高压灭菌20min后分装入90mm培养皿中,每皿约25mL。在超净工作台上吹干后加盖,以防止污染。

10.5.2　取材、消毒与培养

10.5.2.1　实验材料

比较适宜的取材时间是每年的春季,浙贝母开花之前的幼叶、花梗、鳞茎或心芽均可用作接种培养的材料。如果用鳞茎(或心芽)作外植体,可先刮去鳞片上的栓皮,再用自来水冲洗干净,与其他部分一起进行消毒。

10.5.2.2　消毒与接种

将外植体取材后,最好放入一较大的三角瓶中(三角瓶的体积与实验材料的体积之比不小于30∶1),加入10倍于实验材料体积以上的自来水,再加0.02%餐洗净,用一层纱布盖上瓶口,用橡皮筋将纱布扎紧,浸泡10min左右,浸泡过程中应经常摇动三角瓶,以便使外植体与清洗液充分接触,最好不要用玻璃棒等搅动材料,以免引起材料的损伤。浸泡结束后用自来水冲洗至少10min,以彻底除去餐洗净,冲洗过程中不要去掉纱布,以防材料流失。冲洗完成后,将纱布拿掉,仔细地用镊子把材料转入干净的三角瓶中,尽量少伤害材料。往三角瓶中加入10倍于实验材料体积以上的75%酒精,浸泡30～60s,倒掉酒精,用无菌蒸馏水漂洗1次,用镊子轻轻地将材料转移至1个预先高温灭菌的三角瓶中,加入至少10倍于实验材料的体积0.1%的升汞溶液,浸泡5～6min,浸泡过程中要经常摇动三角瓶,最好不用镊子、玻璃棒等搅拌材料。到时间后,将升汞溶液倒入一专用容器中,用无菌蒸馏水冲洗材料4～6次,每次1～2min,以彻底除去升汞,避免遗留在实验材料上,造成后续的毒害。消毒后,将幼叶、花梗、花被片及子房等从三角瓶中分期分批取出,放于无菌滤纸上,吸干表面水分,切成一定的大小,分别接种于预先准备好的培养基上,每个培养皿放置大约10个外植体切块,放好后用封口膜将皿封好。如果用鳞茎(或心芽)作外植体,须将鳞片切成方约5mm、厚2mm的小块,一个鳞茎可切成100多块,接种于培养基上。

10.5.3　愈伤组织的诱导与保存

接种10～14d后,可见愈伤组织陆续地出现在外植体上。培养物对生长调节物质反应比较敏感,当培养基中添加的NAA浓度在0.5～2.0mg/L时,所有外植体上几乎都可产生愈伤组织;浓度低于0.1mg/L时,只有很少量的愈伤组织形成或未肉眼可见的愈伤组织;在0.5～2.0mg/L,NAA的效果明显好于IAA,2,4-D的促进作用明显大于NAA,0.1～1mg/L的2,4-D就可达到与0.5～2mg/L类似的效果。当NAA和KT配合使用时,能促进愈伤组织的生长,0.1mg/L的NAA加上1mg/L的KT或15%的椰乳,就可获得高质量的愈伤组织。因此,在确定使用的激素种类的同时,应考虑到使用的浓度,最好先做一下预备实验。

10.5.4 从愈伤组织诱导产生鳞茎和再生植株

为诱导愈伤组织形成新的鳞茎,可将愈伤组织转移到含有激素的诱导培养基。诱导培养基可以用 MS 作为基本培养基,附加 IAA 0.5～2mg/L 和 6-BA 4～8mg/L。在此种培养基上培养一段时间,可分化出白色的小鳞茎。

由愈伤组织分化出的小鳞茎和自然状态下生长得到的小鳞茎,在形态上并无明显区别,但人工培养基得到的小鳞茎生长迅速,4 个月的小鳞茎可达到由种子繁殖得到的 2～3 年的鳞茎的大小,再生的小鳞茎较大的直径约 12mm。也就是说通过组织培养的方法,大大缩短了浙贝母鳞茎的形成年限,只要 6 个月左右的时间就可以得到供作药用的鳞茎。由组织培养再生的小鳞茎,在生长到足够大小时就可以直接从试管中取出,移入生长基质 2～4 周,再转到大田栽培。一般说来,小鳞茎在高温下很难发育成植株,当将这些小鳞茎置于低温(2～15℃)下暗养一段时间之后,再转入常温光照下培养,从小鳞茎上就可以长出小植株。这种经低温处理打破休眠而萌发的试管植株,生长比较健壮,移入土壤后,可以继续生长。

由愈伤组织也可不经鳞茎阶段而直接进行再生芽的诱导。芽再生诱导培养基仍以 MS 为基本培养基,另外附加 6-BA 2～3mg/L、KT 1～2mg/L、NAA 0.5～1.5mg/L、Ad 20～30mg/L。当把愈伤组织从愈伤组织转移到芽分化再生培养基上 3～5 周后,许多绿色的芽点即可在愈伤组织表面形成,有的已分化成小芽。

10.5.5 壮苗、生根与移栽

10.5.5.1 壮苗及诱导生根

由愈伤组织上分化形成的试管苗,较大的(苗高 3cm 以上)可直接转入生根培养基,较小的或刚分化形成的芽需转入壮苗培养基令其长大,然后再转入生根培养基。壮苗培养基可以上述的芽分化培养基为基础,将各种激素的浓度降低到 1/4～1/2,并适当增加琼脂的量,使培养基稍硬一点。

生根培养基以 1/2MS 为基本培养基,附加 2,4-D 0.01～0.05mg/L、IAA 0.1～0.2mg/L、琼脂粉 5.5g/L,pH 值 5.8,用 200mL、250mL 的罐头瓶或 100mL 的三角瓶分装,用羊皮纸封口,不要用耐高温的塑料膜封口,因为它不利于根的生长,经高压灭菌 20min 后备用。

从分化培养基或壮苗培养基上选取高度在 3cm 以上的壮苗,用镊子直接在培养容器内掐下来或将整簇实验材料取出来,放在无菌滤纸上,用解剖刀将健壮的苗子切下,将小苗转到生根培养基上,密度以每 100mL 的三角瓶 6～8 株为宜。将培养瓶置于常规培养室中,给予较强的光照,20d 左右便可见在每株苗的基部形成多条嫩根。

10.5.5.2 移栽

浙贝母有夏季休眠的特性,因此要避开夏季移栽,最好是 9 月份以后开始移栽,这样可使小苗在进入冬季以前有充分的时间生长多产生小鳞茎,以便越冬。移栽时,应防止湿度的骤然变化引起小苗的急剧失水。最好将培养瓶转到低于培养室温度、有散射光的室内,根据空气湿度情况放置 5～7d 时间,给小苗一个逐渐适应与自然环境的炼苗过程,尔后移栽至温室或大棚的苗床上。

移栽后的小苗能否成活关键是苗床和空气湿度的调节,要努力做到苗床的栽培基质没有积水,空气湿度又要达到90%左右,这样才能保证小苗较高的成活率。所以,移栽之初的3～5d内,白天要经常给小苗喷洒水分(最好是水雾),一般6～7次/d或1次/h,如果光线太强,可适当增加遮阳措施,夜间用塑料股膜罩覆盖或采取相应保湿措施。为了保证移栽苗的正常生长,温室或大棚内应经常喷洒杀虫剂、杀菌剂,移栽前最好对栽培基质杀菌处理。

复习思考题

1. 如何利用红豆杉组织培养生产紫杉醇?
2. 简述银杏、桔梗、半夏、浙贝母组织培养技术。

11 果树的组织培养

果树为多年生经济植物,果树病毒侵染果树后,常导致果树生长结果不良。目前已查明危害果树的病毒有 282 种,这些病毒的发生与流行给果树生产造成了巨大经济损失,甚至是毁灭性的打击。采用组织培养可以培育出果树无病毒苗木,并且苗木繁殖速度快,繁殖系数大。

11.1 葡萄的组织培养

11.1.1 实验材料的选择与催芽处理

将通过休眠期的插条埋入沙床中,置于培养室中或较干净温暖的催芽床上令其萌发,待新稍长出 3 节以上时,选取顶芽和侧芽为外植体。取材时,应尽量在无菌的条件下剪取嫩枝,如用酒精棉球擦洗尖刀、消毒盛放嫩枝的器皿等,以减少细菌的污染。

11.1.2 芽的培养与诱导再生

11.1.2.1 取材与消毒

将剪取的嫩枝先除去幼叶,剪成一定长度的茎段,务使每段上都带有腋芽或顶芽,用自来水冲洗 2～3h,再将材料放入无菌水中,置 4℃冰箱内处理 4h,实验证明这样预处理可使材料更易诱导再生。将材料从冰箱中取出,用自来水加0.02％的餐洗净浸泡 10min,浸泡过程中经常摇动(但不要用玻璃棒等搅动),以便使清洗液与茎段充分接触,比较彻底地清除材料表面的尘土和菌物。浸泡后,用自来水冲洗 10min 以上,以彻底除去餐洗净,将冲洗后的材料转入干净的三角瓶。

在超净工作台上,往三角瓶中加入75％的酒精,浸泡 20s(因葡萄对酒精敏感,酒精消毒不宜超过 20s),倒掉酒精,用无菌蒸馏水漂洗 1 次,将芽转入经高压消毒的三角瓶中,加入0.1％升汞液,浸泡 8min,浸泡过程中要经常摇动三角瓶,以使升汞液与材料充分接触。倒掉升汞液,用无菌蒸馏水冲洗 4～6 次,每次 2min,以彻底除去升汞。

11.1.2.2 接种

芽分化培养基是 MS＋6-BA 0.5～1.0mg/L,pH 值 5.8,加热至 70℃时加入琼脂粉5.0g/L,煮沸 1min 后分装于 100mL 三角瓶中,用羊皮纸封口,高压灭菌 20min 后备用。

消毒完毕之后,将材料从三角瓶中取出,放在消毒滤纸上将水分吸干,将茎段基部在无菌滤纸上切一新面,并切成一定长度的小段,但每一段都应有芽,芽朝上接种于芽分化培养基上。将其放在培养室内培养,培养条件为温度 25～28℃,光照 16h/d,光照度为1800lx。培养 2 周后,可见许多绿色的芽点和小的不定芽出现。再经一段时间可长出许多小芽,芽簇生于一起很难分开,且小苗在分化培养基中生长缓慢,要想让小苗长大,需将小苗转入壮苗培养基。

11.1.2.3　壮苗与继代

壮苗培养基是 MS＋6-BA0.4～0.6mg/L,pH 值5.8,加热至 70℃时加入琼脂粉5.0g/L,煮沸1min后分装于 100mL 或 150mL 三角瓶中,高压灭菌 20min 后备用。

从芽再生培养基上选取较大的不定芽,转接到壮苗培养基,每个三角瓶可放 5～8 个。该培养基既可以作壮苗用,又可以作继代用。在常规培养室内,经 3 周左右,小芽即可长成 4cm 左右高的无根苗。葡萄在此培养基中生长繁殖很快,每 4 周可繁殖 5 倍左右,因此每间隔 4 周就需要继代 1 次。

如果要将试管苗移栽到温室栽培,则还必须先转到生根培养基上诱导生根。

11.1.2.4　生根

生根培养基是 1/2MS＋NAA 0.l～0.3mg/L,pH 值6.0,加热至 70℃时加入琼脂粉 5.5～6.0g/L,煮沸 1min 后分装于 100mL 或 150mL 三角瓶中,用羊皮纸封口,高压灭菌 20min 后备用。

从壮苗培养基上选取 3～4cm 高的壮苗,在无菌滤纸上用解剖刀从基部切去 3～5mm,将小苗转到生根培养基上,每瓶 7～8 株为宜。将三角瓶置于常规培养室中,2 周后可见根原基形成。

11.1.2.5　移栽

待根长至 1cm 左右时,将捆扎三角瓶的绳子或皮筋解开,但不要把盖子拿掉。将三角瓶转到低于培养室温度,最好有散射太阳光的地方,炼苗 1 周后移栽。

移栽用的基质最好是灭过菌的蛭石,如无灭菌条件,可用杀菌剂和杀虫剂预先处理蛭石,移栽时首先轻轻洗去根部的培养基,用镊子将苗移入蛭石,注意不要伤着根。移入后浇透水,用塑料薄膜盖好,并在塑料膜上打些小孔,以利于气体交换,将其放到温室中,1 周后逐渐揭去塑料膜。这时的植株已基本适应温室中的环境,2 周后植株开始长出新叶,根也开始伸长,同时还会有许多新根长出,此时可连同蛭石一起移入盆中或苗圃内。

11.2　草莓的组织培养与脱毒技术

草莓栽培过程中很容易受到 1 种或 1 种以上病毒的侵染,因而每年都需要更换母株。据王国平等人调查,目前我国各草莓种植区均有草莓病毒存在,带毒株率在80％以上,多数品种特别是一些老品种,其大部分病株同时感染几种病毒,经济损失十分严重。

11.2.1　草莓病毒种类

草莓病毒病是由草莓感染上不同病毒后引起发病的总称,在栽培上表现的症状,大致可分为黄化型和缩叶型两种类型。草莓病毒病和其他植物病毒病不同,有潜伏浸染特性,尽管植株已被病毒侵染,却不能很快表现症状,而且单一病毒侵染也不表现症状,只有几种病毒重复感染时,才表现出明显的症状。目前,我国草莓病毒病主要有四种:①斑驳病毒(SMoV);②轻型黄边病毒(SMYEV);③镶脉病毒(SVBV);④皱缩病毒(SCrV)。SMoV 和 SCrV 为世界性分布,凡有草莓栽培的地方,几乎都有。SCrV 是草莓危害性最大的病毒。草莓不仅受其本身多种病毒病的危害,而且也受树莓环斑病毒、烟草坏死病毒、番茄环斑病毒等的侵染,都会给草莓生产带来损失。

11.2.2 脱毒

11.2.2.1 热处理法脱毒

(1) **材料的准备** 培育准备热处理的盆栽草莓苗,要注意根系生长健壮,严禁栽植后马上进行热处理,最好在栽植后生长 1~2 个月再进行,草莓苗最好带有成熟的老叶,以增加对高温的抵抗能力。为防止花盆中水分蒸散,增加空气湿度,可把花盆用塑料膜包上,或改用塑料花盆。

(2) **热处理方法** 将盆栽草莓苗置于高温热处理箱内,逐渐升温至 38℃,箱内湿度为60%~70%,处理时间因病毒种类而定。例如,草莓斑驳病毒,用热处理比较容易脱除,在38℃恒温下,处理12~15d 即可脱除;草莓轻型黄边病毒和草莓皱缩病毒,热处理虽能脱除,但处理时间较长,一般需 50d 以上;而草莓镶脉病毒,因为耐热性强,用热处理法不容易脱除。

11.2.2.2 茎尖培养脱毒

(1) **取材和消毒** 取经过热处理后,草莓母株上新抽出的匍匐茎为外植体,以每年 6~7月最为适宜。如果母株没有经过热处理,则于 7~8 月匍匐茎发生最旺盛的时期,在无病虫害的田块,连续晴天 3~4d 时选取生长健壮、新萌发且未着地的匍匐茎段 3cm 长作外植体。用流水冲洗材料 2h,然后进行表面消毒。消毒步骤是:

① 用洗涤灵水溶液去材料表面的油质;

② 用70%的乙醇浸泡数秒以除去表面的蜡质;

③ 用3%的次氯酸钠溶液浸泡消毒 15~30min,然后用无菌水冲洗 3 次。

(2) **接种和培养** 材料消毒后,置于超净工作台上的双筒解剖镜下,用解剖针一层层剥去幼叶和鳞片,露出生长点,一般保留 1~2 个叶原基,切取 0.2~0.3mm,立即接种于培养基上。如经热处理后的植株生长点可大一些,一般切取 0.4~0.5mm,带有 3~4 个叶原基。

① 茎尖分化培养基采用:MS+6-BA0.5mg/L+IBA0.1mg/L;

② 继代培养基为:MS+6-BA lmg/L;

③ 生根前 1 次的继代培养基为:MS+6-BA0.5mg/L;

④ 生根培养基为:1/2MS+IBA1.0mg/L。温度保持在23℃左右,光照度 2 000lx,光照 12h/d。

(3) **生长与分化** 接种后 1~2 个月,茎尖在培养基①上形成愈伤组织并分化出小的植株。为了扩大繁殖,将初次培养产生的新植株切割成有 3~4 个芽的芽丛转入培养基②中继代培养,每瓶放置 3~4 个芽丛,经过 3~4 周的培养可获由 30~40 个腋芽形成的芽丛及植株。在转入生根培养基的前 1 次继代培养时,将苗转入培养基③中,即降低6-BA的含量。

(4) **生根培养** 生根过程既可在培养基上进行,又可在瓶外进行。为了获得整齐健壮的生根苗,应将芽丛切割开,单个芽转接到专门的生根培养基中生根,即在培养基④中培养,培养4 周后,可长成 4~5cm 高并有 5~6 条根的健壮苗。

11.2.2.3 花药培养脱毒

1974 年,日本大泽胜次等首先发现草莓花药培养出的植株可以脱除病毒,并得到了植物病理学家和植物生理学家的证实,现在已作为培育草莓无病毒苗的方法之一。

(1)取材和消毒 于春季在草莓现蕾时,摘取发育程度不同的花蕾,用醋酸洋红染色,压片镜检,观察花粉发育时期。当花粉发育到单核期时,即可采集花蕾剥取花药接种。如果没有染色镜检条件的,可以掌握花蕾的大小,观察花蕾发育到直径 4mm、花冠尚未松动、花药发有直径 1mm 左右时采集花蕾。

材料先用流水冲洗几遍,在 4～5℃低温条件下放置 24 h,然后进行药剂消毒。方法是将花蕾先浸入 70%酒精中 30s,再用 10%漂白粉或 0.1%升汞消毒 10～15min,倒出消毒液,再用无菌水冲洗 3～5 次。

(2)接种和培养 在超净工作台上,用镊子小心剥外花冠,取下花药放到培养基中,每个培养瓶内接种 20～30 个花药。诱导愈伤组织和植株分化培养基:MS 附加 BA1.0mg/L＋NAA0.2mg/L 和 IBA0.2mg/L。

小植株增殖培养基:MS 附加 BA1.0mg/L 和 IBA0.05mg/L

诱导生根培养基:1/2MS 附加 IBA0.5mg/L 和蔗糖 20g/L

培养温度 20～25℃,光照度 1000～2000lx,每天光照 10h。培养 20d 后即可诱导出小米粒状乳白色大小不等的愈伤组织。有些品种的愈伤组织不经转移,在接种后 50～60d 可有一部分直接分化出绿色小植株。但不同品种花药愈伤组织诱导率不同,直接分化植株的情况也有差异。此时附加少量 2,4-D 0.1～0.2mg/L,对有些品种的诱导率和分化率有提高的效果。

近些年,植物组织培养发展迅速,很多植物瓶外生根获得成功,草莓的瓶外生根已在生产中应用,而已移栽成活率可达 90%以上。这种做法不仅降低了无毒苗的生产成本,而且缩短了培养时间,简化了培养程序。

11.2.3 脱毒草莓种苗病毒检测规程

(1)检测对象 主要检测草莓轻黄边病毒(SMYEV)、草莓镶脉病毒(SVBV)、草莓斑驳病毒(SmoV)和草莓皱缩病毒(SCrV)。

(2)抽样 脱毒母本株的取样是在繁育季节从每株待检母本株选取幼嫩叶片作为检测样品;组培苗的取样是作为原种的组培苗全部检测;作为脱毒种苗的植株要抽取样品的 5%进行检测。

(3)检测方法 有双抗体夹心法和指示植物检测法。

双抗体夹心法主要用于检测草莓轻黄边病毒、草莓镶脉病毒。指示植物检测法主要用于检测草莓斑驳病毒、草莓皱缩病毒、草莓镶脉病毒和草莓黄边病毒。

检测过程主要有以下几步:

① 繁育指示植物。草莓病毒病的症状表现不明显,采用欧洲草莓(*Fragaria vesca*)及蓝莓(*Fragaria*)virginiana 两个野生品种中的易感品种,在防蚜条件下将指示植物和待测植株栽培在小花盆中,不断去掉指示植物的匍匐茎。使叶柄加粗,当达到 2mm 粗时,进行嫁接;

② 嫁接。从待检植株上采集幼嫩成叶,除去左右两侧小叶,将中间小叶留有 1～1.5cm 的叶柄削成楔形作为接穗。同时在指示植物上选取生长健壮的 1 个复叶,剪去中央的小叶,在两

叶柄中间向下纵切 1.5～2cm 的切口,然后把待检接穗插入指示植物的切口内,用细棉线包扎接合部。每一指示植物可嫁接 2～3 片待检叶片。为了促进成活,将整个花盆罩上聚乙烯塑料袋或放在喷雾室内保湿,这样可维持 2 周时间(见图 11-1);

③ 阳性判断。30～50 连续进行症状观察,记录指示植物症状表现,确定病毒有无和种类等。

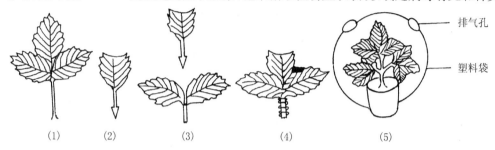

排气孔

塑料袋

(1) (2) (3) (4) (5)

(1) 待检复叶 (2) 待检接穗 (3) 指示植物 (4) 嫁接 (5) 套袋保湿,促进接穗成活

图 11-1 草莓小叶嫁接法

11.2.4 组培苗的移栽技术

11.2.4.1 移栽技术

① 试管苗的苗龄为 15d,主根长 1.5cm 左右,白色无须根,移栽成活率可达 90%～100%;

② 移栽前要将培养瓶从培养室中取出置于自然条件下,打开瓶盖进行透气锻炼。24h 后,从瓶中取出幼苗,清除干净根部及根颈处的培养基,栽入苗圃或穴盘中进行驯化;

③ 基质可采用经过灭菌处理的腐熟锯木屑或腐叶土,也可采用经过灭菌处理的由蛭石与珍珠岩按体积计以 1:1 比例配成的混合物,或园土与煤渣按体积计以 2:1 比例配制成的混合物。

11.2.4.2 提高移栽成活率的关键

① 选择不定根直接生自茎基,根多且粗壮,叶片在 3 片以上,叶大、厚、深绿的生根苗,成活率普遍较高。

② 栽培基质要用清水冲洗干净或用多菌灵或甲基托布津掺拌灭菌,用煤渣作基质时,还要用 0.2% 冰乙酸中和使碱性降低。

③ 移栽时采取“深栽浅埋”。深栽就是在移栽时根要栽得深,浅埋的标准是使小苗的根颈与土表平齐或略高于土表。

④ 注意控制光照、温度与湿度。小苗移栽后,放在温室内或塑料拱棚内培养,温度控制在 15～20℃,湿度维持在 80% 左右为宜。

⑤ 由于刚移栽的小苗茎秆脆嫩,应尽量采用喷雾状浇水,水量也不宜过大,落干后再喷。遮光 50%,1 周后,可逐渐增强日光照射。

复习思考题

1. 葡萄如何进行组织培养?

2. 简述草莓脱毒苗快繁技术。

12 蔬菜的组织培养技术

12.1 马铃薯的组织培养与脱毒技术

马铃薯是一种全球性的重要作物,在我国分布也很广,种植面积占世界第二位。由于其生长期短、产量高、适应性广、营养丰富、耐贮藏运输,因而成为高寒冷凉地区的重要粮食作物之一,也是一种调节市场供应的重要蔬菜。

马铃薯在种植过程中易感染病毒,危害马铃薯的病毒有 17 种之多。由于马铃薯是无性繁殖作物,病毒在母体内增殖、转运和积累于所结的薯块中,并且世代传递,逐年加重。马铃薯卷叶病毒和马铃薯 Y 病毒的一些株系,常使块茎产量减少50％～80％。我国马铃薯皱缩花叶病分布普遍,由此造成的减产达50％～90％,病毒危害一度成为马铃薯的不治之症。

从 20 世纪 70 年代开始,利用茎尖分生组织离体培养技术对已感染的良种进行脱毒处理,并在离体条件下生产微型薯和在保护条件下生产小薯再扩大繁育脱毒薯,对马铃薯增产效果极为显著。把茎尖脱毒技术和有效留种技术结合应用,并建立合理的良种繁育体系,是全面大幅度提高马铃薯产量和质量的可靠保证。

12.1.1 茎尖脱毒技术

(1) 材料选择和灭菌 在生长季节,可从大田取材,顶芽和腋芽都能利用,顶芽的茎尖生长要比取自腋芽的快,成活率也高。为便于获得无菌的茎尖,常把供试植株种在无菌的盆土中,放在温室进行栽培。对于田间种植的材料,还可以切取插条,在实验室的营养液中生长。由这些插条的腋芽长成的枝条,要比直接取自田间的枝条污染少得多。

消毒的方法是将顶芽或侧芽连同部分叶柄和茎段一起在2％次氯酸钠溶液中处理 5～10min,或先用70％酒精处理 30s,再用10％漂白粉溶液浸泡 5～10min。然后用无离子水冲洗2～3 次,消毒效果可达 95％以上。

(2) 茎尖剥离和接种 消毒好的茎尖放在超净工作台 40 倍的双筒解剖镜下进行剥离,一手用镊子将茎芽按住,另一手用解剖针将幼叶和大的叶原基剥掉,直至露出圆亮的生长点。用自制的解剖刀将带有 1～2 个叶原基的小茎尖切下,迅速接种到培养基上。

(3) 茎尖培养 马铃薯的茎尖培养,MS 和 Miller 基本培养基都是较好的培养基,而且附加少量(0.1～0.5mg/L)的生长素或细胞分裂素或两者都加,能显著促进茎尖的生长发育,其中生长素 NAA 比 IAA 效果更好。少量的赤霉素类物质(0.8mg/L),在培养前期有利于茎尖的成活和伸长,但如浓度过高或使用时间过长,会产生不利影响,使茎尖不易转绿,最后叶原基迅速伸长,生长点并不生长,整个茎尖变褐而死。

马铃薯茎尖分生组织培养,一般要求培养温度(22±2)℃,光照度前 4 周是1000lx,4 周后增加至2 000～3 000lx,光照16h/d。

(4) 病毒检测 成苗后要按照脱毒苗质量监测标准和病毒检测技术规程进行病毒检测,检测无毒的为脱毒苗,转入快繁培养基,切段快繁。

(5) 生根培养 如需生根,则可待苗长至1～2cm高时,转入生根培养基(MS＋IAA0.1～0.5mg/L＋活性炭1～2 000mg/L),培养7～10d生根。工艺流程图见图12-1。

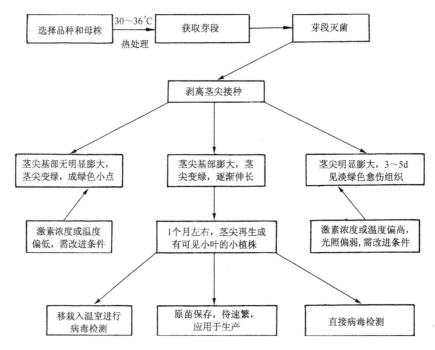

图12-1 马铃薯脱毒操作工艺流程

12.1.2 影响茎尖脱毒的因素

(1) 茎尖大小 马铃薯茎尖培养脱毒的效果,与茎尖大小直接相关,茎尖越小脱毒效果越好,但再生植株的形成也较困难。病毒脱除的情况也与不同种类的病毒有关,如由带1个叶原基的茎尖培养所产生的植株,可全部脱除马铃薯卷叶病毒,80％的植株脱除马铃薯A病毒和Y病毒,约50％的植株可脱除马铃薯的X病毒。

马铃薯茎尖培养,去除病毒的难易程度按下列顺序递增:马铃薯卷叶病毒(PLRV)、马铃薯A病毒(PVA)、马铃薯Y病毒(PVY)、马铃薯奥古巴花叶病毒(PAMV)、马铃薯M病毒(PVM)、马铃薯X病毒(PVX)、马铃薯S病毒(PVS)和马铃薯纺锤块茎病毒(PSTV)。该顺序也不是绝对的,因品种、培养条件、病毒的不同株系等有所变化。

(2) 热处理 许多研究证明,马铃薯品种经严格的茎尖脱毒培养后仍然带毒并不是操作不严或后期感染所致,而是因为某些病毒也能侵染茎尖分生区域,如PSTV用茎尖培养法很难获得无病毒苗,PVX和PVS用常规的茎尖培养法脱毒率也仅在1％以下。另外是品种同时感染了几种病毒。这样两种情况下都不能仅仅通过茎尖培养来消除病毒,而热处理却可大大提高脱毒率。因此,采用热处理法与茎尖培养相配合,才能达到彻底清除病毒的目的。

具体方法是将块茎放在暗处,使其萌芽,伸长1～2cm时,用35℃的温度处理1～4周,处理后取尖端 5mm 接种培养;或发芽接种后再用 35℃处理 8~18 周,然后再取尖端培养,对于 PVX 和 PVS,脱毒效果较为理想。为彻底清除 PSTV,需对植株采用 2 次热处理,然后再切取茎尖进行培养。第一次是 2~14 周的热处理,经茎尖培养后,选只有轻微感染的植株再进行 2~12 周的热处理,经 2 次处理产生的部分植株就会完全不带 PSTV。

连续高温处理,特别是对培养茎尖连续进行高温处理会引起受处理材料的损伤,因此若要消除 PLRV,采用 40℃(4h)~20℃(20h)两种温度交替处理,比单用高温处理的效果更好。

12.1.3 微型薯生产技术

由试管苗生产的重 1~30g 的微小马铃薯,被称为微型薯。作为种薯的微型薯不带病毒,质量高,具有大种薯生长发育的特征特性,能保证马铃薯高产不退化,增产效果一般在 40% 以上。微型种薯是马铃薯良种繁育的一项改革。许多国家已经在马铃薯良种繁殖体系中采用微型薯生产方法,并且以微型薯的形式作为种质保存和交换的材料。

组织培养生产微型薯要求条件较严格,费用较高,但产品的质量好,整齐度一致,一般只有 1~5g。由于是在三角瓶中培养,因此可作为不带病原菌的原原种使用,或作为基础研究材料和病原鉴定的实验材料。

(1) 单茎段扩大繁殖　将脱毒试管苗的茎切段,每个茎段带有 1~2 个叶片和腋芽,每个三角瓶中接 4~5 个茎段进行培养。培养条件是 22℃,光照 16h/d,光照度 1000lx。国内外常采用的培养基有:

① MS+3% 蔗糖+0.8% 琼脂;

② MS+2% 蔗糖;

③ MS+CCC50mg/L+BA 6.0mg/L+0.8% 琼脂或 MS+50~100mg/L 香豆素;

④ MS+3% 蔗糖+4% 甘露醇+0.8% 琼脂。

在此条件下,由腋芽形成的小植株生长很快。当小植株长到 4~5cm 时,就可以进行第二步培养。

(2) 微型薯诱导　微型薯要求有一定量的激素,并且要在黑暗条件下。激素的需求量和种类在不同的研究报道有所不同。从微型薯的形成时间和数目综合比较,以国际马铃薯中心 (CI) 研究并推广的方法为好,但这一方法在实践中难以被接受,原因是 CCC 和 BA 价格昂贵。从国情出发,冉毅东等(1993)研究采用廉价的香豆素代替 CCC 和 BA、用食用白糖代替蔗糖,同样效果很好。因此,建议采用 MS+50~100mg/L 香豆素的液体或固体培养基进行微型薯的诱导。诱导程序见图12-2。

与单茎段扩大繁殖不同,微型薯诱导必须在黑暗条件下进行,否则只有植株生长,而没有小薯形成。培养温度要求 22℃。

(3) 温室生产微型薯　单纯依靠科研单位生产微型薯原原种已不能满足生产的需要。为解决这一问题,专门设计了通过温室多层架盘生产微型薯的方法。

温室多层架盘工厂化生产的方法是:在温室 4~6 层育苗架上放育苗盘,基质可以是蛭石等。将三角瓶繁殖的脱毒苗以单茎段或双芽茎段扦插,然后在人工调控的温度和光照下经 60~90d 即可收获微型薯。扦插时以 3mg/L GA+5mg/L NAA 浸泡茎段,扦插苗成活率达98%。

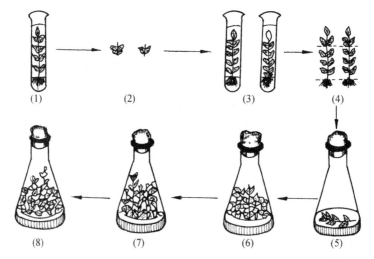

（1）试管苗　（2）茎切段　（3）腋芽形成小植株　（4）切取中部茎段　（5）液体繁殖

（6）植株增殖　（7）加香豆素　（8）微型薯形成

图 12-2　微型薯试管繁殖图示

12.2　石刁柏的离体繁殖技术

12.2.1　培养意义

石刁柏亦称芦笋，为百合科天门冬属多年生草本植物，雌雄异株。为保持其优良种性，生产上通常采用分株繁殖，但繁殖系数低。石刁柏雄性株早熟，品质好，寿命长，产量高。用组织培养方法繁殖石刁柏雄株，是解决生产上栽培优良雄株的有效途径。

12.2.2　培养方法

12.2.2.1　挑选优良母株

挑选待繁石刁柏优良植株（如果繁殖全雄系则需取雄株），取 5～10cm 长的嫩茎，洗净泥土，用自来水冲洗 15～20min，再用70%的酒精浸泡 1～2min，然后用0.2%的升汞浸泡 10～15min，最后用无菌水冲洗 3 次待用。在解剖镜下剥离腋芽，接种在繁芽培养基（MS＋6-BA 0.3～0.5mg/L＋NAA0.1～0.2mg/L）上，放入培养室内培养。

12.2.2.2　确定培养条件

培养环境条件设定为光照度1 000～3 000lx，光周期13～16h/d，温度(25±2)℃，空气相对湿度50%～60%，自然通风。

12.2.2.3　继代培养

接种 7～8d 芽尖转绿，15d 左右分化新芽，6～8 周长成 6～8cm 高的植株。试管苗每叶节切一段，转入上述培养基继代快繁培养（MS＋IBA）。3～6 周后长成 3～5 片叶的幼苗。

12.2.2.4 观察纪录

记录苗芽发生时间、生长状况、污染率。

12.2.2.5 扩大繁殖

照上述方法重复进行扩繁,直到达到要求繁殖数量。将试管苗切段,接入生根培养基(MS+KT0.1~0.5mg/L+NAA0.05~0.1mg/L),7~10d生根。

12.2.2.6 试管苗移栽

移栽前,将试管苗置自然光下锻炼,至根系健全拟叶开展,然后开盖炼苗2~3d,在光线较充足的条件下保湿移栽。移栽的成活率主要取决于试管苗的质量。在生根培养基中添加PP333 50mg/L可有效地改进试管苗的质量,根系粗而发达,移栽成活率可大幅度地提高。

12.3 结球甘蓝的组织培养

12.3.1 培养意义

结球甘蓝是我国栽培的主要蔬菜作物之一,品种类型很多,供菜期长,在蔬菜生产上占有重要的地位。随着生产的发展及人民生活水平的提高,生产上急需品质更优、适应性更强的新品种。应用离体繁殖技术,可进行珍贵材料的快繁、雄性不育材料的临时繁殖保存、固定杂种优势等。目前,离体繁殖技术已成为甘蓝常规育种的重要辅助技术和细胞育种及分子育种的必要技术。

12.3.2 培养方法

12.3.2.1 取材与处理

将甘蓝叶球剥去叶片,留下中心柱和腋芽,洗净泥土,用自来水冲洗15~20min,用70%的酒精浸泡1~2min,再用0.2%的升汞浸泡10~15min,然后用无菌水冲洗3次。在解剖镜下剥离腋芽,接种在繁芽培养基上(MS+IAA0.2~0.5mg/L+6-BA1.0~3.0mg/L),置培养室内培养。

12.3.2.2 培养条件

培养环境条件为:光照度1 000~3 000lx,光照12~13h/d,温度(20±2)℃,空气相对湿度50%~60%,自然通风。

12.3.2.3 培养

接种2~3d芽尖转绿,15d左右分化新芽,30~50d后形成蔟生芽。将蔟生芽用解剖刀分割,转入上述培养基继代快繁培养。

12.3.2.4 观察记录

记录苗芽发生时间、生长状况、污染率。

12.3.2.5 扩大繁殖

再按照上述方法重复进行扩繁,直到达到要求繁殖数量为止。

12.3.2.6 诱导生根及移栽

诱导新梢生根时,基本培养基为 1/2MS 培养基,其中附加低用量的 NAA 或不需添加任何生长调节剂。为促进幼根原基的发育和新生根的生长,有时可在培养基中加入适量的活性炭。培养的温度一般(25±2)℃,光照 12～16h/d,连续光照不会妨碍愈伤组织生长和器官的分化。

诱根成功的幼苗经炼苗后,即可移栽于富含腐殖质土的营养钵中,温室内幼苗长出新叶片时便可移入露地。

12.3.3 影响离体繁殖的因素

影响甘蓝离体繁殖的因素很多,其中主要有:

(1)培养基 培养基是影响离体繁殖的主要因素之一。基本培养基以 MS 为最常用,也有少数报告中使用 LS 和 B$_5$ 培养基。激素对器官分化有很大的影响,但有不少基因型材料在只有 BA 而不加 NAA 或 IAA 时芽的分化也很好。甘蓝离体繁殖的最适细胞分裂素用量因基因型而异。大多数材料以 2～4mg/L 的 BA 为宜,个别的高达 10mg/L,NAA 或 IAA 以 0～0.4mg/L 为宜。2,4-D 对其他大多数作物来说,诱导外植体产生愈伤组织的效果很好,但对不少甘蓝品种来说效果不十分明显。新梢生根阶段,大多数是在基本培养基中加入低用量的 NAA(0.2mg/L 左右),但也有不少材料不需加任何生长素类物质,而在 MS 或 1/2MS 基本培养基上长出很健壮的根。固体培养基用琼脂固化时,离体培养的花茎发生褐变,而用 gelrite 固化时,不产生褐变。

(2)基因型 Dietert 等(1992)详细地研究了芸苔属不同种、变种以及结球甘蓝的不同品种对离体培养的反应。结果表明,无论是愈伤组织的生长速率,还是愈伤组织的器官分化,都存在明显的基因型差异,而且甘蓝类种与变种间的差异与芸苔属中种间的差异一样大。

(3)外植体的生理状态 Dunwell(1981)用不同部位(从外到内选 5 片叶)的叶片进行离体培养,同时把同一叶片又从上至下(叶柄处)分为 5 段,边缘和中间部分叶分开培养,结果表明,叶片不同部位间的培养反应差异很大,在同一叶片、中间部分与边缘之间差异比较大,但上下之间的差异不大。

(4)外植体的放置方向 将甘蓝花茎切段进行倒置(生理顶端向下)和正置(生理顶端向上)培养,结果发现正置比倒置好,分化率高,芽数也多。以甘蓝花茎切段为试材,进行垂直正置和平放于培养基上培养,结果也表明,垂直正置时形成不正常的新梢,而水平放置时分化的新梢正常,且每个外植体分化的芽数也比垂直正置的多。

(5)继代培养时间 总的趋势是随着培养时间的延长,器官分化能力逐渐下降,不同基因型的材料分化力下降的速度不一样。有些品种的根、茎、叶继代培养 3 代后,形态发生能力便逐渐消失。

(6)培养容器空间的大小 有关这方面的研究,有人比较了 6mL、14mL 和 27mL 培养容器空间对离体培养的叶片最后直径、面积、鲜重/mg、鲜重/mm^2 和生根率等的影响。结果表明,随着空间的增大,叶片的大小和重量都逐渐增加,说明培养容器的大小也是影响培养效率的重要因素,不可忽视。

12.4 无籽西瓜的组织培养

12.4.1 培养意义

西瓜在我国栽培历史悠久,栽培地区十分广泛。无籽西瓜是四倍体与二倍体西瓜杂交而成的三倍体西瓜。无籽西瓜含糖量高,品质好,商品价值高。但由于三倍体西瓜制种过程复杂,存在采种量低、种子发芽率低和成苗率低的"三低"现象,严重阻碍了无籽西瓜的发展。利用组织培养技术,对优良三倍体西瓜进行无性繁殖和保存,可以大大简化制种程序,降低生产成本。

12.4.2 培养方法

12.4.2.1 无菌苗的建立

(1)西瓜籽消毒 取无籽西瓜的种子,用水浸泡 24h,70%酒精消毒 1~2min,再转入0.1%升汞溶液中消毒15~20min,无菌水冲洗 4~5 次,在无菌环境中剥去种壳,置于无激素的1/2MS培养基中,30~33℃发芽,直接接受光照或发芽后再行光照培养。

(2)小腋芽消毒 用于西瓜蔓的消毒剂为含有少量黏着剂吐温 80 的4%漂白粉溶液。先将西瓜蔓在清水中漂洗、揩干,再用70%酒精擦净。然后置于上述消毒剂中消毒15~30min,在无菌水中洗涤 5 次,置于1/2MS培养基中或直接放于增殖培养基中,在25~28℃的培养室中培养。

12.4.2.2 芽或不定芽的增殖

待种子长出胚根和子叶后,切取长约 1cm 的顶芽接种到附加激素的 MS 培养基,pH 值6.4,蔗糖3%。在光照 12h/d,光照度2 000~3 000lx的条件下培养约 20d 后,顶芽及其周围的腋芽增殖形成 1 个芽丛。芽丛可以再分割繁殖,3~4 周后,顶芽或腋芽又可形成新的芽丛。侧芽增殖的数量与激素的种类和浓度有关。附加BA 0.25~0.50mg/L,培养 3~4 周可形成具 5~10 个芽的芽丛,数量再高则易形成叶丛,茎不伸长;附加2ip1.0mg/L,能形成3~8 个芽的芽丛,数量过高、过低都影响芽的分化;附加 KT 2.0mg/L,只能形成 2~3 个芽的芽丛,降低数量则不能形成丛生芽,而提高数量虽能增加芽的数量,但效果并不比低浓度的 BA 好。生长素IAA 与细胞分裂素 BA 配合使用有助于芽的生长和增殖,当加入 BA 0.25~0.5mg/L和IAA1.0mg/L 时,芽的分化数量多,发育正常且稳定。

12.4.2.3 试管苗嫁接与移栽

西瓜根系抗病能力很弱,特别易遭受枯萎病和炭疽病的危害,严重时全部死亡。无籽西瓜试管苗生根效果较差,根数少,移栽成活率不高。因此,目前多采用试管苗嫁接的方法。影响嫁接成活的主要因素是接穗的质量。一般长度在 2cm 以上的健壮芽作接穗成活率高,长度不足 1cm 的细嫩芽,嫁接不易成活。因此,试管苗在嫁接前需要进行伸长培养。试验表明,培养基中添加 BA 1~2mg/L或培养基不加细胞分裂素,均可有效地促进芽苗的伸长,改善接穗的质量,提高嫁接的成活率。嫁接成活后,当植株长出 5~8 片真叶时,即可移到室外炼苗,7d

后定植于田间。

12.5 结球莴苣(生菜)的组织培养

12.5.1 取材与处理

将结球莴苣叶球剥去叶片,留下中心柱和腋芽,洗净泥土,用自来水冲洗 15～20min,用 70％的酒精浸泡 1～2min,再用0.2％的升汞浸泡 10～15min,然后用无菌水冲洗 3 次。在解剖镜下剥离腋芽,接种在繁芽培养基(MS＋KT0.3～0.5mg/L＋IAA0.4～0.6mg/L)上置培养室内培养。

12.5.2 培养条件

培养环境条件为:光照度1 000～3 000lx,光照 12～13h/d,温度(20±2)℃,空气相对湿度 50％～60％,自然通风。

12.5.3 继代培养

接种 2～3d 芽尖转绿,15d 左右分化新芽,30～50d 后形成簇生芽。将簇生芽用解剖刀分割,转入上述培养基继代快繁培养。

12.5.4 扩大繁殖

照上述方法重复进行扩繁,直到达到要求繁殖数量为止。

12.6 大蒜的组织培养

12.6.1 培养意义

大蒜是葱属的一种无性繁殖作物,生产上主要利用鳞茎作为繁殖材料。这不仅繁殖系数低,栽培成本高,而且也易导致病毒积累和传播,对大蒜生产构成威胁。通过大蒜茎尖组织培养,可有效地脱除病毒,提高大蒜的产量和品质。

12.6.2 培养方法

供试大蒜鳞茎先在低温(4℃)下贮藏 30d 左右,以打破休眠。蒜瓣经表面消毒后,在解剖镜下列取长度为0.2～0.9mm的带 1 个或不带叶原基的茎尖,接种于附加一定浓度激素的 MS 培养基。培养基含蔗糖3％、琼脂0.7％、pH 值5.8。培养温度为(25±1)℃,连续光照,光照度 1 200～2 000lx。接种后培养 40d 左右,茎尖伸长形成一个绿色芽点,并开始滋生侧芽;培养 100d 后,形成芽丛。由茎尖发生的芽多数来自腋芽,极少数来自主芽发生的不定芽。茎尖增殖的芽数因基因型和培养基的激素水平而异。紫皮蒜的增殖能力较白皮蒜略强,附加 BA2.0mg/L＋NAA0.6mg/L对芽的增殖效果最好,且增殖的每个芽苗均已生根,形成完整的再生植株,免去了生根培养的步骤,简化了培养程序。

在大蒜离体培养中,不仅可形成完整的再生植株,也可形成试管小鳞茎。实验表明,生长素 NAA 及其与细胞分裂素 BA 的比值对试管小鳞茎的形成有重要作用,当比值大于0.5时,有利于小鳞茎的发生;小于0.3时,小鳞茎则不能形成。

生根试管苗移栽于盛有泥炭或珍珠岩的营养钵中,保湿1周,1个月后移植大田,其成活率可达100%。

试管小鳞茎打破休眠(4℃低温处理1个月)后,可直接栽入土壤,简便适用,是大蒜无毒苗快速繁殖的一条新途径。

12.7 番茄的组织培养

自从 Robbins(1922)和 Kotte(1922)首次报道离体根尖培养成功以来,Simith(1944)也进行番茄和野生种杂种的胚培养。Norton 等(1954)从 L. peruvianum 根愈伤组织再生出苗。随后,Delanghe(1973)从茎节、Kartha 等(1977)从茎尖、Gresshoff 等(1972)从花药、Zapata 等(1977)从 L. peruvianum 和 Morgan 等(1982)从 L. esculentum 的叶原生质体等再生成植株。

12.7.1 花药培养

取花药长 3~7mm、花粉粒处于单核中期的花蕾。将花蕾用万分之一的吐温 40 水溶液浸泡5min,用水冲洗,再70%酒精浸 15s,立即转入有效氯3%的漂白粉溶液灭菌 10min,经无菌水冲洗后,进行接种。从花蕾中取出花药,接种在 DBMⅡ+2.0mg/L NAA+1.0mg/L KIN 的培养基上,放在27℃黑暗下培养。经约20d 培养,有2%~5%的花药形成了愈伤组织,但因品种而异。产生的愈伤组织可在 DBMⅢ+5.0mg/L NAA+0.1mg/L KIN 的培养基上进行继代培养,使愈伤组织增殖。接种在 DBMⅠ+0.1mg/L NAA+2mg/L KIN 的培养基上,放在光照 16h/d 和 27℃下培养,可诱导苗的分化。分化的苗要及时转到 MS+0.2mg/L IAA+2%蔗糖培养基上培养,此时苗生长健壮,2周后长苗根,形成完整植株。

12.7.2 叶培养

取无菌幼苗嫩叶片,切成(5×5)mm 的小块,接种在 MS+0.2mg/L IAA+2mg/L BA 的培养基上,放在 27℃和光下培养。25d 后开始发生芽的分化,芽从叶块上切口的愈伤组织周缘及表面分化形成。1个月后每个切块约长出 2~5 个芽。芽转到无激素的 MS 培养基上,5~10d 后形成根。

12.7.3 原生质体培养

从生长在光照度7 000lx 的 16h/d 光照下的植株,取第一片真叶叶片,用8%Donestos 消毒25min,无菌水洗 5 次。撕去下表皮,放在质壁分离液中 1h。分离液的组成是0.19mmol/L KH$_2$PO$_4$,1mmol/L KNO$_3$,10.1mmol/L CaCl$_2$ 2H$_2$O,1mmol/L MgSO$_4$ · 7H$_2$O,0.96μmol/L KI,0.1μmol/L CuSO$_4$ 5H$_2$O(CPW 盐),0.5mol/L甘露醇,pH 值5.7。

取出叶片放在酶液中,在 27℃和黑暗下保温 13h。酶的成分是:1.5%Meicelase、0.15% Driselase 和15%Macerozme。过滤除去叶碎片。悬浮液用 100×g 离心 4min。将原生质收集于0.6mol/L蔗糖的CPW盐液中,100×g下离心8min。把原生质体密度调到2×10^5个/mL和等量的含1%琼脂的改良B_5培养基混合,在5cm培养皿中制成平板培养。放在黑暗、30℃下7d,再转到27℃和800lx下培养。28d后产生出小细胞团,并每2周间隔逐步降低甘露醇浓度。把愈伤组织移到MS+1.0mg/L NAA的苗再生培养基中,每月继代1次,直到再生成苗。苗高4cm时,移到MS+3.0mg/L IAA的培养基中诱导。

12.8 大白菜腋芽培养技术

12.8.1 培养意义

大白菜又名结球白菜,原产中国,栽培历史悠久,品种资源丰富,是我国主要秋冬蔬菜。因此,搞好大白菜的良种繁育,对推动我国大白菜的生产有重要作用。大白菜叶球每个叶片的叶腋都能形成一个腋芽,每一叶球少的有40~50个,多的达60~80个,因品种而异。将腋芽连同中肋切割下来进行扦插,也可形成植株,而且方法简便,可作为采种之用。叶球腋芽也可用于组织培养,在附加激素的MS培养基上,几乎所有的腋芽及顶芽都可培养成试管苗株,繁殖系数大为提高。然而由于叶球上的腋芽已通过春化阶段,在培养过程中存在着试管苗提早抽苔甚至开花的现象,这限制了通过腋芽增殖途径建立试管无性系,而且这种提早抽 或开花的试管苗移栽后,由于没有一个较长的营养生长阶段,植株较小,种子产量低。大白菜腋芽繁殖还可采用子苗在试管内直接诱导腋芽的方法。该方法克服了利用叶球腋芽繁殖的一些缺点,在试管内可连续进行继代培养繁殖,由一个子苗经过连续的继代繁殖,几个月内即可繁育成数以万计的试管苗株,从而为大白菜雄性不育株、自交系及杂种一代等种质材料的快速繁殖和保存提供了新途径。

12.8.2 培养方法

12.8.2.1 试管苗无性系的建立

选籽粒饱满的种子,经70%酒精消毒1~2min,再用0.1%升汞消毒10min,无菌水冲洗4~5次,置于铺有湿滤纸的培养皿中,在24~25℃下培养。当苗高2cm左右时,取出子苗,切除根部,接种到附加激素的MS培养基中诱导腋芽发生。培养基pH值5.8,蔗糖3%。在(24±1)℃、光照16h/d、光照度2000lx的条件下培养。培养20d左右,即可形成腋芽丛。切取长约1cm的健壮腋芽,再接种到新鲜的培养基中,诱导新的腋芽产生。这样经反复继代繁殖,由一个子苗即可建成一个试管苗无性系。腋芽的质量和增殖系数主要受细胞分裂素和生长素的数量及配比的影响。

12.8.2.2 试管苗生根

大白菜试管苗生根比较容易。适宜生根的培养基为1/2MS或1/2MS+NAA0.1mg/L。由芽丛切下生长健壮、长为1~2cm的正常腋芽,去除基部叶片,植入生根培养基中,在(24±1)℃的条件下培养7d后,部分植株开始生根,14d后生根率可达100%。

12.8.2.3　试管苗移栽

若作采种之用,在移栽前试管苗需经过低温处理(4~10℃处理25 d左右),使之通过春化阶段。试管苗移栽方法简便,将试管苗由试管(三角瓶)中取出,洗去培养基,直接栽入阳畦中即可。同一般大白菜小株采种阳畦育苗一样,不需要任何特殊管理,且移栽成活率高,可达100%。

12.9　甘薯的脱毒技术

甘薯系旋花科的多年生植物。甘薯是我国四大主要粮食作物之一,也是饲料和轻工业的重要原料。甘薯是一种采用无性繁殖的杂种优势作物,但营养繁殖易导致甘薯病毒蔓延,致使产量和质量降低,种性退化。在引起甘薯品种退化的诸因素中病毒占主导。病毒病已成为我国甘薯生产的最大障碍之一,每年造成的损失达50亿元以上。

12.9.1　甘薯主要病毒种类

1919年Eusign首先报道甘薯病毒病,其后许多国家也报道了甘薯病毒病的危害情况。近10年来,该方面的研究已取得较大进展。侵染甘薯的病毒有10多种,主要有:甘薯羽状斑驳病毒(SPFMV)、甘薯潜隐病毒(SPLV)、甘薯花椰菜花叶病毒(SPCLV)、甘薯脉花叶病毒(SPVMV)、甘薯轻斑驳病毒(SPMMV)、甘薯黄矮病毒(SPYDV)、烟草花叶病毒(TMV)、烟草条纹病毒(TSV)、黄瓜花叶病毒(CMV)。此外还有尚未定名的C-2和C-4。我国甘薯易发生的病毒病,主要是前两种病毒,基本是随营养繁殖体传播,也可由桃蚜、棉蚜等传播。

12.9.2　甘薯脱毒技术

(1)材料选择和消毒　选择适宜当地栽培的高产、优质或特殊用途的生长健壮甘薯品种植株作为母株,取枝条,剪去叶片后切成带一个腋芽或顶芽的若干个小段。

剪好的茎段用流水冲洗数分钟后,用70%酒精处理30s,再用0.1%升汞消毒10min,无菌水冲洗5次,或用2%次氯酸钠溶液消毒5min,无菌水冲洗3次。

(2)茎尖剥离和培养　把消毒好的芽放在解剖镜下,用解剖刀剥去顶芽或腋芽上较大的幼叶,切取0.3~0.5mm含有1~2个叶原基的茎尖分生组织,接种在培养基上。

甘薯茎尖培养较理想的培养基为MS+IAA 0.1~0.2mg/L+BA 0.1~0.2mg/L+3%蔗糖,若补加GA_3 0.05mg/L对茎尖生长和成苗有促进作用。培养基pH值为5.8~6.0。培养条件以温度25~28℃、光照度1 500~2 000lx,14h/d为宜。

不同品种的茎尖生长情况存在差异。一般培养10d茎尖膨大并转绿,培养20 d左右茎尖形成2~3mm的小芽点,且在基部逐渐形成黄绿色的愈伤组织。此时应将培养物转入无激素的MS培养基上,以阻止愈伤组织的继续生长,使小芽生长和生根。芽点基部少量的愈伤组织对茎尖生长成苗有促进作用,但愈伤组织的过度生长则对成苗非常不利且有明显的抑制作用。

(3)茎尖苗的初级快繁　当试管苗长至3~6cm时,将小植株切段进行短枝扦插,除顶芽一般带1~2片展开叶外,其余全部切成一节一叶的短枝。切下的短枝立即转接于三角瓶内无激素的MS培养基中,条件同茎尖培养。2~3d后,切段基部即产生不定根,30d左右长成具有

6～8片展开叶的试管苗。

待初级快繁到一定数量后,将同一株号的试管苗分成三部分:一部分保存;另一部分直接用于病毒鉴定;再一部分移入防虫网室内的无菌基质中培养。茎尖培养产生的试管苗,经严格病毒检测后,才能确认为脱毒苗。

(4)种薯的繁育　脱毒试管苗可继续在试管内切段快繁,也可在防虫条件下于无菌基质中栽培繁殖。在防虫温室或网室的无病毒土壤上栽种脱毒苗,使其结薯,即为原原种薯,育出的薯苗为原原种苗。原原种比试管苗更便于分发远送,以供应生产原种。

原种生产也应在防虫条件下的无病原土壤上进行,以原原种(苗)为种植材料,必要时可采取以苗繁苗的方法,获得较多的原原种苗。原原种苗培育的种薯即为原种。

种薯可分为不同的等级。一级种薯的生产要求,在隔离地块上栽培原种,地块四周500m以上范围内不栽同种植物,注意及时防病治虫。二三级脱毒种薯生产地块的条件可适当降低,种薯每种一年降一级。脱毒种薯、种苗用于生产,增产效果一般可维持2～3a。其后就应更换新的脱毒种苗、种薯。

复习思考题

1. 简述马铃薯脱毒和快繁的程序。
2. 简述石刁柏、结球甘蓝、无子西瓜、结球莴苣、大蒜、番茄、大白菜腋芽组织培养技术。
3. 简述甘薯的脱毒技术。

13 园林及观赏植物的组织培养

13.1 红掌的组织培养

13.1.1 取材和处理

利用组织培养的方法进行红掌的扩繁快繁,主要有两条途径:一是利用芽增殖培养的方法,将自然条件下产生的小芽切下,经杀菌处理后接种在芽增殖培养基上,经过一段时间培养后许多不定芽便直接从接种的原始芽的基部产生;二是利用自然条件下生长的红掌植株的幼嫩叶片或叶柄作外植体,通过细胞脱分化和再分化,形成再生芽的途径。

取红掌幼苗刚展开的叶片、叶柄和顶芽,放入一容器内,先用自来水冲洗,再用加0.02%餐洗净的自来水浸泡10min,浸泡过程中经常摇动容器,目的是为了比较彻底地清除材料表面的尘土和菌物。浸泡后,用自来水冲洗10min以上,冲洗后将其转入一干净的三角瓶。

以下操作在超净工作台完成。往三角瓶中加入75%酒精,浸泡杀菌30~60s。倒掉酒精,用无菌蒸馏水漂洗1次,将材料转入经高压消毒的三角瓶中,加入0.1%升汞液,浸泡杀菌8min,浸泡过程中经常摇动三角瓶。倒掉升汞液,用无菌蒸馏水冲洗4~6次。将材料从三角瓶中取出,在灭过菌的滤纸上用解剖刀将顶芽的生长点连同2~3个叶原基切出,将幼嫩叶片和叶柄剪成小块或小段,叶片切成0.5~1.0cm见方的小块,叶柄切成0.5cm的小段,分别接种于芽增殖和愈伤组织诱导培养基。

13.1.2 接种与培养

13.1.2.1 芽增殖和愈伤组织诱导培养基

芽增殖培养基为 MS 培养基的四种基本成分+6BA1~1.5mg/L+NAA0.5~1mg/L。愈伤组织诱导培养基为1/2MS+6BA0.6~1.2mg/L+2,4-D0.1~0.2mg/L+蔗糖20g/L或市售白砂糖30g,用1mol/L 的 KOH 调节 pH 值至5.8,加琼脂粉4.5~5.0g/L或琼脂条8~12g/L,高压灭菌后分装入90mm培养皿中,每皿约25mL,在超净工作台上吹干后加盖以防污染。

13.1.2.2 接种与培养

将已剥离的生长点接种于芽增殖培养基上,将幼叶切块和叶柄切段接种于愈伤组织诱导培养基上。接种时,每皿接种6~8个小块,用封口膜封好,放入培养室内培养,温度(26±2)℃,前期对芽暗培养10d,尔后在光下培养,光照度1500~3000lx,8~10h/d。对叶片、叶柄可不经暗培养。在芽增殖培养基上,接种的生长点转到光下培养 5d 就转绿,在基部出现绿色芽点,继续培养 2 周,许多芽点便分化成小芽,分化率可达80%以上。用于愈伤组织诱导的叶片切块和叶柄切段培养 2 周左右,在切口处可见愈伤组织产生,再经3~4周,愈伤组织明显长大,但没有芽点形成和芽的分化,必须转入诱导芽分化培养基中方可产生新芽。由于愈伤组织的诱导时间较长,中间需更换 1 次培养基。

13.1.2.3　诱导芽分化

诱导芽分化培养基为 MS+6BA1.0~2.0mg/L+蔗糖(白糖)30g/L,用1mol/L的 KOH 调节 pH 值至5.8,加琼脂粉4.5~5.0g/L或琼脂条8~10g/L,煮沸后分装于100mL三角瓶中,用羊皮纸封口,高压灭菌20min后备用。

将培养皿中愈伤组织长的较好的材料从皿中取出,转入诱导芽再生培养基,培养 4 周左右,愈伤组织产生不定芽。要想让小芽长大,需把小芽从愈伤组织上掰下,重新接入新的分化培养基。诱导芽分化培养基既可作芽分化用,又可作继代培养。在 MS 基本培养基上,再附加 1/4MS中的 NH_4NO_3,可增加红掌的繁殖速度。

13.1.2.4　生根与移栽

诱导生根培养基采用 1/2MS 基本培养基附加 NAA0.5~1.5mg/L、蔗糖 15g/L,用1mol/LKOH调节 pH 值至5.8~6.0,加琼脂 5.5g/L,加热煮沸后分装于 100mL 三角瓶中,用羊皮纸封口,高压灭菌20min。将上述培养基中的大苗取出,在无菌滤纸上从基部切去 3mm 左右,接种到生根培养基中。生根培养期间,增强光照有利于生根。生根培养7~10d 就能长出白色突起,三周以后根系长到 1cm 以上,这时可以移栽。

红掌试管苗可以直接进行瓶外发根培养,既可省去生根阶段的成本费用,又可加快繁殖速度。工厂化育苗可考虑采用此法。

13.2　杜鹃的组织培养

杜鹃花又名映山红,为杜鹃花科木本多年生花卉,其种类和品种繁多,全世界约有 800 种,我国约有 650 种。杜鹃花通常采用扦插法繁殖,但名贵品种往往难以生根,在育种工作中可用播种繁殖。嫁接法也有很多苗圃采用。在优良品种的繁殖推广、珍稀品种的保存以及在育种中利用诱变技术,提高选育效率等方面,植物组织培养都有很多用处。

13.2.1　取材与处理

13.2.1.1　外植体的选择

目前已获成功的外植体类型有茎尖、带侧芽的茎段、种子、叶片及花芽。从快速繁殖的目的出发,以选择茎尖及带侧芽的茎段为好。

13.2.1.2　取材与消毒

以杜鹃花的茎尖为试材,在春天花凋落之后或秋季花芽分化之前,在植株上取新生的嫩枝茎尖或侧芽,要选择饱满、健康无病虫者。用1‰克菌丹加数滴吐温20,浸泡消毒10min,用自来水冲洗干净,转入超净工作台上进行以下无菌操作:用2‰次氯酸钠溶液消毒15min,无菌水冲洗3～5次或用0.1‰的升汞消毒4～5min,无菌水冲洗4～6次。

13.2.2 配制基与接种幼芽

13.2.2.1 幼芽培养诱导再生培养基

常用的培养基为1/2 MS、1/3 MS或1/4 MS,因为常规的MS培养基各种盐的浓度较高,对杜鹃茎尖培养不利,故应稀释降低浓度,同时降低NH_4NO_3和KNO_3的浓度,提高$(NH_4)_2SO_4$的比例,使NH_4^+与NO_3^-的比例从1：2变为1：1。由于杜鹃喜欢在酸性土壤中生长,所以要求培养基的pH值要比普通的稍低,故应把培养基的pH值降到5.0～5.3。

13.2.2.2 影响芽繁殖的因素

(1) 外植体 不同外植体存在明显差异,如用侧芽,只能从每个侧芽产生1～4个新芽,饱满的侧芽比不饱满的侧芽产生要多;如果用茎尖,则每个茎尖可得到8～10新芽,且与侧芽有相同的规律。

(2) 外源激素 在对初次接种的顶芽和腋芽进行再生不定芽诱导上,4种细胞分裂素的作用明显不同,10mg/L玉米素处理产生的新梢数量最多,其次是2ip、KT和BA。添加KT的芽长得最大,易分离成单个芽。添加2ip的不定芽呈密集丛生状生长,苗纤细,难分出单个芽,在5～20mg/L,随浓度的升高,茎的生长高度下降,但嫩芽数目增加,因此2ip浓度以10mg/L左右为宜。BA的效果最差,且常使茎叶发生坏死。

在以后的继代再培养中,KT的效果较好,使用KT的嫩茎数量、高度、质量均优于其他。BA也显示出较好的趋势,这可能是在再培养过程中,植株降低对细胞分裂素的要求或自身能合成细胞分裂素。所以再培养时,可继续使用KT或将作用较弱的BA代替2ip。

培养基中添加IAA1mg/L时,产生的嫩茎数增多,但茎的长度和质量显著下降。添加5mg/L GA₃时,可显著提高嫩茎的数量、长度和质量,因此易于进行芽的分割,也便于扦插生根,有利于在大规模生产中提高工效。

13.2.2.3 配制培养基

根据上述几项原则,首次接种芽所用的培养基为1/3MS基本培养基附加Zt10mg/L或KT10～15mg/L或2ip5～10mg/L、IAA1～2mg/L、蔗糖30g/L,调pH值至5.0～5.3。芽增殖培养基为1/3MS基本培养基附加KT5～10mg/L或BA5～10mg/L、IAA1～2mg/L、GA10mg/L、蔗糖30g/L,调pH值至5.0～5.3。不同品种对培养基的要求不同,应在首次利用上述几种培养基的基础上,深入实验以便筛选最适合于所选品种的培养基。

13.2.2.4 接种与继代扩繁

取已消毒的幼芽放在无菌滤纸上,用手术刀将外部的小叶切除并尽量剥去小叶和大的叶原基,留下2～3个小的叶原基,这样的芽不易成活但一旦成活比较容易分化再生成苗。将剥好的小芽放于幼芽再生培养基中,封好后置于培养室培养。接种后,要及时观察生长情况,并及时转移和分芽培养。

13.2.3 诱导生根与移栽

诱导生根培养基采用1/4MS基本培养基附加IBA 0.3～0.5mg/L,适当降低蔗糖用量,增加10%的琼脂用量,光照时间延长到每天14～16h,以增加幼苗有机物的积累形成壮苗,利于移栽后成活。移栽用的基质除保持疏松、富含有机质外,应使pH值维持在5.0左右。移栽后的小苗最初几天内保湿最为重要,最好是基质不太湿但空气相对湿度在85%以上。如果是大规模生产,最好在温室或大棚内设置喷雾装置,使光照充足、温度合适、湿度较高,这样可使小苗成活率在85%以上。

13.3 蝴蝶兰的组织培养

蝴蝶兰属兰科蝴蝶兰属,又称蝶兰,原产于菲律宾、印度尼西亚、泰国、马来西亚及我国台湾等亚洲热带地区。蝴蝶兰属单茎气生兰,植株上极少发育侧枝,对其进行常规的无性繁殖,繁殖速度极慢,无法进行大量繁殖,而且比其他种类的兰花更难以进行常规的无性繁殖,组织培养和无菌播种是其大量繁殖的重要手段。

蝴蝶兰的工业化生产十分成功,通过组织培养技术和无菌播种技术大规模繁殖种苗,最后作为盆花和切花销售,在兰花市场上占有相当大的比例。目前,各国用于商品性生产的蝴蝶兰,均为经多年数代杂交培育的优良品系,多为大花型或多花型品种,与原生种比较,其花形丰满优美,色泽鲜艳,开花期长,生长势强健,更易栽培。

近几年来,随着我国经济的迅速发展,兰花业非常火热,国内建立了许多大型兰花生产和经营公司,均以生产蝴蝶兰为主。从前,蝴蝶兰主要在南方生产栽培,现逐渐扩展到我国北方的众多省市,由于严格的企业化管理和经营运作,经济效益十分显著。

13.3.1 蝴蝶兰的培养方法

据报道蝴蝶兰茎尖、茎段、叶片、花梗侧芽、花梗节间、根尖、根段等均可作为外植体进行培养,只是难度有所不同。

13.3.1.1 茎尖培养

蝴蝶兰作为单轴类的兰科植物,极少有侧芽产生,所以不能像其他兰花一样切取侧芽作为外植体。只有少数品种,在长日照条件下栽培,花茎基部的隐芽可以萌发成小苗。因此,蝴蝶兰的茎尖培养只能切取幼苗或成株苗的顶尖作为外植体。

(1)茎尖的切取 通常采用5～6片叶片的幼苗茎尖效果较好。先将叶片的大部分切掉,除去叶的茎在流水下冲洗干净,在超净工作台上用10%漂白粉溶液作表面灭菌15min,除去叶原基后,再用5%漂白粉溶液灭菌10min,然后用无菌水冲洗干净,无菌条件下剥取茎尖及叶基部的腋芽,大小2～3mm,然后接种于事先备好的培养基上。

(2)培养基 茎尖培养采用VW培养基进行液体培养或固体培养,固体培养时添加琼脂9g、蔗糖20g、15%的椰乳,pH值5.4。

(3)培养条件 培养温度以25℃为宜,光照度2 000lx,光照16～24h/d。液体培养时,可控床以160r/min的速度作振荡培养,7～10d转移至新培养基,约1个月的时间即诱导出原球茎,此时再转移至固体培养基继续培养。

因这种方法切取茎尖进行培养,会牺牲母株增加成本,所以,可先以花梗侧芽作外植体培养完整的试管植株,然后切取其茎尖0.3mm不用消毒,直接种在MS添加BA3.0mg/L的培养基上,培养温度25℃,光照度1500lx,光照10h/d,2周后茎尖明显膨大,颜色转绿,3个月后原球茎直径可达6mm。

13.3.1.2 花梗腋芽的培养

(1)取材部位 蝴蝶兰的组织培养以带节花梗为外植体效果较好,也最易成功。在将开花的植株上,当花梗抽出15cm左右时,取材较为适宜。在整个花梗中,其顶端的节首生花蕾,而中部和基部的节都生有苞叶覆盖的腋芽,但基部的2～3节通常萌发力较弱而不采用。所以,取花梗侧芽作为外植体时,以中部的几节较为适宜。

(2)消毒与接种 在温室中,剪取整枝花梗,经流水冲洗后,首先用10%漂白粉溶液表面消毒5min,无菌水冲洗干净,然后剥去最外一层苞叶,再用漂白粉溶液消毒15min,无菌水冲洗干净后,将花梗剪成长约2cm带腋芽的切段,基部向下插入MS+BA3.0～5.0mg/L的培养基上,3～4周后腋芽明显膨大变绿,6～8周后腋芽生长成为小植株,并在基部开始生有丛生芽。

(3)培养条件 花梗腋芽的培养,要求温度25～28℃,光照度1000～2000lx,光照10h/d,培养基中蔗糖30g/L,琼脂6g/L。

除了MS培养基外,还可用Kyoto培养基进行蝴蝶兰花梗腋芽的诱导。其培养基为花宝1号3g、胰蛋白胨2g、蔗糖35g、琼脂15g、水1000mL,pH值5.0,培养温度25±1℃,光照度1500lx,光照12h/d。接种后7d左右,腋芽膨大并向外伸长,30d后长出小叶,55d后就有4～5片叶子。此时,幼苗生长正常,但花梗组织基部均变黑色,培养基也会变黑色,应及时将幼苗切离花梗,转芽增殖培养,经50d左右的培养,苗基部膨大并长出丛生芽,将幼苗转至生根培养基(同诱导腋芽启动培养基),45d左右即可长出肥壮的根。

13.3.1.3 叶片培养

(1)取材部位 叶片培养时,一般取材于花梗腋芽培养成的小植株或蝴蝶兰试管实生苗。采用花梗腋芽培养成的小植株叶片时,可将其叶片切成0.5cm大小进行接种,试管实生苗以100～120d的幼苗为宜,将整叶切下直接插入培养基中,以第一个叶片(顶部)原球茎形成效果最好。以上两种方法的优点是,接种前避免了消毒这一关。在成年植株上切取叶片时,以切取叶片的基部为宜,其原球茎形成的比率较高。

(2)培养基 叶片培养时,选用的基本培养基为Kyoto改良培养基,附加KT 10.0mg/L、NAA 5.0mg/L及10%苹果汁或椰乳,也有人用Kyoto培养基附加BA10.0mg/L、NAA 1.0mg/L及10.0mg/L腺嘌呤,也可用MS培养基或VW培养基,培养基中蔗糖30g/L,琼脂9g/L,pH值调整为5.4。

(3)培养条件 温度为25℃,光照度500lx,光照16h/d。

13.3.2 继代培养

13.3.2.1 丛生芽继代

花梗腋芽培养生成的丛生芽，经55～60d的培养，花梗基部和培养基逐渐变黑，这时将丛生芽切下转接到MS＋BA3.0～5.0mg/L的培养基继代培养，约50d后可生成新的丛生芽，增殖倍数为3～4。

13.3.2.2 原球茎继代

当采用茎尖、叶片或根尖等外植体培养诱导出的原球茎达到一定大小并长满瓶时，需及时继代增殖，即在无菌条件下切成小块，接种到新鲜的培养基中，切块大小应在2mm以上，继代培养基以MS为基本培养基，添加5～10mg/L的BA、1mg/L的NAA，培养基中添加10%椰乳，增殖效果更好，但品种间差异很大。

13.3.3 生根培养

当原球茎继代增殖到一定数量后，原球茎在继代培养基中或转移到生根育苗培养基中培养，均可分化出芽，并逐渐发育成丛生小植株。在无菌条件下，切下丛生小植株，接种到生根培养基(生根培养以Kyoto培养基生根效果较好)中，不久植株即可生根，待小植株长到一定大小时，即可向温室移栽。在转切丛生小植株时，基部未分化的原球茎及刚分化的小芽不要丢弃，收集起来重新置入生根育苗培养基中继续分化生长，即每次进行生根接种时，均只将大的植株转接，而将原球茎和小苗继续增殖与分化。

13.3.4 蝴蝶兰的无菌播种

蝴蝶兰属热带气生兰，由于其种子不具有子叶和胚乳，在自然条件下极难萌发。但随着20世纪兰花无菌播种培养技术的成熟和完善，蝴蝶兰花的种子在适宜的培养基和温光条件下，则比较容易萌发，并已广泛应用于蝴蝶兰的工厂化生产。

13.3.4.1 果实采收和播种

所用的种子可取自成熟的蒴果，也可取自未成熟的蒴果。现在普遍认为，未成熟的种子比成熟的种子更容易萌发，因而通常采用未成熟的绿色果实，其优点十分明显：一是表面灭菌比较容易，可简化成熟种子的消毒手续；二是可以缩短新品种的培育时间；三是可以加快种苗的繁殖进程。所采种子的时间要达到成熟的1/3～1/2。

未开裂的果实是无菌的，不要对里面的种子进行消毒。果实采摘以后，用毛刷蘸洗衣粉液轻轻刷洗，再用清水冲洗干净后，置超净工作台上，浸入0.1%升汞溶液中灭菌20min，取出后用无菌水冲洗数次，即可剥开接种。

13.3.4.2 培养基

可选用Knudson C培养基及其改良配方或VW培养基及其改良配方。1963年，美国兰花学全月刊公布的蝴蝶兰无菌播种培养基为Kyoto培养基。

13.4 新几内亚凤仙的组织培养

新几内亚凤仙属凤仙花科凤仙花属宿根草本花卉,别名五彩凤仙花,为原产新几内亚的杂交种,具有株型大、花朵大、花期长、开花多、花色品种丰富等特点。近年,在园林园艺及城市美化中的应用发展很快,是盆栽观赏新潮花卉的极佳种类,备受消费者欢迎。然而,由于新几内亚凤仙具有不稔性而不易结实,茎段扦插成活率低,繁殖速度慢,且扦插苗形态不佳。通过组织培养成批产生再生植株,繁殖速度快,品质优,可以满足市场的大量需求。

13.4.1 培养条件

① 分化培养基:MS+6-BA 0.5mg/L(单位下同)+ NAA 0.1;
② 壮苗培养基:MS+6-BA 0.1+ NAA 0.01;
③ 生根培养基:1/2MS+IAA0.2。

上述培养基均附加蔗糖 30 g/L,B 型卡拉胶10g/L,pH 5.8～6.0。培养温度(25±1)℃,光照度2 000lx光照时间14h/d。

13.4.2 生长和分化情况

13.4.2.1 无菌材料的获得

取带顶芽的嫩枝用洗衣粉水泡洗 5min,反复摇动,再用自来水冲洗 30min。置超净工作台上,于无菌条件下先用75％酒精浸泡 30s,再用0.1％升汞(内加 5 滴吐温)消毒 10min,最后用无菌水冲洗 6 次,消毒滤纸吸干表面水分。将顶芽和其下带有第一或第二个节的幼茎分别切下,接种到(1)的培养基上。

13.4.2.2 苗的分化

接种后 20 d 左右,可见外植体基部开始膨大,逐渐形成黄绿色愈伤组织,40d 左右在其表面出现绿色芽点,60d 左右即分化出多对微小叶片。转入相同分化培养基中继续培养,渐渐分化出小叶片以下的茎、节,形成丛生芽。继代周期为40d,繁殖系数为5。在丛生芽分化出来并继代过 2 次之后,继续继代培养时 NAA 的浓度需降低至0.05～0.01。

13.4.2.3 壮苗

将分化出的丛生芽接入(2)号培养基,叶片伸展、长大,茎增粗,40d 时可转入生根培养。

13.4.2.4 生根与移栽

将高达 3cm 左右、生长健壮的无根苗接种到培养基(3)上,4d 后从苗基部产生突起,继而形成不定根 10 余条,生根率100％。8 d 时将试管苗移出,炼苗 4d,然后取出小苗洗去培养基,移栽到用甲醛溶液消毒过的泥炭土与椰糠相混合的基质中,每天喷水 2 次,定期喷施含 MS 大量元素的营养液,成活率达90％以上。

13.5　月季的组织培养

月季为蔷薇科蔷薇属的常绿灌木,原产于中国,现已遍布世界各地。月季花姿优美,花型丰富,花色绚丽多彩,香气有浓有淡,花期持久,适应性强,容易栽培,为世界各国人民所喜爱。月季品种繁多,近一二百年来培育的园艺品种累计超过 2 万个。目前,在世界各国广为种植并销售的也有 8 000 多个品种。

月季通常的繁殖方法有播种、扦插、嫁接、压条等,其中播种主要用于砧木的实生苗繁育或育种,但植株性状不整齐,开花的迟早差异很大。生产中常用扦插或嫁接等手段,但某些品种类型扦插不易生根,现在许多国家都在用组织培养方法来繁殖月季的优良品种,广泛应用于切花月季工厂化生产,对加速月季品种的更新换代,迅速普及名优品种具有重要意义。

13.5.1　无菌培养系的建立

月季的组织培养所用的外植体通常为侧芽,也可采用顶芽,但在数量和质量上都不及侧芽,而且顶芽是花芽,所以一般都采用侧芽。

13.5.1.1　取材

从田间栽植的或盆栽的优良品种植株上,选取健壮的当年生枝条,剪取中段部分饱满而未萌发的侧芽作为外植体。

13.5.1.2　消毒

采取后剪去叶子,剥去枝条上的叶柄和皮刺,整段用毛刷蘸洗衣粉水仔细刷洗,自来水冲洗干净,再用流水冲洗 2～4h,毛巾擦干后置于超净工作台上,用 0.1% 升汞溶液加适量吐温-80,表面灭菌 8～12min,灭菌时间快到时倒去灭菌液,无菌水冲洗 6～8 次,再用无菌纱布吸干表面水分,然后剪成 1.5～2cm 至少带 1 个侧芽的小茎段。

13.5.1.3　接种与培养

按无菌操作要求接种于芽诱导培养基进行培养,温度 21～24℃,光照度为 1000～2 000lx,光照 12h/d,经 2～3 周培养后,侧芽伸长可达 1cm 左右,以后即可转继代培养。

诱导丛生芽的培养基为 MS＋BA0.4～0.8mg/L＋NAA0.01mg/L。有文献报道,NAA可以加,也可不加。细胞分裂素用量的增加,会推迟腋芽的萌发。有研究认为,在诱导丛生芽的培养基中还需添加 Zt 0.1mg/L,可能与研究返回的品种不同有关。

13.5.2　继代增殖

当无菌腋芽长至 1cm 左右的长度时,切下转接到 MS＋BA1.0～2.0mg/L＋IAA 0.1～0.3mg/L 或 MS＋BA1.0～2.0mg/L＋NAA0.01～0.1mg/L 的培养基上,经 5～6 周继代 1 次,形成许多丛生芽;继代接种时,将原瓶中的嫩茎剪切成 1～2 节 1 段,投入新鲜的继代增殖培养基上,月季小苗即以几何级数增殖。

关于月季的试管增殖系数,一般在 3～10,有时可达 10 以上,但增殖倍数太高时,试管内的小苗会过于细小,不适宜生根和移栽。增殖系数的不同,主要是因为品种因素。另外,试管苗最初继代培养时,增殖系数会较低,继代多次以后,增殖系数会逐渐变大,这是因为在嫩茎中逐渐积累了较多的细胞分裂素,幼苗逐渐适应了该环境条件。这样,植物组织对细胞分裂素和生长素的要求也会有所降低。

13.5.3 壮苗与生根培养

当月季试管苗增殖到一定数量后,就需要转入生根培养,但对于一些增殖系数较高的品种,往往会因为有些苗过于细弱而影响生根效果和移栽成活率,这就要求在生根之前进行1次壮苗培养,以获取适合生根和利于移栽的试管苗。壮苗的培养基为 MS+BA(0.3~0.5)+NAA(0.01~0.1);或 MS+BA(0.3~0.5)+IBA0.3。对于这些品种,如果不特别要求繁殖速度,也可一直使用壮苗培养基,对于那些增殖倍率中等的品种,也可以采取适当减少细胞分裂素用量的方法,使其增殖培率适当降低,以减少细弱苗数量,这样可省去壮苗培养这一环节。

当正常继代的或经壮苗培养后的月季试管苗生长到一定高度时,将嫩茎剪切成 2cm 长的茎段,转接于1/2MS+IBA0.5的生根培养基中,经3周后即可生出数条白根,进而出瓶移栽。有报道称在生根培养基中加入 300mg/L 的活性炭,生根效果更好。

为减少月季试管苗培养时间,加快移栽速度,提高成活率,可在试管幼苗基部伤口愈合、形成根原基而未长出幼根时,即开始出瓶移栽,所采用的培养基为 MS+NAA0.5,这样的试管苗在气温适宜的情况下,可作长途运输。

13.5.4 生根试管苗的移栽

当试管苗生有 3~4 条 1cm 左右的新根或经 7~10d 试管苗产生根原基时,即出瓶移栽。移栽前将试管苗带瓶移到温室 5~7d,使小苗逐渐适应外界条件后,打开瓶盖炼苗 2~3d 后移栽,移栽时用镊子将小苗轻轻取出,在清水中将附于小苗根部的培养基洗净,轻轻栽于事先准备好的移栽基质中,按3cm×5cm的株行距栽植。

移栽基质要求疏松透气,具有一定的保肥、保水能力,并经高温暴晒或消毒灭菌。常用移栽基质有蛭石、粗沙+园田土(1:3)、锯木屑+园土(1:1)、蛭石+珍珠岩+草炭(1:1:1)等。移栽前,可先将基质浸透水,移栽后用0.1%百菌清或多菌灵或甲基托布津喷湿畦面,以防病害发生。

移栽后至成活前,最重要的管理是保持相对湿度85%以上,遮光率40%,环境温度控制在18~24℃,大约1周后,移栽苗即可成活,这时可以追肥,浓度要淡,视苗大小由0.1%到0.3%浓度逐渐提高,施肥种类可以是 MS 大量元素的混合液,也可施经稀释的复合肥。尿素或磷酸二氢钾等,一般每1~2周追肥1次。幼苗期间,还要结合施肥,喷洒百菌清、多菌灵或其他杀菌剂以防病害。4~6周后进行第二次移栽,及时掐去顶芽和花蕾,促进侧枝的生长,试管苗移栽2个月后,即可定植于在整个月季组织培养的过程中,无论是芽诱导、继代培养还是生根诱导,可用的基本培养基种类很多,如 B_5、N_6、MS 等,以 MS 效果最好,应用最为普通。所有培养基中均要求添加蔗糖30g/L,琼脂6g/L,pH 值均调整为5.8。

13.6　百合的组织培养

百合属约有 80 种,花色花型各异,许多种类香味幽雅,是名贵的切花和盆花。由于受病毒侵染,花形和花色均呈退化现象,为大量繁殖良种百合,组织培养是一种有效的手段。

13.6.1　百合鳞茎、茎段培养

13.6.1.1　取材与消毒

在生长季节取百合植株的鳞茎、茎段,用自来水冲洗干净,在70%酒精中处理30~60s,再在饱和漂白粉上清液中消毒 15~20min,用无菌水冲洗 3~4 次,尔后在无菌条件下将鳞茎和茎段切成 0.5cm 左右的小段,接种于 MS 培养基。

13.6.1.2　培养

培养基中加入不同浓度的 NAA、IAA 和 KT 等生长调节物质,将 pH 值调至5.6,放置于21~24℃、光照度1000lx、光照 15h/d 左右的条件下。

各种百合茎段外植体在附加 IAA1mg/L、BA0.2mg/L 的 MS 培养基中均能分化出芽,有的还能分化出根,但随品种分化率各不相同。

13.6.1.3　小鳞芽的生根与移栽

在 BA(0.5~1.0)mg、NAA0.5mg/L 的 MS 培养基中的小鳞芽,有许多可直接移入营养钵中栽种成活,未生根的鳞芽用$50×10^{-6}$的 IBA 浸茎部 30s,然后移入营养钵中,10d 左右会陆续生根,移栽后的管理与一般组织培养苗的管理相同。

13.7　郁金香的组织培养

郁金香是世界名贵花卉,但繁殖速度慢,病毒感染重,采用组织培养方法,对其快速繁殖和脱毒有十分重要的意义。Bancilbon(1974)报道用郁金香的各个部分器官培养得到了再生小植株,培养基为 $MS+10^{-7}molBA$。西田(1976)在 $MS+5mg/L NAA+1mg/L KIN$ 或 $MS+2mg/L2,4-D+1mg/L KIN$ 的培养基上形成了不定芽突起并可不断增殖,但不定芽未能发育成小球。

13.7.1　培养方法

用水洗净鳞茎后,70%酒精消毒 1min,浸入1%次氯酸钠中 10min,无菌水冲洗3~4 次。剥去外层鳞片后,把鳞片切成5~8mm 的小块,接种于 $MS+1mg/L BA+500mg/L CH+3\%$ 蔗糖固体培养基上,26℃培养45d后可分成小芽,3 个月形成小苗,将小苗移至 $MS+1mg/L BA+0.5mg/L GA_3+500mg/L CH+2\%$ 蔗糖的固体培养基,结合 4℃ 低温处理,这些小苗可逐渐形成鳞茎。

13.7.2 影响因素

13.7.2.1 外植体

切下的外植体小于 2mm 的难以成活并形成芽。将切块的凸面朝上,成活率最高可达 45%。心部鳞片比外部的容易分化出小苗,鳞茎基部比上部易分化成小苗。

13.7.2.2 激素水平

当补加 BA0.5～2mg/L 时,鳞片可不经愈伤组织直接在表面上分化出芽原基而形成小苗。而当加 2,4-D 0.5mg/L 时,则形成愈伤组织,这时需转到中 BA 的培养基上,才能从愈伤组织产生芽的分化。生长素和激素的配合使用十分有利的,NAA 和 KT 配合使用效果很好,用 KT0.03mg/L 和 NAA 0.3mg/L 时,产生的鳞茎多,生长和发育也较好。

13.7.2.3 低温处理

低温有利于鳞茎形成,若未经低温处理则不形成鳞茎,因而 4℃处理 80d 的效果最佳,时间太长又有不利的影响。

13.8 荷包花的组织培养

荷包花又名蒲包花,玄参科蒲包花属。原产于墨西哥、秘鲁和智利,喜凉爽、湿润气候、通风良好的环境,既不耐寒,也畏炎热,生长适温为 18～25℃。荷包花色彩艳丽,花形奇特,是深受人们喜爱的温室盆花。目前,荷包花主要采用种子繁殖,但 F_1 代种子价格昂贵,且种子十分细小,需低温发芽,发芽率低,苗期管理十分困难。采用组织培养技术能快速繁殖大量种苗,降低生产成本,苗期能避开炎热夏季,盆花在元旦提前上市。

13.8.1 培养条件

基本培养基为 MS。
① 芽增殖培养基:1/2MS＋6-BA1.0～2.0mg/L＋NAA0.1mg/L;
② 生根培养基:1/2MS＋IBA1.0mg/L。以上培养基蔗糖浓度①为 3.0%,②为 2.0%,琼脂6.5 g/L,pH 值5.2～5.4,培养温度为(25±2)℃,连续光照 12h/d,光照度为2 000lx。

13.8.2 生长与分化情况

13.8.2.1 无菌材料的获得

剪取幼嫩顶芽或侧芽,按常规表面灭菌后,将其接入培养基①中,培养 7～10d 后,顶芽或侧芽开始生长。

13.8.2.2 丛生芽诱导

将获得的无菌新芽切下,转接入培养基①中继代培养。30～40d 后,可长出 3～4 个侧芽。

反复分切顶芽和侧芽,在培养基①中进行增殖培养。

13.8.2.3 生根和移栽

将带 2 片叶的无根苗切下,接入培养基②中培养。10d 左右开始长出不定根,20d 左右生根率达到95%,根的数量较多,平均每株8.3条根,但根细而短。

移栽前将瓶盖打开,室温下炼苗 1～2d 后,取出试管苗,洗净其根部培养基,移栽到事先准备好的苗床上(2/3 土加 1/3 河沙),保持环境温度 20～25℃,湿度85%～90%,适当遮荫,成活率可达95%以上。4～5 周后即可带土移栽。

13.9 山杜英的组织培养

山杜英为杜英科杜英属常绿乔木,是一种用途广泛的具有很高的经济价值和观赏价值的树种。它的水材暗红棕色,坚韧,可供建筑、家具等用;树皮纤维可造纸,树皮可提栲胶,根皮可入药,果可食用。山杜英树冠圆整,霜后部分叶变红,红绿相间,有较高的观赏价值,在园林上用途颇广。

13.9.1 培养条件

① 诱导分化培养基:MS＋6-BA1.0mg/L＋NAA0.01mg/L;

② 增殖培养基:MS＋6-BA1.0mg/L＋IBA 0.5mg/L;

③ 生根培养基:1/2MS＋IBA 0.5mg/L。以上培养基均加琼脂 7.5g/L,pH 值为5.6～5.8。

培养基①与②中蔗糖用量为 30g/L,③为 20g/L,培养温度24～26℃,光照时间12～14h/d,光照度1 500～2 000lx。

13.9.2 生长与分化情况

13.9.2.1 愈伤组织的诱导

从盆栽 2 年生山杜英上剪取 3～4 cm 带腋芽茎段,先在加有洗衣粉的洗涤液中浸泡5min,再用自来水冲洗 2～3h 后,剪去展开的叶片,剪取成 1cm 左右带芽茎段。在超净工作台上,用75%酒精溶液浸 20s,然后转入0.1%的升汞溶液中灭菌 9min,并用无菌水冲洗 5 次,将茎段接种于培养基①培养。先进行暗培养,7d 后转入光培养。20d 左右芽开始萌动,茎段基部切口开始膨大且有许多淡黄绿色的粗粒状的愈伤组织。再经 7d 的培养,可见芽萌发,嫩叶展开。

13.9.2.2 芽的分化及继代增殖

外植体接种 30d 后转入增殖培养基②中,进行光照培养。经过 20d 左右可见茎段基部愈伤组织不断长大,在其表面逐渐形成芽点,继而分化出芽。将愈伤组织分割成几块进行继代培养。10～15d 可增殖 1 代,增殖系数4.1。小丛芽生长健壮、整齐,有效苗平均高度为 2cm。

13.9.2.3　生根与移栽

切取 2cm 以上较粗壮的无根苗分别接种于培养基③上培养,10d 后基部开始膨大,15d 时膨大的愈伤组织表面有白色的突起,分化出根的生长点,20d 时长成白色幼根。30d 统计生根率为85％,大多数根上带有侧根。生根苗在温室大棚中打开菌膜炼苗 2d,然后取出小苗,洗净培养基,移栽到珍珠岩、蛭石(1∶1)混合的基质中,置于半阴处,注意浇水。15d 以后移栽到培养钵中,成活率达70％以上。

13.10　高羊茅的组织培养

高羊茅又称苇状羊茅,具有抗干旱、耐瘠薄、抗病、适应性广等特点,越来越多地应用于城市绿化和运动场地的建设。

13.10.1　培养条件

胚性愈伤组织诱导培养基:
① MS 大量及微量元素(下同)＋2,4-D 9.0mg/L(单位下同);
② MS＋2,4-D5.0;分化培养基:
③ MS＋6-BA 2.0＋NAA0.5;生根培养基:
④ 1/2MS＋NAA 0.5。上述培养基均加入0.3％Gelrite(Sigma 公司)、3％蔗糖,pH 值为5.8,温度为27℃,光照度为1 000～1 200lx,光照 16h/d。

13.10.2　生长与分化情况

13.10.2.1　胚性愈伤组织的诱导

将成熟种子剥去种壳,浸于75％酒精中 3min 后,取出以无菌水冲洗 3 次,再浸于0.1％升汞15min,用无菌水冲洗 4～5 次,暗培养 16d 后产生无色较透明的愈伤组织。切下愈伤组织接种到培养基②上,继代培养 15d 左右愈伤组织转呈淡黄色,质地变硬并出现乳状突起。再将这些愈伤组织转移到培养基③上分化,在27℃光照下培养 20d 后开始再生出绿苗。

13.10.2.2　生根与移栽

将长 25cm 的幼苗置于培养基④上生根培养 15d 左右,生根率达95％,每株约有 35 条较粗壮的根。打开瓶口炼苗23d,用清水洗去培养基移栽于土壤中,成活率达90％以上。

13.11　美国红叶石楠的组织培养

美国红叶石楠属蔷薇科石楠属植物,春、夏、秋新叶为艳红色。冬季当年生叶片为红色,四季常绿,可耐低温,是良好的常绿、彩叶绿化树种。但是由于扦插繁殖的成活率不高,繁殖速度又慢,大大限制了其推广应用。用组织培养繁殖可大大提高繁殖率,对丰富我国南北方园林绿化耐寒、常绿彩叶树种有积极意义。

189

13.11.1 培养条件

① 诱导丛生芽培养基：MS＋6-BA 1mg/L（单位下同 ）＋ NAA0.5 ＋0.6％琼脂＋3％蔗糖；

② 增殖培养基：MS＋6-BA 2＋NAA 0.2＋0.6％琼脂＋3％蔗糖；

③ 生根培养基：1/2MS＋NAA0.1＋2％蔗糖＋0.6％琼脂。培养基 pH 值为5.8,培养温度为(25±1)℃,光照度为1500lx,光照时间12h/d。

13.11.2 生长与分化情况

13.11.2.1 无菌材料的获得

取顶芽,洗净后用70％～75％的乙醇处理 20s,无菌水冲洗 2 次,再用0.1％升汞灭菌6～8min,无菌水冲洗 5 次,备用。

13.11.2.2 丛生芽的诱导

将无菌苗用无菌吸水纸吸干后,接种到培养型①上,2 周后分化出丛生芽。

13.11.2.3 增殖培养

将丛生芽或茎段切割,接种到培养基②上,25d 后即可形成丛生芽,平均每个芽丛达到 5 个小芽。将丛生芽或茎段再切割后转接在相同培养基上增殖培养,即可获得大量的丛生芽。

13.11.2.4 生根与移栽

将高 1.5～2 cm 的小苗接种到培养基③上,诱导生根。7d 后开始生根,15d 后可长出3～5 条1～1.5cm长的红色或乳白色的根,生根率达90％。将高2～3cm、根系发达的再生植株洗去培养基后,移栽到苗床中炼苗,浇透水,前期保持较高湿度,成活率达95％。1 个月后将成活的组培移入大田中。

13.12 丽格海棠的组织培养

丽格海棠是秋海棠科秋海棠属宿根花卉。其花期长,花色艳丽,枝叶翠绿,株型丰满,是冬季美化室内环境的优良品种,也是四季室内观花植物的主要品种,目前正逐渐成为我国冬季盆花市场的主要产品之一。常规繁殖仍以叶插和枝插繁殖为主,繁殖系数低。采用组织培养法,可加快其繁殖速度。

13.12.1 培养条件

① 分化与增殖培养基：MS；
② MS＋6-BA 0.1mg/L（单位广同）；
③ MS＋6-BA 0.2＋NAA 0.01；
④ MS＋6-BA 0.5＋ NAA 0.05。

⑤ 生根培养基:1/2MS+IBA0.1;

⑥ 1/2MS;

⑦ MS。上述各培养基均加3％食用白糖,0.35％琼脂固化,pH 值5.8,培养温度为(20±5)℃,光照度约1 500lx;光照10h/d。

13.12.2　生长与分化情况

13.12.2.1　无性系建立

用常规组织培养法,将灭菌的叶片、嫩茎切块(段)接种在培养基①～④中进行培养,1 个月后在培养基②～④上叶切块不产生愈伤组织,直接在叶表面诱导产生大量不定芽,嫩茎切段产生少量愈伤组织并分化不定芽,在相同培养基上芽能继续生长。研究结果显示,丽格海棠不定芽的分化比较容易,对激素和生长素浓度要求不甚严格。

13.12.2.2　芽的继代增殖

将分化芽转接至增殖培养基上,继代周期为 4 周,经过多次继代培养,在 4 种分化与增殖培养基上芽均能旺盛生长。在培养基②上,苗叶色浓绿,长势旺盛,效果最好;③次之;④能分化大量丛芽,但分化芽太小,不宜用于生根。

13.12.2.3　生根

将增殖培养基上形成的大于 3cm 的芽切下,转接到生根培养基上,10d 后即开始生根。在所试验的 3 种培养基上,生根率均可达100％,但根及苗的生长情况有明显差异。培养基⑤生根早,数量多,每苗7～9 条根,根细而长,苗生长健壮;培养基⑥上根粗壮,但苗不如⑤健壮;培养基⑦上根数量少,苗和根都不如⑥健壮。结果表明,丽格海棠较易生根,附加适量 IBA,有利于生根及苗的生长。

13.12.2.4　试管苗的移栽

采用"二步法"移栽,将生根试管苗取出,在自来水中冲洗净根部琼脂后,直接栽入珍珠岩苗床,外搭塑料拱棚及遮阳网,使光照度在5 000～10 000lx以内,温度在15～35℃,湿度在85％以上,每周喷 1 次10％的 MS 大量元素营养液,2 周后逐渐打开小拱棚,增加光照,4 周后,便可进行常规管理。

复习思考题

1. 简述红掌、杜鹃、蝴蝶兰、月季、百合、郁金香、荷包花、山杜英组织培养技术。

14 技能训练

14.1 培养基母液的配制

14.1.1 实验目的

配制培养基之前,为使用方便和用量准确,常常将大量元素、微量元素、铁盐、有机物类、激素类分别配制成比培养基配方需要量大若干倍的母液。当配制培养基时,只需按预先计算好的量吸取母液即可。

14.1.2 实验用具

电子天平(感量为0.0001g)、扭力天平(感量0.01g)、台秤(感量0.5g)、烧杯(50mL)、量筒(1000mL、100mL、50mL)、容量瓶(200mL、100mL、50mL、25mL)、细口瓶(1000mL)。药勺、小玻璃棒。

14.1.3 实验药品

按培养基配方。

14.1.4 培养基母液的配制

14.1.4.1 大量元素母液的配制

无机盐中大量元素母液,按照培养基配方的用量,各种化合物扩大10倍,用感量为0.01g的扭力天平,分别用50mL烧杯称量,用重蒸馏水溶解。以MS配方为例(见表1)。在每只烧杯中加入30~40mL重蒸馏水,置于酒精灯上,加热使其溶解(注意温度不可过高,60~70℃)。溶解后,在1000mL量筒中,混合定容于1000mL重蒸馏水中。在混合定容时,必须最后才加入氯化钙,因为氯化钙与磷酸二氢钾形成磷酸三钙,磷酸钙之类是不溶于水的沉淀。将配好的混合液倒入细口瓶中,贴好标签保存冰箱中。配制培养基时,每配1000mL培养基取此液100mL。

表 1 Murashige 和 Skoog 大量元素的称量及定容

化合物名称	培养基配方用量度/mg·L^{-1}	扩大 10 倍称量/mg·L^{-1}
KNO_3	1 900	19 000
NH_4NO_3	1 650	16 500

化合物名称	培养基配方用量度/mg·L^{-1}	扩大10倍称量/mg·L^{-1}
$CaCl_2 \cdot 2H_2O$	440	4 400
$MgSO_4 \cdot 7H_2O$	370	3 700
KH_2PO_4	170	1 700

14.1.4.2 微量元素母液的配制

无机盐中微量元素母液,按照培养基配方用量的 100 倍,用感量为0.000 1g的电子分析天平,分别用50mL烧杯称量,用重蒸馏水溶解,以 MS 配方为例(表2)。溶解时,在每只烧杯中加入重蒸馏水几毫升(切勿加多)。在酒精灯上缓缓加热以增加溶解速度。待全部溶解后,混合定容于 100mL 容量瓶中保存于冰箱,配制培养基时,每配制1 000mL培养基取此液 1mL。

表 2　Murashige 和 Skoog 微量元素的称量及定容

化合物名称	培养基配方用量度/mg·L^{-1}	扩大 100 倍称量/mg·L^{-1}
$MnSO_4 \cdot 4H_2O$	22.3	2 230
$ZnSO_4 \cdot 7H_2O$	8.6	860
$CuSO_4 \cdot 5H_2O$	0.025	2.5
H_3BO_3	6.2	620
$Na_2MoO_4 \cdot 2H_2O$	0.25	25
KI	0.83	83
$CoCl_2 \cdot 6H_2O$	0.025	2.5

14.1.4.3 铁盐母液的配制

铁盐不是都需要单独配成母液,如柠檬酸铁只需和大量元素一起配成母液即可。目前常用的铁盐是硫酸亚铁和乙二胺四乙酸二钠的二钠的螯合物,必须单独配成母液。这种螯合物使用起来方便,比较稳定,又不易发生沉淀。这种母液的配制方法是:用感量为0.01g扭力天平称取5.57g硫酸亚铁($FeSO_4 \cdot 7H_2O$)和7.45g乙二胺四乙酸二钠(Na_2-EDTA),分别用蒸馏水溶解。定容于1 000mL蒸馏水中,常温保存。配制培养基时,每配制1 000mL取此液 50mL。

14.1.4.4 激素及其他有机物母液的配制

激素类、维生素类及用量较小的有机物类为了使用方便和准确,也应配制成母液。母液的浓度,根据培养基配方的需要量灵活确定。经常使用的母液浓度为0.2～2mg/mL,但也有例外,如肌醇用量较大,可配制成 10～20mg/mL 的母液浓度。这类物质的称量,必须用感量为0.000 1g的电光分析天平。

表 3　激素及其他有机物母液的称量

药　品	浓度/mg·mL^{-1}	药　品	浓　度
维生素 B_1	1	BA	1mg/mL
维生素 B_6	1	NAA	0.5mg/mL

药　品	浓度/mg·mL^{-1}	药　品	浓　度
烟酸	1	蔗糖	20g/L
甘氨酸	2	琼脂	8g/L
肌醇	20	pH 值	5.8
2,4-D	1	KT	0.5mg/mL

溶解各种有机化合物所用的溶剂不同,必须注意。例如,配制生长素类,如 2,4-D、萘乙酸、吲哚乙酸等,应先用少量1~2mL 95％酒精溶解,然后用重蒸馏水定容;配制细胞分裂素进,先用少量的 1mol HCl 或 1mol NaOH 溶解,然后再用重蒸馏水定容;配制叶酸时,应先用少量稀氨水溶解,然后再用重蒸馏水定容。

配制母液必须用重蒸馏水,配制后存放于冰箱中,可保存几个月。当发现母液中出现沉淀或霉团时,则不能继续使用。

14.1.5　作业

根据所给母液浓度、蔗糖、琼脂用量、pH 值,按 Murashige 和 Skoog(1962)配方计算各种母液吸取量,填入下表:

表 4　按 MS 配方需要量和母液浓度计算各种母液吸取量并填入下表

药品名称	MS 配方需要量	母液浓度	配制 1000mL 培养基母液吸取量/mL	配制 500mL 培养基母液吸取量/mL	配制 300mL 培养基母液吸量/mL
大量元素		10 倍液			
微量元素		1 000 倍液			
铁盐		5mL·L^{-1}			
维生素 B$_1$	0.4mg·L^{-1}	1mg·L^{-1}			
维生素 B$_6$	0.5mg·L^{-1}	1mg·L^{-1}			
烟酸	0.5mg·L^{-1}	1mg·L^{-1}			
甘氨酸	2mg·L^{-1}	2mg·L^{-1}			
肌醇	100mg·L^{-1}	20mg·L^{-1}			
2,4-D	0.5mg·L^{-1}	1mg·L^{-1}			
KT	1mg·L^{-1}	0.5mg·L^{-1}			
蔗糖	20g·L^{-1}				
琼脂	8g·L^{-1}				
pH 值	5.8				

14.2　培养基配制与灭菌

14.2.1　实验目的

学习培养基配制与灭菌的操作方法。

14.2.2 实验用具和药品

台秤(感量0.2～0.5g)、烧杯(300mL、500mL)、三角瓶(50mL)、量筒(500mL、50mL)、移液管、玻璃漏斗、玻璃棒、玻璃铅笔、pH值试纸、橡皮吸球、线绳、包头纸、石棉网、蔗糖、琼脂、1mol/L NaOH、1mol/L HCl、各种培养基母液。

14.2.3 实验方法

14.2.3.1 培养基配制

每组配制培养基300mL。

每组取50mL烧杯一只,用50mL量筒取大量元素30mL,分别用移液管吸取微量元素0.3mL、铁盐1.5mL、维生素B_1 0.12mL、维生素B_6 0.15mL、烟酸0.15mL、甘氨酸0.3mL、肌醇1.5mL和激素类(浓度临时确定),置于烧杯中备用(注意移液管不能混用)。

每组取300mL烧杯一只,用量筒取300mL蒸馏水倒入烧杯中。用玻璃铅笔画好液位线,再将蒸馏水倒出一半。称琼脂2.4g倒入烧杯中,再称蔗糖6g备用。将加入琼脂的烧杯放在石棉网上煮沸,煮时常用玻璃棒搅拌,待琼脂溶化后加入蔗糖。蔗糖溶解后,将早已吸好的大量元素、微量元素、铁盐有机物及激素的混合液倒入烧杯中,将装好混合液的烧杯用蒸馏水洗3次,倒入300mL烧杯中,加热片刻(注意不要煮沸),将烧杯离火,加蒸馏水定容至液位线。

用1mol/L NaOH或1mol/L HCl将pH值调至5.8。调时用玻璃棒不断搅拌,并用pH值试纸测试pH值。

用玻璃漏斗,将300mL培养基分注于10只三角瓶中,每瓶约30mL。分注培养基时,不可将培养基倒在三角瓶内、外壁上。封好瓶,在包头纸上标明培养基代号,系好线绳。

14.2.3.2 培养基的灭菌

培养基中含有大量的有机物,特别含糖量较高,是各种微生物滋生、繁殖的理想场所。而接种材料需在无菌条件下培养很长时间,如果培养基被微生物所污染便达不到培养的预期结果。因此,培养基的灭菌是植物组织培养中十分重要的环节。培养基灭菌的方法有多种,这里主要用的是高压蒸汽灭菌法。

(1) 高压蒸汽灭菌法 将分装好的培养基及需灭菌的各种用具、蒸馏水等,放入高压灭菌锅的消毒桶内加水,水位不超过支柱高度。盖好锅盖,上好螺丝。加热后,当压力表指针移至0.5kg/cm²时,扭开放气阀门排除冷气,使压力表指针回复零位,关好放气阀门继续加热。当指针移至1.1～1.2kg/cm²时,将火调小,保持该压力15～20min(在122～124℃下保持15～20min)即达到消毒目的。

高压蒸汽灭菌注意事项:

① 锅内冷气必须排尽,否则压力表指针虽达到一定压力,但由于锅内冷空气的存在并达不到应有的温度因而影响灭菌效果。

② 当达到一定压力后,注意在保持压力过程中,严格控制时间,时间过长会使一些化学物质遭到破坏影响培养基成分,时间短则达不到灭菌效果。

③ 三角瓶中的液体不超过总体积的70%,否则当温度超过100℃时,培养基会喷溢,造成

培养瓶壁和包头纸的污染。

（2）干热灭菌法

① 洗涤。把组织培养的培养皿、三角瓶、试管等玻璃器皿进行彻底清洗。

② 灭菌。把洗涤干净的玻璃器皿放到烘箱中,在150℃温度下,干热灭菌1h,或120℃2h。灭菌完毕,待冷却后取出。

14.2.4 作业

高压灭菌时应注意哪些事项?

14.3 培养材料的灭菌与接种

14.3.1 实验目的

培养材料的灭菌与接种是组织培养过程中一个很重要的环节。通过实验,领会无菌培养对试验材料消毒、接种的要求,初步掌握材料灭菌和接种的操作技术。

14.3.2 实验用具和药品

净化工作台(或接种箱)、镊子、解剖针、称量瓶、广口瓶、酒精灯。

升汞、漂白粉(饱和上清液)、次氯酸钠、70%酒精、灭菌蒸馏水。

14.3.3 实验材料

植物的茎顶、芽段或花药等。

14.3.4 接种前的准备

14.3.4.1 培养基准备

按培养材料的要求,配制好培养。植物器官和组织培养常用的培养基有 MS、LS、White、B_5、N_6 等。

14.3.4.2 接种室准备

首先将接种台正常通风后,开机30min,然后向台内用喷雾进制器喷洒70%酒精或用紫外线照射15min进行灭菌。

14.3.5 培养材料的表面灭菌

14.3.5.1 培养材料的灭菌原则

培养材料的表面灭菌,是组织培养技术的重要环节。培养材料进行表面灭菌时,一方面应考虑到药剂对各类菌种的杀灭效果,从中选择具有高效的杀菌剂;另一方面还应考虑到植物材料对杀菌剂的耐力,也就是说,不能因选用了强杀菌剂而使植物组织、细胞受到损伤或杀死。

至于选用何种药剂进行表面灭菌、灭菌的时间长短,依据作物种类的不同进行灭菌试验。

14.3.5.2　培养材料的灭菌方法

（1）芽段　从田间选取生长健壮、无病虫害的嫩茎、嫩枝,酌情用水冲洗干净后放入广口瓶中。先倒入70%酒精,摇动两三下（6～7s）,立即将酒精倒出,然后倒入0.2%升汞,浸泡10～15min。

（2）花药　选择单核期的花蕾,放入称量瓶中。先倒入70%酒精,摇动两三下（6～7s）,立即将酒精倒出,然后倒入饱和漂白粉清液（或次氯酸钠）,或以0.2%升汞液浸泡8～10min。浸泡过程中不断摇动,然后在接种台上用灭菌蒸馏水洗3次,接种。

14.3.6　培养材料的接种

① 接种前用肥皂洗手,特别是洗净手指,然后用沾以70%酒精的棉球把手尤其是指尖消毒1次。

② 解除三角瓶上捆扎包头纸的线绳,将三角瓶按培养基处理整齐排列在接种台左侧,然后用70%酒精棉球把接种台面擦拭一遍（清除尘粒）。

③ 将接种所用的大小镊子等,沾以70%酒精在酒精灯火焰上灼热灭菌。灼热灭菌后放在支架上,注意不可再行污染。

④ 轻轻打开包头纸,去掉瓶塞,将三角瓶口在火焰上方灼热灭菌（瓶口转动一圈）,然后置酒精灯右侧。

⑤ 材料处理。

A. 芽培养。用镊子取出嫩茎置于培养皿内,重换一把镊子,剥去芽上的鳞片,切下1cm长带一个芽的芽段（芽最好位于芽段中央）,将芽段放入三角瓶内的培养基上。

B. 花药培养。用镊子取花蕾一个,左手夹住花托,右手用小镊子剥开花瓣,换一把镊子取下花药（切勿带花丝）放入三角瓶内培养基上。每瓶接花药若干,接种数目根据花药大小而定。

14.3.7　培养材料的置床

在酒精灯上方,左手握住三角瓶,右手用镊子在培养基表面将培养材料摆放均匀（芽段平放于培养基上,注意芽的部位向上,用镊子将芽段轻轻向下按一下,使枝段的一半进入培养基）。在酒精灯火焰上转动三角瓶一圈使瓶口灼热灭菌。然后用纸封口,在包头纸上标明材料名称、培养基代号、接种日期、姓名等。

注意在超净工作台上接种时,应尽量避免做明显扰乱气流的动作（如说笑,打喷嚏）,以免影响气流紊乱,造成污染。

14.3.8　作业

① 接种后的污染调查。

③ 芽段或花药接种一周后,调查污染情况并将调查的结果填入表内：

观察日期：

接种日期	接各数	污染数/瓶	污染率/%	主要污染菌种

14.4　观看植物组织培养实验室和组培工厂化生产录像

14.4.1　目的要求

通过对植物组织培养实验室的消毒与灭菌、培养基的配制与保存、无菌操作和组培苗工厂化生产的录像的观看，了解并掌握基本操作的要领并深化记忆。

14.4.2　材料与用具

放映室、多媒体教室、植物组织培养实验室和组培苗工厂化生产的教学录像。

14.4.3　方法步骤

① 先反复放映几遍录像。
② 在放映过程中，由指导教师指出操作关键之所在。
③ 从头放映，在一些关键及下一步骤之前，将带子定格，由学生说出下一步如何操作。
④ 师生一起归纳总结操作要领。

14.4.4　实验报告

① 描述植物组织培养实验室的操作要领。
④ 描述组培苗工厂化生产的操作要领。

14.5　胡萝卜离体根培养

14.5.1　目的要求

胡萝卜是细胞和组织培养中的经典材料之一。其来源方便，是教学实验的理想材料。本实验的目的是了解胡萝卜离体根培养的基本方法和操作步骤，掌握诱导愈伤组织的基本技术。

14.5.2　材料、仪器与试剂

14.5.2.1　材料

市售大而新鲜的胡萝卜若干。

14.5.2.2　仪器

超净工作台(或无菌箱)、灭菌锅、显微镜、解剖刀、刮皮刀(蔬菜用具)、不锈钢打孔器、长把镊子、烧杯(500mL)、9cm培养皿、移液管等。

14.5.2.3　试剂

① MS培养基(配制见有关文献),添加2,4-D10mg/L和6-BA2mg/L;
② 70%酒精、饱和漂白粉溶液;
③ 0.05%甲苯胺蓝。

14.5.3　方法步骤

① 将胡萝卜用自来水冲洗干净,用刮皮刀除去表皮1～2mm,横切成大约10mm厚的切片。以下步骤在无菌条件下操作。

② 胡萝卜切片经70%酒精处理10s后;无菌水冲洗1次,用饱和漂白粉溶液浸泡10min,无菌水冲洗3～4次。

③ 将胡萝卜切片平放于培养皿中,一手用镊子固定胡萝卜切片,一手用打孔器按平行于组织片垂直轴方向打孔。每个小孔应打在靠近维管形成层的区域,务必打穿组织。然后从组织片中抽出打孔器,用玻璃棒轻轻将圆柱体从打孔器中推出,收集在装有无菌水的培养皿中。重复打孔步骤,直至制备足够数量的组织圆柱体。

④ 用镊子夹取圆柱体放入培养皿中,用刀片切除圆柱体两端各2mm长的组织。将剩下的组织切成3个各约2mm厚的小圆片(此时,小圆片直径5mm,厚2mm),将制备好的小圆片转移至装有无菌水的培养皿中。在整个切割操作中应多次火焰消毒镊子和解剖刀,冷却后使用。

⑤ 用镊子将圆片转到灭菌的滤纸上(每次一片),将圆片两面的水分吸干,并立即接至培养基表面。注意接种时使三角瓶成一定倾斜度,用手拿镊子的接种过程不要直接在培养基上方完成,以减少污染机会。

⑥ 将培养物置于25℃恒温箱中培养,也可将一部分放到光下培养,以比较光条件和暗条件对诱导愈伤组织的反应。

14.5.4　实验报告

结果及观察:培养几天后,外植体表面开始变得粗糙,有许多光亮点出现,这是愈伤组织开始形成的症状。经数周培养后,将长大的愈伤组织切成小块转移到新的培养基上。用放大镜观察愈伤组织的表面特征。用解剖针挑取一些细胞置于玻片上,加一滴水,压上玻片,在显微镜下观察愈伤组织的细胞特征,也可经甲苯胺蓝染色后再行观察。

14.6　猕猴桃茎段培养

14.6.1　目的要求

用传统的枝接法和扦插法,由于枝条数量有限,短期内难以繁殖大批苗木,而采用组织培养法快速繁殖猕猴桃则是一个理想的方法。本实验的目的是了解猕猴桃茎段培养的基本方法和操作步骤,掌握小植株移栽的基本技术。

14.6.2　材料、仪器与试剂

14.6.2.1　材料

用硬毛猕猴桃和软毛猕猴桃的优良单株为材料,选取一年生的硬枝或当年生的嫩枝。

14.6.2.2　仪器

超净工作台(或无菌箱)、灭菌锅、显微镜、解剖刀、长把镊子、烧杯(500mL)、9cm培养皿、移液管等。

14.6.2.3　试剂

① 附加1～3mg/L玉米素和3％蔗糖的MS培养基;
② IBA 50mg/L;
③ 大量元素浓度减半,附加1％蔗糖和0.5％活性炭的无激素MS培养基;
④ 0.1％升汞液或1∶30新洁尔灭水。

14.6.3　方法步骤

14.6.3.1　材料的选择

材料的选择选用的枝条要求表面光滑,无病虫害。可选用毛花猕猴桃为材料,它是猕猴桃属中另一个利用价值较高的种,果型小,约20g,但鲜果的维生素C含量高达620～1050mg/100g,甚至高达2 146mg/100g,为中华猕猴桃的8～20倍。

14.6.3.2　培养程序与培养基

(1) 材料的脱分化及芽的诱导　在培养软毛猕猴桃外植体时,采用MS为基本培养基,附加1～3mg/L玉米素、3％蔗糖,愈伤组织诱导率可达92.6％～100％。材料不经转移可直接分化出芽。在毛花猕猴桃优良单株的茎段培养研究中,发现这个种要求培养基中有较高的玉米素含量(3mg/L),其愈伤组织分化芽的能力比中华猕猴桃明显弱,而腋芽的萌芽能力却很高,生根能力很强,甚至未经诱导生根处理,在分化培养基上亦能生根。

(2) 继代培养　材料的继代培养分化的材料可长期继代培养,每代30～40d。采用的继代培养基与分化培养基相同;只是由于材料内源激素的积累,分生能力过强才把玉米素浓度下降为0.5mg/L。

（3）根系的诱导　可采用1cm长的芽苗,从基部剪下诱导生根。在诱导生根时应采用3～4cm长的芽苗,这样诱导的有根苗便于移栽。小苗基部需浸于 50mg/L 的 IBA 溶液中3～3.5h,尔后转入大量元素浓度减半、附加1％蔗糖、0.5％活性炭的无激素 MS 培养基上,1 个月后便形成良好的根系即可移栽,其生根率达93.3％,每株根数为9.4±7.53。

14.6.3.3　操作技术与培养条件

（1）材料灭菌　一年四季都可以剪取枝条接种。枝条约 10cm 长,于0.1％升汞液中表面消毒 15min,或于1∶30新洁尔灭水稀释液中消毒 20min,无菌水冲洗 3 次。剥去芽眼,剥去皮层,露出形成层,这样可以除去寄生在芽眼和皮层内的微生物,降低感染率。

（2）接种　经灭菌剥去的枝条用剪刀纵向剪成 4～8 瓣,再横向剪成 1～1.5cm 长的小块,接种于培养基上。

（3）培养条件　培养物置于 25℃ 左右的培养室中,光照 12h/d,光照度850～1 200lx。

14.6.3.4　小植株的移栽

① 选用中等分生能力的材料进行继代培养,并适当降低玉米素浓度(0.5mg/L),这是培育壮苗的关键。

② 细沙是一种理想而经济的移栽基质,既有良好的通透性,又有一定的保水能力,且不需灭菌消毒。将生根小苗或生根不良的苗移栽于铺有细沙的苗床上,上盖塑料薄膜,并适当遮阳。

③ 移苗后 15d 内,密封的膜内空气的相对湿度为100％,沙的绝对含水量在10％以上。

④ 苗床内光照度控制在2 500lx 左右,冬天在5 000lx 左右。

⑤ 移栽 15d 后,逐步揭开薄膜炼苗,并降低沙的含水量,加强光照。1 个月后小苗成活,长出3～4 片新叶,即可去掉塑料膜,但仍需适当遮阳。

⑥ 猕猴桃适宜的移栽温度为 20～25℃。

14.6.4　实验报告

写出该实验报告,提出提高小植株移栽成活率的关键措施。

14.7　百合鳞茎培养

14.7.1　目的要求

百合生产中存在着三个亟待解决的问题:一是用种量很大,每 $667m^2$ 百合按常规栽培,需用种250kg左右;二是繁殖系数低,每 $667m^2$ 只能收获1 000kg左右;三是难以有性繁殖。因此采用组织培养方法进行百合快速无性繁殖具有一定的市场潜力。本实验的目的是了解并掌握百合鳞茎培养的基本方法和技术。

14.7.2 材料、仪器与试剂

14.7.2.1 材料

百合鳞茎若干。

14.7.2.2 仪器

超净工作台(或无菌箱)、灭菌锅、显微镜、解剖刀、长把镊子、烧杯(500mL)、9cm培养皿、移液管等。

14.7.2.3 试剂

① 附加NAA(或2,4-D及IBA)0.5～1.0mg/L和BA(或KT)0.1～1.0mg/L的MS培养基;

② 75%酒精;

③ 0.1%升汞。

14.7.3 方法步骤

14.7.3.1 外植体消毒

取健康的百合鳞片,先用洗涤剂清洗干净,再用75%酒精消毒30s和0.1%升汞消毒30min,可添加一些吐温-80以取到良好的消毒效果,再用无菌水冲洗3次。较大的鳞片可切成小切块以备接种。

14.7.3.2 外植体的接种和培养

将消毒后的鳞片小切块,在无菌条件下直接接种于固体培养基中培养。培养室温度(25℃±1)℃,日光灯10h/d。光照度1000～1500lx。

14.7.3.3 培养基的选用

培养基以MS培养基为主,附加适当的植物激素。生长素用NAA(或2,4-D及IBA)0.5～1.0mg/L。细胞分裂素用BA(或KT)0.1～1.0mg/L。为促进根系和增加鳞茎重量,光暗交替培养并适当增加生长素浓度。

14.7.3.4 试管苗的诱导

(1) 由鳞片小切块诱导成苗 鳞片小切块接种后,一般先分化出黄绿色或绿色球形突起的小芽点,继而芽点逐渐增大形成小鳞茎,并可生长出叶片形成苗丛。生根后即可从试管(或三角瓶)中取出,移栽于营养钵或大田,也可将小鳞茎继代培养扩大繁殖。

(2) 由叶片诱导成苗 用鳞片小切块诱导分化出的苗丛,在超净台上取其无菌叶片,接种于培养基中培养,15d后即分化出带根的小鳞茎。培养2个月后,每个单叶片形成的小鳞茎又可分化出带有根系的丛生小鳞茎4～6个。叶片培养可直接插入培养基中,但要注意极性,不

202

可倒置。叶片也可平放于培养基中培养。

（3）由无菌小鳞片诱导成苗　利用试管中的无菌小鳞茎,在超净台上将小鳞片逐片接种于培养基中(鳞片基部向下或内侧面向上)。培养 15d 左右即开始分化,培养 1 个月后即分化出小鳞茎和根系,培养 2 个月后,每个小鳞片又分化出带根系的丛生小鳞茎 4～6 个。

（4）由愈伤组织诱导成苗　上述外植体在分化成苗的过程中,常常出现伴随增殖具有颗粒状似胚性细胞团的愈伤组织。该愈伤组织在连续的继代培养中,一方面增殖相似的愈伤组织,另一方面又不断地分化成苗。一般每个试管里的愈伤组织可分化成苗20～40 个。这样周而复始可分化出大量的试管苗。

14.7.4　实验报告

写出该实验的报告,描述百合鳞茎培养过程及试管苗的诱导。

14.8　水稻花药培养

14.8.1　目的要求

花药培养是将花粉粒发育到一定阶段的花药接种到培养基上进行离体培养,以改变花药中花粉细胞(粒)的发育途径而获得花粉植株的技术。由于花粉细胞(雄性细胞、小孢子)的染色体数仅为花粉母细胞或体细胞染色体数($2n$)的一半,故称为单倍体细胞(n)。由花粉细胞产生的花粉植株即单倍体植株,经人工或自然加倍便成为纯合二倍体。将杂种一二代(F_1、F_2)的花药(或花粉)进行培养并加倍,可获得大量无分离的纯合二倍体,从而实现对杂种后代的早代选择,缩短育种年限。同时因单倍体植株只有一套染色体,因而显性性状对隐性性状的掩盖有利于隐性基因性状的表达与选择。我国利用花药培养开展水稻新品种选育(单倍体育种)十分成功。本次实验目的是学习水稻花药接种培养技术,熟悉所需设备和实验条件。

14.8.2　材料与用具

14.8.2.1　材料

孕穗期的粳型稻。

14.8.2.2　仪器

光学显微镜、盖玻片、载玻片、超净工作台、手术剪、接种环(或接种铲)、枪状镊子(长 15～20cm)、酒精灯、培养皿、广口瓶、滤纸、纱布、脱脂棉、刻度搪瓷缸、高压灭菌锅、电炉等。

14.8.2.3　试剂

70%酒精、0.1%升汞、I_2-KI 液、无菌水。

14.8.3 方法步骤

14.8.3.1 培养基配制

按表1中配方配制培养基,分装到大试管(或三角瓶)后,高压消毒灭菌,备用。

表1 水稻花药培养基

培养目的	基本培养基	生长调节物质	蔗糖/%	备 注
诱导愈伤组织或花粉胚	N_6 简化马铃薯培养基	2,4-D 2.0 2,4-D 2.0	4~6(麦芽糖6) 6	
愈伤组织分化绿苗	N_6	Kt1.0+IAA 0.2 (或椰乳15%)	3	愈伤组织直径1.5~3mm时诱导率最高
壮苗	N6		3	

14.8.3.2 幼穗采集

水稻花药培养应采用花粉单核中晚期的花药,此时为水稻孕穗期(圆秆期);幼穗颖花宽度已达最终大小,颖壳颜色呈淡黄绿色,较幼嫩、用镊子夹取时易横向断裂;雄蕊长度达颖壳长度的1/3~1/2,花药淡绿色。按照幼嫩颖花的上述特征,从田间选取稻穗,剪去叶片,将带叶鞘的幼穗基部用湿润纱布包好,放入塑料袋,带回室内。

14.8.3.3 材料预处理

将装有稻穗的塑料袋口扎好,置10℃下处理2~4d,(可放置到14d),以提高花粉胚和愈伤组织的诱导率。

14.8.3.4 花粉镜检及材料消毒

用酒精棉球擦拭处理后的材料,表面消毒,剥去叶鞘,对不同部位颖花镜检其花粉发育时期。每朵颖花取1~2个花药,置于载玻片上,加1%I_2-KI液1滴,用镊子(解剖针)捣碎花药壁去掉花丝残渣,盖上盖玻片,在显微镜下观察。花粉粒黄色(表示尚未积累淀粉),细胞核颜色较深,清晰可辨,核已被大液泡挤向细胞一侧,即是单核靠边期(花粉单核中晚期)。按照典型单核靠边期颖花的形态,剪下适合的颖花。

将剪下的颖花置于高压灭菌的广口瓶中,用70%酒精浸泡30s,再用0.1%升汞浸泡消毒7~8min(或饱和漂白粉上清液浸10~20min),倒出升汞,用无菌水洗涤4~5次,备用。材料消毒在超净工作台上进行。

14.8.3.5 接种培养

在超净工作台上用长柄(枪形)镊子刺破颖壳,取出花药放入消过毒的垫有滤纸的培养皿中,用接种环(或镊子)黏取花药转入培养基,均匀摆放在培养基表面。每瓶(50mL 锥形瓶)可放置花药80～100个,若用试管盛培养基,则每试管可放约15个花药。每接完一瓶(管),将瓶口在酒精灯火焰上旋转灼烧一下,再盖上棉塞或封口膜,标记好接种日期、培养基代号等。注意更换培养皿中滤纸,为防花药失水过快,可以无菌水浸润滤纸。

14.8.3.6　材料培养

培养室温度26～28℃,暗培养5～7d后转光照度1500～4000lx,光照12h/d。培养15～20d,花药开始发生愈伤组织。待愈伤组织长至2～4mm大小,即可转入分化培养基。愈伤组织将分化出绿苗,并在基部发生不定根。培养过程中注意观察,记录材料生长、分化及污染情况等。

14.8.4　实验报告

14.8.4.1　资料整理

按以下公式计算出愈率、花粉胚发生率、污染率。

$$出愈率 = 发生愈伤组织的花药总数 / 接种花药总数 \times 100\%$$
$$花粉胚发生率 = 形成花粉胚的花药总数 / 接种花药总数 \times 100\%$$
$$污染率 = 污染管(瓶)数 / 接种总管(瓶)数 \times 100\%$$

14.8.4.2　报告撰写

（1）目的　简述本次实验的目的。

（2）材料　植物材料(种类、器官或组织)、培养基(基本培养基＋生长调节物质)、主要实验设备。

（3）操作方法　简述操作步骤,突出要点。

（4）实验结果　将整理后的资料以表或图等形式列出,并加以简要文字说明。

表 2　水稻花药培养结果统计

接种管数	接种花药数	愈伤组织发生		花粉胚发生		污　染	
		发生花药数	出愈率/%	发生花药数	发生率/%	管　数	污染率/%

（5）讨论　就实验结果或观察到的现象及出现的问题加以解释、讨论,应充分发表个人见解。

14.9　细胞分离与细胞悬浮培养

14.9.1　目的要求

了解细胞分离和细胞悬浮培养的全过程,学会整个细胞培养程序的实验方法和操作技术。

14.9.2　材料与用具

14.9.2.1　材料

水稻种子。

14.9.2.2　仪器

超净工作台、带照相设备及相同设备的光学显微镜、可变速离心机(配备若干刻度离心管)、玻璃过滤器(配备各种规格尼龙网)、血细胞计数器、目镜及物镜测微尺、计数器、pH值计。

14.9.2.3　试剂

培养基(MS、B_5、N_6)。

14.9.2.4　药品

植物激素(2,4-D、NAA、KT)、二醋酸荧光素、酚藏红花或伊文思蓝等染料。

14.9.3　方法步骤

14.9.3.1　愈伤组织的诱导、继代培养

(1)外植体的表面消毒　挑选籽粒饱满的水稻种子,人工去掉谷壳,用70%酒精表面消毒2min,然后用2.5%次氯酸钠水溶液浸泡30min,期间用玻璃棒搅动,无菌水冲洗3次。

(2)接种培养基表面　将消毒后的种子按每瓶3粒接种于琼脂培养基表面,置于暗条件下培养。

(3)切割愈伤组织　3周后将形成的愈伤组织切割,并转移继代培养。

(4)疏松愈伤组织筛选　诱导形成的愈伤组织,其质地和物理性状有明显的差异,有的很坚实,有的很松散,需进行继代筛选。同时应考虑基本培养基中铵态氮与硝态氮的比例培养基中激素的含量及不同激素的比例,以及某些天然有机附加物对愈伤组织生长和形态的影响。培养基中加入酵母提取物(3~5g/L),将获得生长好、质地疏松的愈伤组织。

(5)愈伤组织继代培养　由于愈伤组织的生理状态将直接影响以后的细胞悬浮培养,故应及时挑选幼嫩的部分接种转移。一般继代培养的间隔以2周为宜。

14.9.3.2　单细胞的分离

(1)愈伤组织细胞的计数　用于分离单细胞的愈伤组织每克鲜重含若干细胞,可预先计

数。称取 1g 幼嫩新鲜的愈伤组织，加入0.1%果胶酶(用培养液或0.6mol甘露醇作溶剂。配制后，用200g离心5min，取上清液，调节 pH 值为3.5)，放在 25℃的培养室中12～16h，再用电磁拖泥带水搅拌器低速搅动 3min 即可获得细胞悬浮液，然后用血细胞计数板计数。

(2) 单细胞的分离　参照所测得的愈伤组织细胞数，称取适量的愈伤组织，放入含适量液体培养基的 125mL 三角瓶，置于 110r/min 旋转式摇床上振荡，暗培养，室温 25～28℃。

(3) 悬浮液的过滤　连续振荡 3 周后，用 148μm 尼龙网过滤，以除去愈伤组织碎片及较大的细胞聚集体。经过滤后，可获得95%左右的单个游离细胞。

单细胞的收集。过滤液用 200g 离心 5min，收集单个细胞及小的聚集体。

14.9.3.3　细胞悬浮培养

(1) 计算细胞起始密度　离心后将约 2/3 的上清液倒掉，剩下的 1/3 的大部分移入一预先消毒的125mL三角瓶中待用。离心管中最后剩余 1mL 上清液，摇动离心管，使沉淀悬浮。吸取 1 滴于血细胞计数板上，以游离单细胞为基数计算细胞的密度。

细胞计数方法：以上海医用光学仪器厂生产的血细胞计为例，吸取 1 小滴细胞悬浮液滴于计数板上，将盖玻片轻轻由一边向另一边盖下，轻压盖玻片使之与计数板完全密合，以免产生气泡影响计数。计数的原理详见产品说明书。计数时在显微镜视野中计数 5 个中方格中的细胞数。这 5 个中方格指位于四个角与中央的中方格。每个样品重复计数 5 次，求其平均值。计算公式简化如下：

$$细胞数/mL＝5 个中方格的细胞数×50×1000$$

(2) 测定活细胞率　在用医用血细胞计数器计算细胞密度的同时，用酚藏红花溶液和二醋酸酯荧光素溶液测定活细胞率。水稻种子的活细胞率可达50%左右。

活细胞率的测定方法：先配制0.1%酚藏红花水溶液，溶剂为培养液。二醋酸酯荧光素则先用丙酮配成每毫升含 5mg 二醋酸酯荧光素的母液，储藏在冰箱中备用。使用时用培养液稀释母液成0.01%的浓度。

先将培养物和二醋酸荧光素溶液在载玻上混合后，再用0.1%酚藏红花水溶液作染料，滴 1 滴于载玻片上与上述溶液混合。酚藏红花能使死细胞染上红色，在染料与细胞悬浮培养物混合后，很快就可以在普通显微镜下观察。活细胞不被酚藏红花染色，即使30min后也是如此。

(3) 细胞悬浮培养　将上述(1)项中剩余的近 1/3 的上清液倒入离心管中，并根据需要的起始刻度，补充加入新鲜的培养基。接种的三角瓶置于 110r/min 的旋转式摇床上连续振荡培养，在室温(29±1)℃暗条件下培养，培养期间对悬浮培养的细胞定期计数细胞密度。

(4) 细胞团和愈伤组织的再形成　悬浮培养的单个细胞在 3～5d 内即可见细胞分裂。经过 1 周左右的培养，单个细胞和小的聚集体不断分裂形成肉眼可见的小细胞团。

(5) 植株的再生　大约培养 2 周后，将细胞分裂形成的小愈伤组织团块(直径0.5～2.5mm)及时转移到分化培养基上，连续光照，室温(25±1)℃。3 周左右后即可分化出试管苗。待试管苗长至试管顶端时(大约在愈伤组织转至分化培养基后 40d)，取出洗掉琼脂，将根在0.1%烟酰胺水溶液中浸泡 1h，然后移栽于塑料钵中，放入可照光和通入蒸汽的塑料罩中 1周，再移入玻璃温室。

14.9.4 实验报告

绘出细胞悬浮培养操作程序图,你认为其中哪些步骤可以改进,如何改进,请提出你的建议。

14.10 菊花茎尖培养

14.10.1 目的要求

掌握菊花外植体表面消毒技术及茎尖切割及培养技术。

14.10.2 材料与用具

菊花嫩茎、剪刀、解剖刀、镊子、接种盘、显微镜、MS 培养基等。

14.10.3 方法步骤

切取植株的顶芽或腋芽 3～5cm,去掉叶片,保留护芽的嫩叶柄。用洗涤液或洗衣粉水洗涤,尤其是腋芽的叶柄处用软毛刷涮擦,再用清水反复冲洗干净。在无菌条件下,将材料用 0.1%升汞溶液进行表面消毒,轻轻摇动,消毒彻底,再用无菌水冲洗数次,放到无菌的吸水纸上吸干水分。在解剖镜下,将材料置无菌的盘子内,剥去端部的嫩苞叶,露出锥形体,切取 0.3mm 和 0.5mm 两个不同长度的茎尖,带两个叶原基,迅速接种到培养基上,防止茎尖脱水。接种时应使茎尖向上,不能倒置。

14.10.4 实验报告

① 调查外植体表面消毒的接种成功率。
② 分析接种不成功的可能原因。
③ 对比 0.3mm 和 0.5mm 不同长度茎尖的接种成功率。

14.11 组培苗工厂化生产的厂房及工艺流程设计

14.11.1 目的要求

通过实习,使学生对现代化组培苗生产模式有一个更为深刻的认识,能熟练地根据生产规模设计合理的厂房及工艺流程。

14.11.2 条件与用具

组培苗生产小工厂、绘图纸、绘图笔、计算机。

14.11.3 方法步骤

① 在实验一和实验七的基础上,根据生产要求,确定生产规模。

② 进行商业性组培实验室和小工厂厂房设计。

③ 进行生产工艺流程设计。

14.11.4　实验报告

① 设计一个年产 20 万株组培苗的商业性实验室和小工厂。

② 设计一个年产 20 万株组培苗的生产工艺流程。

附录1 常用英文缩略语

A	腺嘌呤核苷	lx	勒克斯
ABA	脱落酸	MI	第一次减数分裂中期
AC	活性炭、交流电	MH	马来酰肼
ADP	腺苷二磷酸	MS	培养基
alc	乙醇	n	单倍数
alk	碱	NAA	萘乙酸
AMP	腺苷一磷酸	NBA	萘丁酸
AR	分析试剂	NOA	2-萘氧(代)乙酸
ATP	腺苷三磷酸	NTP	标准温压
BA(BAP)	苄基腺嘌呤	P_1	亲本
BTOA	2-苯并噻唑乙酸	cal	卡
DW	干重	CH	水解酪蛋白
ER	培养基	CK	对照
EDTA	乙二胺四乙酸	CM	椰乳
EMC	胚囊母细胞	CW	椰子水
F_1	杂种一代	CPA	对氯苯氧乙酸
FAA	福尔马林-醋酸-酒精液	CPM	每分钟计数
G	鸟嘌呤核苷	DC	直流电
GA	赤霉素	DM	干重
GA_3	赤霉酸	DNA	脱氧核糖核酸
gel	凝胶	pg	皮克(10^{-12}g)
GH	生长激素	PGA	叶酸
IAA	吲哚乙酸	PIC	4-氨基-3,5,6-三氯皮考磷酸
IBA	吲哚丁酸	PMC	花粉母细胞
2-ip	2-异戊烯腺嘌呤	ppm	百万分之一
IPA	吲哚丙酸	Rf	比移值
KT(KIN)	激动素	RH	水解核酸
LH	水解乳蛋白	RNA	核糖核酸
LD_{50}	半数致死剂量	TMV	烟草花叶病毒
mRNA	信使RNA	UV	紫外线
sRNA	可溶性RNA	V	容体积,速度,伏
tRNA	转移RNA	V_{B1}	维生素B_1
rpm	每分钟转数(r/min)	VC	维生素C
rps	每秒钟转数(r/s)	YE	酵母提取物
TCA	三氯乙酸	ZT(ZEA)	玉米素
TEMED	四甲基乙二胺	TIBA	三碘苯甲酸

附录2 常用植物生长激素浓度单位换算表

A. mg/L $\longrightarrow$ μmol/L

Mg/L	μmol/L(10^{-3}mmol/L,10^{-6}mol/L)								
	NAA	2,4-D	IAA	IBA	BA	KT	ZT	2ip	GA₃
1	5.371	4.524	5.708	4.921	4.439	4.647	4.561	4.920	2.887
2	10.741	9.048	11.417	9.841	8.879	9.293	9.122	9.840	5.774
3	16.112	13.572	17.125	14.762	13.318	13.940	13.683	14.760	8.661
4	21.482	18.096	22.834	19.682	17.757	18.586	18.224	19.680	11.548
5	26.853	22.620	28.542	24.603	22.197	23.233	22.805	24.600	14.435
6	2.223	17.144	34.250	29.523	26.636	27.880	27.366	29.520	17.322
7	37.594	31.668	39.959	34.444	31.075	32.526	31.927	34.440	20.210
8	42.964	36.192	45.667	39.364	35.514	37.173	36.488	39.360	23.096
9	48.335	40.716	51.376	44.285	39.954	41.820	41.049	44.280	25.984

B. μmol/L $\longrightarrow$ mg/L

μmol/L	Mg/L								
	NAA	2,4-D	IAA	IBA	BA	KT	ZT	2ip	GA₃
1	0.1862	0.2210	0.1752	0.2032	0.2253	0.2152	0.2192	0.2032	0.3464
2	0.3724	0.4421	0.3504	0.4064	0.4505	0.4304	0.4384	0.4064	0.6927
3	0.5586	0.6631	0.5255	0.6094	0.6758	0.6456	0.6567	0.6996	1.0391
4	0.7448	0.8842	0.7008	0.8128	0.9010	0.8608	0.8788	0.8128	1.3855
5	0.9310	1.1052	0.8759	1.0160	1.1263	1.0761	1.0960	1.0160	1.7319
6	1.1172	1.3262	1.0511	1.2192	1.3516	1.2913	1.3152	1.2190	2.0782
7	1.3034	1.5473	1.2263	1.4224	1.5768	1.5065	1.5344	1.4224	2.4246
8	1.4896	1.7683	1.4014	1.6256	1.8021	1.7217	1.7536	1.6256	2.7712
9	1.6758	1.9894	1.5768	1.8288	2.0272	1.9369	1.9728	1.8288	3.1176

附录3 蒸汽压力与蒸汽温度对应表

蒸汽压力/atm	高压表读数		蒸汽温度	
	大气压/atm[①]	磅力每平方英寸/psi[②]	摄氏度/℃	华氏度/℃
1.00	0.00	0.00	100.0	212
1.25	0.25	3.75	107.0	224
1.50	0.50	7.52	112.0	234
1.75	0.75	11.25	115.0	240
2.00	1.00	15.00	121.0	250
2.50	1.50	22.50	128.0	262
3.00	2.00	30.00	134.0	274

① 1atm＝1 标准大气压＝101 325Pa。

② 1psi＝1 lb/in² ＝1 英磅/平方英寸＝6 894.76Pa。

参 考 文 献

1. 李浚明. 植物组织培养教程[M]. 北京:中国农业大学出版社,2002.
2. 周维燕. 植物细胞工程原理与技术[M]. 北京:中国农业大学出版社,2001.
3. 郭勇,崔堂兵,谢秀祯. 植物细胞培养技术与应用[M]. 北京:化学工业出版社,2004.
4. 崔德才,徐培文. 植物组织培养与工厂化育苗[M]. 北京:化学工业出版社,2003.
5. 潘瑞炽. 植物组织培养[M]. 广州:广东高等教育出版社,2001.
6. 梅家训,丁习武. 组培快繁技术及其应用[M]. 北京:中国农业出版社,2003.
7. 王清连. 植物组织培养[M]. 北京:中国农业出版社,2002.
8. 曹孜义. 现代植物组织培养技术[M]. 兰州:甘肃科学技术出版社,2003.
9. 曹孜义,刘国民. 实用植物组织培养技术教程[M]. 兰州:甘肃科学技术出版社,2001.
10. 刘庆昌,吴国良. 植物细胞组织培养[M]. 北京:中国农业大学出版社,2003.
11. 范小峰,李师翁,田兴旺. 丽格海棠的组织培养与快速繁殖[J]. 植物生理学通讯,39(2).
12. 程公生,李登中. 美国红叶石楠的组织培养与快速繁殖[J]. 植物生理学通讯,39(5).
13. 钱海丰,薛庆中. 高羊茅的组织培养和植株再生[J]. 植物生理学通讯,38(3).